机 械 设 计 过 程

（原书第 4 版）

The Mechanical Design Process

[美]大卫 G.乌尔曼　　　著
（David G. Ullman）

刘　莹　郝智秀　林　松　译

吴宗泽　校

机 械 工 业 出 版 社

David G. Ullman

The Mechanical Design Process

ISBN 978-007-297574-1

Copyright © 2010by McGraw-Hill Education.

All Rights reserved. No part of this publication may be reproduced or transmitted in any form or by any means, electronic or mechanical, including without limitation photocopying, recording, taping, or any database, information or retrieval system, without the prior written permission of the publisher.

This authorized Chinese translation edition is jointly published by McGraw-Hill Education and China Machine Press. This edition is authorized for sale in the Chinese mainland(excluding Hong Kong SAR, Macao SAR and Taiwan).

Copyright © 2015 by McGraw-Hill Education and China Machine Press.

版权所有。未经出版人事先书面许可，对本出版物的任何部分不得以任何方式或途径复制或传播，包括但不限于复印、录制、录音，或通过任何数据库、信息或可检索的系统。

本授权中文简体字翻译版由麦格劳-希尔(亚洲)教育出版公司和机械工业出版社合作出版。此版本经授权仅限在中国大陆地区(不包括香港、澳门特别行政区和台湾地区)销售。

版权©2015 由麦格劳-希尔(亚洲)教育出版公司与机械工业出版社所有。

本书封面贴有 McGraw-Hill Education 公司防伪标签，无标签者不得销售。

北京市版权局著作权合同登记　图字：01-2013-0185 号。

图书在版编目(CIP)数据

机械设计过程：原书第 4 版/(美)乌尔曼
(Ullman,D. G.)著；刘莹，郝智秀，林松译. —北京：
机械工业出版社，2015.5(2024.8 重印)
书名原文：The Mechanical Design Process
ISBN 978-7-111-50127-5

Ⅰ.①机…　Ⅱ.①乌…②刘…　③郝…　④林…
Ⅲ.①机械设计—高等学校-教材　Ⅳ.①TH122

中国版本图书馆 CIP 数据核字(2015)第 091916 号

机械工业出版社(北京市百万庄大街22号　邮政编码100037)
策划编辑：刘小慧　责任编辑：刘小慧　赵亚敏　张丹丹　程足芬　宋学敏
版式设计：霍永明　责任校对：闫玥红
封面设计：张　静　责任印制：常天培
固安县铭成印刷有限公司印刷
2024 年 8 月第 1 版第 5 次印刷
180mm×235mm · 24.75 印张 · 479 千字
标准书号：ISBN 978-7-111-50127-5
定价：79.00 元

电话服务　　　　　　　　　网络服务
客服电话：010-88361066　　机　工　官　网：www.cmpbook.com
　　　　　010-88379833　　机　工　官　博：weibo.com/cmp1952
　　　　　010-68326294　　金　书　网：www.golden-book.com
封底无防伪标均为盗版　机工教育服务网：www.cmpedu.com

译者的话(原书第4版)

本书第 3 版翻译出版后受到广大读者的关心和欢迎,2010 年又出版了第 4 版,有不少新的内容。其中,最为突出的是适应了全球经济"可持续发展"和"绿色环保"的理念,增加了"为环境设计"和"为可持续性设计"的部分,而且仍延续了第 3 版的风格,以著者丰富的机械工程设计经验,结合深入浅出的理论阐述,对机械设计过程进行了详细介绍,使读者学习起来更加生动和易于理解掌握。因此,受机械工业出版社的委托翻译第 4 版。参加本书翻译工作的有刘莹(前言,第 1、2、3、6、12 章及附录),郝智秀(第 7、8、9、11 章),林松(第 4、5、10 章)。他们长期担任机械设计基础系列课程的教学工作或教材编撰的组织工作,对本书内容有较好的理解。担任本书审稿的是清华大学吴宗泽教授,作为机械设计基础课程教学的前辈,吴宗泽教授不仅具备广博的机械设计知识,而且文字功底深厚,为本书增色不少,在此,特向吴宗泽前辈表示衷心的感谢! 由于译者的水平和能力有限,书中可能有对原著理解不够准确之处,恳请各位读者提出宝贵意见。

译　者

译者的话(原书第3版)

近年来,译者读到了美国出版的两本"设计学"教材,一本是本书——大卫 G.乌尔曼(David G.Ullman)著的《The Mechanical Design Process》(机械设计过程)的原版,另一本是凯文 N.奥托(Kevin N.Otto)和克里斯丁 L.伍德(Kristin L.Wood)合著的《Product Design》(产品设计)原版。这两本书的共同特点是明确地强调了它们的内容是阐述"产品设计"的思想、理论、技术和方法的。

20多年来,在我国的现代设计理论与方法的研究和教学中,引进了世界各国的各种新的设计理论与方法,诸如最优化设计、可靠性设计、有限元方法、设计方法学、创造性设计、虚拟设计、并行设计、远程设计等,很多人把这些设计技术视同于机械设计中的运动学、动力学、机械零件强度设计等设计技术,作为一项独立的技术来研究和推广。这两本书和以前引进的各种设计技术著作的不同之处在于,明确地提出了"产品设计"的设计技术,是针对"产品设计"的设计思想、理论、技术和方法的,而对于那些针对"机构"和"零件结构"的设计技术,在这里只作为基础知识,不作详细讨论。"产品设计"的主要问题是"怎样产生产品的概念?""怎样评价产品的概念?"以及"怎样组织产品设计的过程,才能获得有竞争力的优秀产品?"

早在20世纪80年代,我国就引进过德国等国家的"设计学"(Konstruktionsrehle)。其实德国的"设计学"就是这里所说的"产品设计"。但是当时很多学者以习惯的思维来对待德国的设计学,把它视同于以前其他设计技术和方法,并且冠以"设计方法学"的名称;还有人认为德国的"设计学"不能算是一门学科。人们用机械设计中的运动学和动力学作为样本来评价新生的"设计学",认为它没有严格的理论。

德国人当时没有明确地举起"产品设计"的旗号,美国的这两本书则明确地提出了"产品设计"的目标,直至把它作为书名。其中有很多内容与德国的"设计学"的内容是一致的。这两本书的出版是一个重要的标志,说明"产品设计"经过多年的发展,已经成为一门成熟的学科。谁说产品设计没有理论?谁说产品设计不算学科?实际上,如"工业设计""建筑设计"等都是以产品总体为对象的学科,并且是早已被公认的学科了。

　　本书全面、具体地给出了"设计学"的基本内容，详细地引出了设计的典型步骤，以及每一个步骤的任务、目标、应考虑的主要问题和常用的解决方法。回顾我们所作的一些设计项目，可以看出是否符合书中所给的原则，对设计的成败有很大关系。因此我们认为本书对设计是有指导作用的。

　　关于书名的译法有多种意见，如"机械设计进程""机械设计过程""机械设计方法"等。似乎都可以，但都不理想。考虑到"进程"一词好像更强调一步紧接一步的前进序列和步骤，和原意强调迭代不太一致；英语 process 一词也可作工艺流程理解，译为"方法"是可以的，但"方法"一词过分突出一个个孤立的方法，和原意也不相合；最后选定以"机械设计过程"作为书名，原因首先是"过程"比"进程"要松散些，可以允许包含迭代的意思，其次是和原书名基本对应。不过，这个译名还是给人过分强调一种步骤的意思。实际上，书中的原意是强调设计过程中应该考虑的各种问题和工作要点，包括一些技术和方法，而不是过程本身所包含的序列和步骤，而且这里所说的过程是可以反复迭代的。希望读者不要从狭义的"过程"一词来理解本书的精神和要旨。

　　希望本书的引进和翻译出版，能为中国企业和机械工程界急需的产品设计问题的解决，为中国的机械设计技术与国际接轨作出一定的贡献。

　　参加本书翻译工作的有清华大学刘莹(第1、2、3、6、9章)、高志(第7、8、10章)、郝智秀(第12章)黄靖远(序、第4、5、11章)和吴宗泽(第13章、附录)。他们多年来从事高校"机械设计基础"各类课程和"机械设计学"课程的教学，对本书内容有较好的理解。担任本书审稿的是北京航空航天大学的郭可谦教授和清华大学的吴宗泽教授，两位前辈广博的设计知识和深厚的文字功力，为本书增色不少，在此特向两位前辈致谢。

译　者

前　言

作为一名职业设计师，我设计过自行车、医药设备、家具和雕塑，既有静止的，也有运动的。对于我来说，设计物品是一件容易的事。我有幸具备了一个成功的设计师所必备的才能。不过在从事机械设计课程教学多年之后才认识到，我并不知道如何很好地把自己所知道的许多知识教给学生；我能够给学生展示好的设计和不好的设计实例，能够告诉他们设计人员从事设计实践的历史，能够给学生提供有关设计概念的建议，但是不能告诉他们如何来解决一个设计问题。另外，在我和其他从事机械设计教学同行的交谈中发现，这不仅是我一个人的感受。

这个情况使我回忆起一次滑冰的体验。作为一名新手，我能在冰面上站立、左摇右摆前仰后合地向前滑动，而我的一位朋友(一位职业教师)却能很自如地向前或向后滑。当他还是一个小男孩时就会滑冰了，滑冰是他的第二天性。一天，当我们一起滑冰时，我请他教我如何向后滑。他说这太容易了，让我看着他向后滑。可是当我试着照他那样做时，马上就摔倒了。他把我扶起来后，我请他教我正确的做法，而不仅是只做给我看。他想了一会儿终于说到，他没法把这个技巧给我说清楚。我仍然没有学会向后滑，我料想他仍然说不清楚向后滑的技巧。我对朋友可以轻松后滑而我却摔在冰上受挫的失望感觉，与我不能教学生如何正确地解决一个设计问题时产生的感觉是一样的。

这个经历和体会促使我去研究设计过程，并且最终写出本书。书中内容包括原创性的研究、对美国工业的研究、对外国设计技术的研究，以及来自设计课程的不同教学尝试。作为这些研究的成果，我得出四点有关机械设计的基本结论：

1. 学习设计的唯一途径是去作设计。

2. 在工程设计中，设计者用到三类知识：产生概念的知识、评价概念的知识和组织设计过程的知识。概念的产生来自于经验和天分；概念的评价，部分来自于经验，部分来自于正规训练，这是多数工程教育的焦点。产生和评价概念的知识是专业领域知识形式。设计过程知识和决策大部分是与专业领域知识无关的。

3. 如果有足够的产生概念的能力和经验，有足够的评价概念的经验和训练，是能学到高质量产品的设计过程的。

4. 设计过程应该在两个方面学习：在学术环境中，同时在模拟工业实际的环境中。

现把这些观念收编到本书中，而且为使读者在能够学会设计过程的同时，还能够研发出一个产品，这些内容是这样安排的：在第 1~3 章中，对学习设计过程所需要的机械设计背景和一些术语进行了定义，并且讨论了产品设计中的人为因素。第 4~12 章是本书的主体内容，它逐步地展示出设计方法的进程，引导读者实现由一个设计问题到给出可用于制造和装配的解。这些材料以与求解一个确切问题的解无关的方式表示出来。论及的技术是在工业中应用的，它们的名称已经成为机械设计中的通用词：质量功能配置、决策方法、并行工程、面向装配设计和稳健设计。这些技术在本书中全部放在一起。虽然它们作为一步一步的方法按次序安排在内容中，但总的过程是高度地反复重叠的，每个步骤仅仅是需要应用时的一个引导。

如上所述，专业知识与过程知识是有些区别的。由于这种独立性，一个成功的产品可以不管设计者知识或设计问题的类型而通过设计过程获得。甚至大学一年级的学生也能选用本教材，学到大部分设计过程。然而，为了做出合理、实际的设计，实质性的专业知识是需要的，并且本书通篇假定读者具有基本的工程科学、材料科学、制造过程以及工程经济的基础。因此，本书适用于高年级的大学生、研究生和从没有学过机械设计过程课程的职业工程师。

大卫 **G.** 乌尔曼

第 4 版增加的内容

关于设计过程的知识正在迅速增加。在写第 4 版时的一个目标就是要将这些知识组合到一个统一的构架中去，这个构架也是前 3 版的重点之一。整个新版的主题进行了一些更新，并与书中其他很好的实践举例综合在一起。新版中一些特殊的添加内容包括：

1. 改进了保证团队工作成功的材料。
2. 20 余个空白的表格可以通过本书的网站(www.mhhe.com/ullman4e)下载以供设计过程中使用。书中也包括许多填好的表格以便于学生参考。
3. 改进了关于项目计划的资料。
4. 改进了"为环境设计"和"为可持续性设计"的部分。
5. 改进了作出决策部分的资料。
6. 增加了基于矛盾产生概念的内容。
7. 增加了一些来自工厂的新照片和图片用于书中的举例。

此外，还有许多小的改变以保持本书的时代性和实用性。

电子教材

对于教师来说，智能课程是发现和查阅电子教材(e-Textbooks)的新途径。对于那些喜欢上网查阅课程数字化资料而且可以节省开支的学生来讲，这也是一个绝好的选择。智能课程提供了由很多高等教育出版商制作的成百上千课程的适用教材。它是教师们回顾和比较网上教材全文的唯一地方，并提供了不需要打印测试页来测试环境影响的快速链接的环境。在智能课程中，学生可以相对于印制教材节省达 50% 的支出，减小了对环境的影响，并且提供了使用强有力的网络工具的机会以学习全文搜索，记笔记和标记重点，以及通过邮件和同学们共享笔记的方法。www.CourseSmart.com。

感谢

衷心感谢下列诸位，他们审阅了本书，并提出许多有益的建议。
Patricia Brackin, *Rose-Hulman Institute of Technology*

William Callen, *Georgia Institute of Technology*

Xiaoping Du, *University of Missoun-Rolla*

Ian Grosse, *University of Massachusetts-Amherst*

Karl-Heinrich Grote, *Otto-von-Guericke University, Magdeburg, Germany*

Mica Grujicic, *Clemson University*

John Halloran, *University of Michigan*

Peter Jones, *Auburn University*

Mary Kasarda, *Virginia Technical College*

Jesa Kreiner, *California State University-Fullerton*

Yuyi Lin, *University of Missouri-Columbia*

Ron Lumia, *University of New Mexico*

Spencer Magleby, *Brigham Young University*

Lorin Maletsky, *University of Kansas*

Make McDermott, *Texas A & M University*

Joel Ness, *University of North Dakota*

Charles Pezeshki, *Washington State University*

John Renaud, *University of Notre Dame*

Keith Rouch, *University of Kentucky*

Ali Sadegh, *The City College of The City University of New York*

Shin-Min Song, *Northern Illinois University*

Mark Steiner, *Rensselaer Polytechnic Institute*

Joshua Summers, *Clemson University*

Meenakshi Sundaram, *Tennessee Technical University*

Shih-Hsi Tong, *University of California-Los Angeles*

Kristin Wood, *University of Texas*

　　此外，感谢麦格劳-希尔（亚洲）教育出版公司（McGraw-Hill）的资深机械工程责任编辑比尔（Bill Stenquist）、开发编辑罗宾（Robin Reed）、项目经理凯（Kay Brimeyer）及项目编辑林恩（Lynn Steines），感谢他们对这个项目的关心和鼓励。还要感谢如下各位人员，他们为本书提供了非常有益的案例。

Wayne Collier, *UGS*

Jason Faircloth, *Marin Bicycles*

Marci Lackovic, *Autodesk*

Samir Mesihovic, *Volvo Trucks*

Professor Bob Passch, *Oregon State University*

Matt Popik, *Inwin Tools*

Cary Rogers, *GE Medical*

Professor Tim Simpson, *Penn State University*

Ralf Strauss, *Inwin Tools*

Christopher Voorhees, *Jet Propulsion Laboratory*

Professor Joe Zaworski, *Oregon State University*

最后，也是最重要的，就是要感谢我的妻子阿代尔（Adele），她对我的无限信任，使我能够完成这个项目。

目　　录

第 1 章

为什么要研究设计过程

关键问题

■ 做些什么才能保证在确定时间和预算范围内设计出质量合格的机械产品?

■ 获得较好产品的最佳设计实践所具备的 10 个关键特征是什么?

■ 产品寿命周期包括哪些方面?

■ 设计问题与分析问题有何不同?

■ 为什么在设计中,知道得越多,在设计中具有的自由度越少?

■ 什么是汉诺威原则?

1.1 概述

从简单的制陶转盘发展到复杂的消费产品和运输系统,人类设计机械的活动已经延续了近五千年。每一件产品都是人们经过长期而且常常是艰苦的设计过程得到的最终产物。本书就是论述这个设计过程的著作。无论是设计齿轮箱、热交换器,还是人造卫星或房门把手,在设计过程中都有一些特定的技术可用来帮助设计者保证得到成功的设计。本书是关于机械设计过程的,所以其内容不是注重某一种特定产品的设计,而是针对各种各样的机械产品的设计。

既然人类的设计活动已经有近五千年的历史,而且确实有成千上万的机械产品能够工作并工作得很好,为什么还要研究设计过程呢?答案很简单,即:人们对新的、具有高性价比、高质量的产品的需求是持续不断的。现代产品已经变得如此复杂以至于绝大部分产品从概念发展到硬件,都需要有一支由不同专业领域的人员组成的团队来完成。参加项目的人员越多,就越需要进行交流和组织,以保证不会忽略重要的问题以满足顾客的需求。另外,全球化的市场已经孕育着非常快速和加速发展新产品的需求。为了市场竞争的需要，一个公司必须高度有效地进行产品设计。这就是这里所要研究的确保新产品有效开发的过程。新产品不能按预期正常工作，推向市场需要的时间过长，或者成本太高带来的问题，据估计，有85%是由不好的设计过程造成的。

　　本书的目的就是要向读者提供一种提高过程效率的工具，这种工具可以应用于任何一种产品的设计过程中。本章要介绍设计问题的重要特征和解决这些问题的过程。这些特征适用于任何类型的设计问题，无论是关于机械的、电的、软件的或是建筑工程的。后续的各章将更多集中于机械设计的问题，即便这样，也可以应用于更广泛领域的问题。

　　考察决定一种产品成功或失败的重要影响因素(图1.1)。这些因素分置于三个椭圆中，分别表明了对产品设计、市场交易和产品生产具有的重要影响。

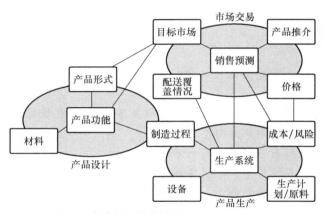

图1.1　产品开发中的可控制变量

　　产品设计因素关注的是产品功能，即产品能承担的工作。功能对设计者的重要性是本书的一个重要主题。与功能相关的因素包括产品的形式、材料和制造过程。形式包括产品的风格、形状、颜色、质地及其他与其结构有关的因素。与形式同等重要的是用于制作该产品的材料和制造过程。功能、形式、材料和制造过程是设计人员主要关心的4个变量。图9.3对这个产品设计的椭圆做了进一步的细化。

　　对市场交易来说，产品的形式和功能也同样重要，因为目标市场的消费者主要是通过产品能做什么(它的功能)和它看起来怎么样(它的形式)来判断商品的。如图1.1所示，目标市场是市场交易的一个重要因素。市场交易的目标就是赚钱，即达到销售预期。销售也受到公司对产品的推介能力、产品配送能力和产品价格的影响，如图1.1所示。

　　市场交易不仅依靠产品形式和功能，也依靠公司的产品生产能力。如图1.1所示，生产椭圆中生产系统是核心因素。注意，产品如何设计和如何生产都关系到制造过程。依照产品功能选择的形式和材料影响到可以采用的制造过程。这些过程转而会影响到成本，进而影响产品的价格。这正是产品设计、生产和市场交易如何交错相关的一个例子。本书将集中讨论产品设计。但是也会特别注意与设计相关的市场交易和生产因素。以后各章将阐明设计过程对产品成本、质量和推向市场所需要的时间有着重要的影响。

1.2 结合产品成本、质量和推向市场需要的时间来评价设计过程

衡量设计过程有效性的 3 个量是产品成本、质量和推向市场需要的时间。不管设计中的产品是一个整体系统还是一个大产品的小局部，或者是对现有产品一个小的改变，顾客和管理者都希望它更便宜（低成本）、更好（高质量）、更快（较短时间）面市。

例如图 1.2 福特汽车公司的统计所示，产品设计的实际成本一般只是产品制造成本的一小部分。数据表明，用于开发汽车的设计活动成本仅占汽车制造（不包括推广和销售）成本的 5%。这个数字随行业和产品的不同会有所变化。但是，对大多数产品来说，其设计成本是制造成本的一小部分。

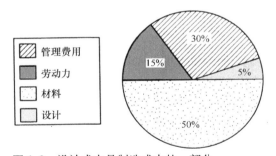

图 1.2 设计成本是制造成本的一部分

然而，设计质量对制造成本的影响远大于 5%。可以通过对 18 种不同的自动煮咖啡壶详细的研究中准确地得到这个结论。每个煮咖啡壶的功能都相同——煮咖啡。图 1.3 给出了这一研究的结果。图中，制造效率的变化，如材料成本、劳动力工资和设备费用变化，其影响从设计过程的影响中分离出来。从中可以看出制造效率和设计水平对产品制造成本的影响是一样的。数据表明，一个高水平的设计，不管制造效率，可以降低成本达 35%。在一些行业这个影响可以高达 75%。

设计成本小，而对产品价格影响大。

比较图 1.1 和图 1.2 可以总结出：在设计过程中做出的决策虽然本身花费

很小，但是其对产品成本的影响是巨大的。设计决策直接决定了使用的材料、物品采购、零部件及其形状、产品推销、产品价格和销售。

产品成本在设计过程之初被预定，而在设计完成以后被花费。

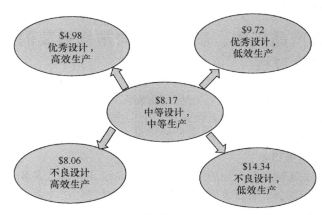

图 1.3 设计对制造成本的影响

（数据摘自"产品学中设计重要性的评估"，管理科学，第 44 卷，
第 3 期 p352-p369，1998 年 3 月，K. Urich and S. A. Pearson）

另一个设计过程与成本关系的例子来自施乐复印机。在 20 世纪 60 年代和 70 年代初，施乐控制着复印机市场。然而，到 80 年代市场中有了 40 余家不同的复印机生产商，施乐的市场份额显著下降。部分原因是由于施乐产品的成本问题。事实上，在 1980 年施乐决策者就已经意识到一些生产商能够用比施乐低的价格出售与其功能相似的产品了。在关于这个问题的一项研究中，施乐集中关注每一个零部件的成本。通过将机械中的塑料零部件与具有相似功能的日本和欧洲机械中的零部件相比较，他们发现日本厂家生产的零件比施乐公司或欧洲厂家生产的零件成本低 50%。施乐将成本差距归于 3 个因素：日本的材料成本低 10%，工具和工艺成本低 15%，其余的 25%（差距的一半）在于如何设计零部件。

产品的大部分成本不仅是在设计过程中预定的，而且是在设计过程的早期就被预定的。如图 1.4 所示，一个典型产品大约 75% 的制造成本在概念设计阶段末期就已经预定了。这意味着，自此以后做出的决定只能影响产品制造成本的 25%。图 1.4 中还表示了投入的成本，它是用于产品设计的花费。在没有确定制作成本之前，大量的资本已经花掉了。

设计过程的结果对产品的质量也有很大的影响。在 1989 年的一项调查中，美国的消费者被问及："什么决定了质量？"他们的回答列于表 1.1 中，可以看出："质量"是设计工程师负责的一个综合因素。在 2002 年一个关于工程

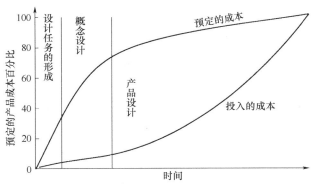

图 1.4 设计中预定的制造成本

师对质量责任的调查显示，对"质量中什么是最重要的"认识几乎没有变化。虽然这些调查来自不同的群体，但是会有趣地发现，时隔 13 年，易于维护的重要性下降了，但是对质量的主要评价标准仍然没有变。

表 1.1 决定质量的因素

	1989 年	2002 年
按照既定的功能工作	4.99(1)	4.58(1)
寿命长	4.75(2)	3.93(2)
易于维护	4.65(3)	3.29(5)
看起来具有吸引力	2.95(4、5)	3.58(3、4)
含有最新的技术/特点	2.95(4、5)	3.58(3、4)

注：指标：5＝非常重要，1＝根本不重要；括号内注明的是排名。
来源：1989 年 11 月 13 日时代发表的对消费者的调查和 2002 年国际质量和可靠性管理杂志，第 19 卷，第 4 期，p442-p453 发表的质量专家 R. Sebastianelli and N. Tamimi 调查报告，"产品质量维度如何与定义质量相关"

可以注意到，最重要的质量度量指标是"按照既定的功能工作"。此项和"含有最新技术""有许多特点"都是产品功能的度量指标。"寿命长"及其他大部分度量指标依赖于形式的设计、材料和制造过程的选择。显然，在设计过程中做出的决策决定了产品的质量。

除了影响成本和质量外，设计过程还影响到一个新产品生产所花费的时间。图 1.5 所示为两个汽车公司采用不同的设计理念做出的设计变化的数量。实线数据代表美国的汽车制造商（B 公司），虚线代表丰田公司（A 公司）。设计过程中的反复或改变是设计过程中必需的部分。然而，这种改变发生在设计过程的后期比在前期改变的费用更多，因为它会推翻很多前期的工作。从图中可以看出，B 公司在设计方案已经实施投产后还在对设计进行改变。事实上，超过 35% 的产品成本发生在产品进入生产后。其实，B 公司在销售其产品的过程中还在对汽车进行设计。这不仅造成生产过程中工具和装配线的改变，而且可能会召回汽车进行翻新，二者必然会极大地增加花费，毫无疑问也会失去消费者的信任。另一方面，A 公司在设计的初期进行了大量的改变，并在投入生产前完成了设计。早期设计的改变需要更多的工时和努力，但是不要求有硬件或文档上的改变。如果在设计初期进行改变所花费的工时费是 1000 美元，则在细节设计后改变设计所花费的工时费就会是 10000 美元，在生产开始后进行改变，则花在工具、销售和商品信誉上的钱会达到 1000000 美元，甚至更多。

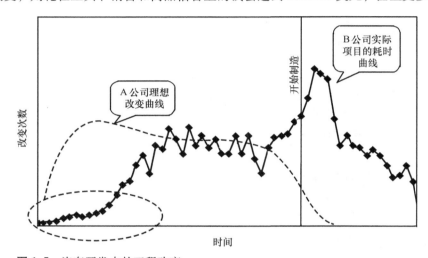

图 1.5　汽车开发中的工程改变

（来源：数据来自 Tom Judd Cognition 公司"将为 6σ 设计提高到下一个水平"，
WCBF 为"6σ 设计研讨会"，2005 年 6 月，拉斯维加斯。）

> **早期失败，造成经常失败。**

　　从图 1.5 中可以看到，A 公司在汽车设计上所花费的时间要少于 B 公司。这是因为这两个公司不同的设计理念造成的。A 公司在产品开发的早期阶段雇佣了大量的工程技术人员，而且鼓励这些技术人员应用最新的设计技术，早期探究所有的可能方案以排除后期改变的需要。相反，B 公司聘用了少量的技术人员并且迫使他们尽快地得到结果，制成硬件，不鼓励他们去探求更多的可能方案（图中椭圆形的区域）。设计格言："早期失败，造成经常失败"，正适用于此例。为了获得好的设计，改变是必需的，早期的改变不仅比后期改变容易，而且花费也少。B 公司的技术人员却花费了很多的时间去"救火"。实际上，许多工程技术人员都像 B 公司的人员那样花费 50% 的时间在"救火"。

　　设计过程影响产品开发时间的另一个方面是需要多长时间将一个产品推向

市场。20 世纪 80 年代以前，并不强调新产品推向市场的时间。后来，竞争迫使新产品的推介要越来越快。20 世纪 90 年代中，许多工厂的开发时间都减少了一半。这个趋势一直延续到 21 世纪。本书中的第 4 章会介绍更多的关于设计过程在开发时间缩减中的重要作用。

许多年来，人们一直认为在高质量产品与低开发和制造成本之间存在一种权衡，即开发和制造一个高质量的产品需要花费更多的成本和时间。然而近年来的经验表明，提高产品质量和降低成本是可以联手共进的。已经举过的一些例子和本书中后续的内容进一步加强了这一观点。

1.3　设计过程的历史

在设计活动中，概念发展成为可用作产品的硬件，无论这个硬件是一个书架或是一个空间站，它们都是人们与其知识、工具以及技巧相结合而产生的一个新创造。这个工作要花费他们的时间和金钱，如果人们擅长于他们所做的工作，并且有一个良好的工作环境架构，他们就可以高效地工作。进一步地，如果技巧运用合理，则最终的产品就会得到使用它和与它一起工作的人的喜爱——消费者会把它看作是优质产品。因此，设计过程就是对人以及人们在产品进化过程中所获得信息的组织和管理。

在知识不发达的时代，一个人就可以完成整个产品的设计和制造。即使是一个大的项目，如造船或建桥，一个人就有足够的物理、材料和制造过程的知识来处理项目设计及建设的所有方面的问题。

到了 20 世纪的中叶，产品和制造过程已经变得非常复杂，以至于一个人不再具有足够的知识或时间用于产品升级换代的方方面面。人们组成不同的团队分别负责市场、设计、制造和整体管理。这个变革人们称为按专业分隔的设计方法(图 1.6)。

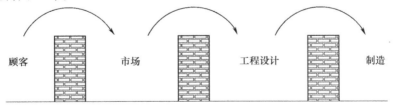

图 1.6　按专业分隔的设计[⊖]方法

由图 1.6 的结构中可以看出，工程设计过程从产品开发的其他活动中被分

　　⊖　原文的"over the wall"，直译为"抛过墙的设计"，含有贬意。本书按此设计方法的内容意译为"按专业分隔的设计"。——译者注

隔开。基本上，市场人员要传递考察得到的市场对工程设计的需求，不是写一个简单的需求报告，就是进行口头报告。这是一种有效的单向沟通方式，而且将其表达成信息被"抛过了一堵墙"。工程科学解释这些需求，发展概念，而且细化最恰当的概念使之成为制造说明（如图样、材料清单、装配说明）。这些制造说明再被"抛过墙"后进入到制造阶段。然后，制造阶段对传递过来的信息进行解释，形成工程所想要的产品。

不幸的是，公司采用按专业分隔设计过程制造的产品经常不是消费者所想的。这是因为在这种产品开发过程中存在许多缺陷。首先，市场可能没有能够向工程设计者传递一幅消费者需求的清晰图像。因为设计工程师没有直接和消费者沟通而且与市场的交流有限，所以很有可能对设计问题产生不完全或不正确的理解。其次，设计工程师不能像专业制造人员那样多地了解制造过程，因此，有些零件画出后可能无法加工，或者无法用现有的设备加工。更进一步地，制造专家可能知道制造产品更省钱的方法。因此，这种按专业分隔设计的方法是低效率和高成本的，而且还可能产生劣质产品。虽然许多公司还在采用这种方法，但是大部分厂家已经意识到它的弱点，并且正在放弃使用这种方法。

在 20 世纪 70 年代末期至 80 年代初期，并行工程的概念开始打破这些"墙"。这个理念强调制造过程的改进要与产品的更新同步。并行工程的实现通过指派制造工程师的代表参加设计团队，以便于他们在整个设计过程中与设计工程师相互沟通。其目的就是要在产品完善的同时，也使制造过程得到改进。

20 世纪 80 年代，并行工程的理念又被扩展并称为协同设计，到 90 年代又变为集成生成与过程设计（IPPD）。虽然"并行""协同"和"集成"的意义基本相同，但是，术语上的变化也隐含着对如何有效地开发产品在认识上的进一步提炼。在本书的后续部分，用协同设计这一术语来说明这种认识上的提高。

在 20 世纪 90 年代，精益与六西格玛的概念在制造业中变得流行并开始影响到设计。精益制造的概念基于对丰田制造体系的研究，并在 20 世纪 90 年代的早期流传到美国。精益制造努力通过团队工作消灭系统所有零件中的浪费。这意味着消灭没人想要的产品、不需要的步骤、许多不同的材料以及由于上游活动不能按时完成造成的下游人员的等待。在设计和制造中，"精益"的概念与最小化任务时间和最小化制造产品所用材料已经变成了同义词。精益的理念将在后面的章节详细介绍。

"精益"关注时间，而"六西格玛"聚焦质量。"六西格玛"有时也写成"6σ"，起源于 20 世纪 80 年代的摩托罗拉公司并在 90 年代作为一种能有助于制造出高质量产品的保证方法而流行。"六西格玛"采用统计方法对产品制造过程中的不确定性和变化进行评价和管理。"六西格玛"方法的关键是"DMAIC"五个步骤(Define,定义;Measure,评估;Analyze,分析;Improve,改进;Control,控制)。"六西格玛"使被加工的产品质量得以提高。然而,质量是在产品设计、工艺阶段就开始了,而不是在制造中才开始的。认识到这点,"六西格玛"委员会在20世纪90年代后期提出的DFSS(即为"六西格玛"而设计)中开始强调在产品开发周期的早期就应注意质量。

本质上,DFSS是本书中介绍的那些好的设计实例的集成。DFSS仍然是一个新型的原理。

除了这些正式的方法外,在20世纪80年代到90年代之间,产生了许多设计过程的技术并变得流行。它们大多建立在本书介绍的大量设计原理的基础上。

所有这些方法和最好的实践都是围绕在表1.2中列出的10个关键特征建立起来的。这10个特征和综合以后形成的原理覆盖本书的各章节。基本的焦点是对团队成员、设计工具和技术、产品信息以及用于产品开发和制造过程的集成。

团队的使用,包括所有的"利益相关者"(那些和产品相关的人),采用专业分割的设计方法以消除许多问题。在产品发展的每一个阶段,产品研发的团队中将要包括各种人员,而且他们都是很重要的。这种具有不同观念与视野的人员组合,有助于团队从事与产品全寿命周期有关的工作。

工具和技术通过信息将开发团队联系起来。虽然许多工具是以计算机为基础的,但是许多设计工作还是要采用铅笔和纸张来完成。因此,本书强调的不是计算机辅助设计而是影响设计修养的技术和支持它们的工具。

表1.2　最佳实践设计的10个关键特征

1. 关注产品的整个寿命周期(第1章)
2. 设计团队的作用和支持(第3章)
3. 认识到过程和产品同样重要(第1、4章)
4. 关注以信息为中心的任务规划(第4章)
5. 关心产品需求的发展(第5章)
6. 鼓励产生多种概念并进行评价(第6、7章)
7. 明确决策过程(第8章)
8. 在设计的全过程中关注设计质量(通篇)
9. 产品开发和加工过程协同发展(第9~12章)
10. 强调在恰当的时机将正确的信息与适当的人员交流(通篇和第1.4节)

1.4 产品寿命

　　无论哪种设计过程，每一件产品都有其生命历程，如图 1.7 所示。图中的每个圈框代表产品生命历程的一个阶段，它们被分为 4 组。第 1 组是有关产品开发的，也是本书的重点；第 2 组是关于产品的生产和交货；第 3 组包括了对产品使用的所有重要考虑；最后一组是关于产品退出使用的后处理。本节将对每一组进行介绍，所有内容在本书后面作详细介绍。注意，设计者将参与产品开发的 5 个阶段，如果要开发优质的产品，就必须对随后的几个阶段有充分的了解。产品开发的几个方面是：

　　确定需求　设计项目或来自于市场需求，或来自于新的技术进步，或来自于对已有产品进行改进的要求。

　　规划设计过程　有效的产品开发需要对将要进行的过程做出计划。规划设计过程是第 4 章的主题。

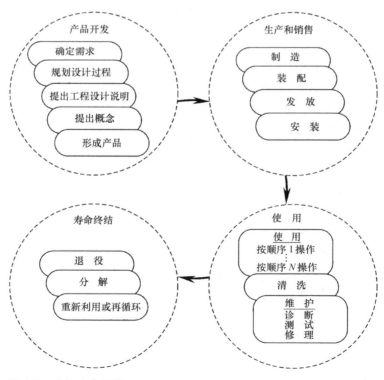

设计过程不仅要产生产品，而且要对它的寿命和报废负责。

图 1.7　产品寿命周期

提出工程要求　提出一组好需求的重要性已成为协同设计的关键点之一。近来人们已经认识到，在提出概念之前提出完整的需求，不仅可以节省时间和金钱，并且能提高产品质量。有助于提出完整需求的技术将在第 6 章介绍。

提出概念　第 7、8 章集中介绍新概念的产生和评价技术。这是产品开发中的一个重要阶段。此阶段做出的决策会影响后面的所有阶段。

形成产品　将概念转变为可制造的产品是一项重要的工程挑战。第 9～12 章提出了使这个过程更加可靠的技术。这个阶段最终要给出产品制造说明并交付生产。

第 1 组的 5 个方面考虑了产品寿命期内会发生的情况。当设计工作完成时，产品投入生产，除非有工程上的改变，设计工程师就不再参与与产品有关的事务了。

生产和销售部分包括：

制造　有些产品只是将现有的零件进行组装，但对于大多数产品，单个零件需要从原材料通过成形而制成，因此需要进行一定的加工。在按专业分隔设计方法中，设计工程师有时会考虑到制造中可能出现的问题，但是他们毕竟不是专家，有时不可能做出好的决策。协同设计鼓励在设计团队中有制造专家的参与，以保证产品可以生产并满足成本要求。对于制造设计的特殊考虑及产品成本预算将在第 11 章中讲述。

装配　在产品设计阶段考虑产品如何装配是很重要的。第 11 章中的部分内容就着重介绍了装配的设计技术，即使产品易于装配。

发放　虽然产品的发布看起来似乎与设计工程师无关，但是每一件产品都必须以安全和划算的方式交付到消费者手中。设计要求中可能包括了一些如产品要装在事先规定好的容器中进行船运或满足某种标准货架的摆放要求。因此，设计者可能要改变产品（的设计）以满足产品发送的要求。

安装　有些产品要在消费者使用前进行安装，特别是制造设备和建筑业设备更是如此。另外，还要考虑用户对"安装须知"提示的反应。

产品开发、制造、发布的目标就是要使用这个产品。"使用"的内容是：

使用　大多数设计要求是用来说明产品用途的。产品可能会有许多不同的操作规程来说明其使用方法。例如，一个普通的锤子，它可以将钉子钉入或取出。每一种用法有不同的操作规程，在设计锤子时都要考虑。

清洗　产品使用的另一个方面是保持清洁。其范围包括频繁需要（如公共浴室的固定装置）到不需要。每个消费者都遇到过产品不能清洗带来的失望感。这种无能为力很少是故意的，通常是一个坏的设计造成的。

维修　如图 1.7 所示，对产品的维修是对出现的问题进行诊断，诊断中可能需要测试，并把产品修理好。

最后，每个产品的寿命都是有限的，产品寿命的完结已经变得越来重要。

退役   产品周期的最后一个阶段就是产品的退役。过去，设计工程师不关心产品使用以外的事情。然而，自20世纪80年代以来，随着人们对环境关注的增加，迫使设计工程师们开始考虑产品的全寿命周期。到20世纪90年代，欧盟已经立法将产品失去其使用功能后的收集和重新利用或再循环作为原制造者的责任。这部分内容将在第11.8节中讲述。

分解   在20世纪70年代，消费型产品为了维修是很容易被分解的，但是现在人们生活在一个"抛弃型"的社会，将消费型产品进行分解是非常困难的而且经常是不可能的。然而，由于法律要求人们回收或重新利用这些产品，使产品便于分解的设计需求又重新回来。

重新利用和再循环   当产品分解后，它的零件能够重新用于其他产品或回收——变成更基本的形状而被重新应用（例如，金属可以被熔解，纸可以变为纸浆）。

这种对产品寿命的强调最终形成了寿命周期管理（PLM）这一概念。PLM这个名词在2001年的秋天作为计算机系统的概括性术语被发明，它定义或编写了产品从"摇篮到坟墓"的全部信息。PLM采用使产品寿命周期内每一个技术支持者都容易理解的形式和语言对这些信息进行管理。即工程师所能理解的词汇和表达与制造商或服务人员能够理解的词汇与表达方式是不同的。

PLM的前身是产品数据管理（PDM），它是在20世纪80年代用于产品数据的控制与分享。从"数据"到PLM中的"寿命周期"所发生的变化反映出一种领悟，即对于产品来说除了描述其几何形状和功能外，过程也是重要的。

如图1.8所示，PLM综合了6种主要形式的信息。过去，这些信息都是独立的，群体之间缺乏交流（如图1.6所示的按专业分隔的设计方法）。反之，图1.7集中反映了产品寿命周期内发生的各种活动；图1.8反应了PLM集中为支撑其寿命必需要管理的信息。PLM中所谓的"系统工程"是指产品功能的技术发展的支持。系统工程中的一些专题覆盖了整本书。

历史上被称为CAD（计算机辅助设计）的技术现在常用MCAD表示机械的计算机辅助设计，以区别电子的计算机辅助设计（ECAD）。这两个方面连同软件都是设计自动化的一部分。与大部分PLM类似，这就是一个结构树。传统的绘图包括布局、零件图和装配图。实体模型的出现使得它们都成为MCAD系统的一部分。

材料清单（BOMs）是非常有效的零件目录表。BOMs是制造的基础性文件。然而，当产品处于系统工程之中时，既使早期可能没有零件清单，BOM也是基础性文档。在制造中，PLM管理"为制造而设计（DFM）"和"为装配而设计（DFA）"的那些信息。

一旦产品上市并投入使用，就需要维护，即需要诊断、测试和修理（图

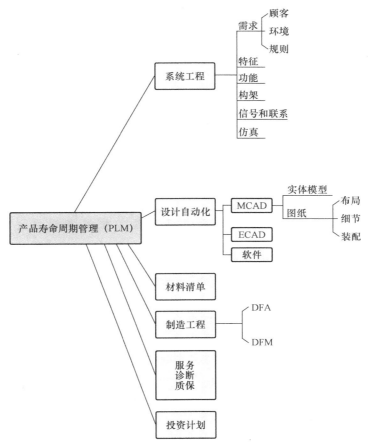

图 1.8　产品寿命周期管理

1.7）。这些活动要由一个 PLM 系统中的服务、诊断和质保的信息来支撑。最后，需要管理一个产品的投资，换句话说能够被提供的产品，被选中来提供（以组织的形式进行投资）。这个投资组合决定了经营的部分，也就是决定了哪个产品要开发和销售。

上面关于产品寿命和需要管理的系统的阐述，为了解本书将要展开的内容打下了一个良好的基础。本章中的其余部分要详述设计问题独有的特点和解决过程。

1.5　设计问题的各种解决方案

下面以机械零件设计教材的一个问题为例进行讲述（图 1.9）。

选择多大尺寸的 SAE（标准）5 级螺栓可以将两块 1045（注：相当于我国的

45 钢)钢板连接在一起? 其中每块钢板的厚度是 4mm、宽度是 6cm 的两块钢板搭接在一起, 载荷为 100N。

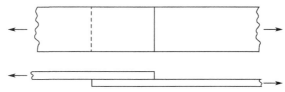

图 1.9　一个简易的搭接

(注:本书译自美国教材,按照中国制图标准应将上下两个视图的位置颠倒)

> 设计问题可以有很多满足要求的答案, 但没有明显的最佳解答。

　　此问题的要求非常清楚, 如果知道分析螺栓切应力的方法, 这个问题就很容易理解。没有必要再设计连接方式, 因为设计题目已经明确给定用 5 级螺栓, 只需要确定一个参数——螺栓的直径。从教材中的有关公式可以直接计算出结果, 唯一要确定的就是确认是否正确解决了问题。

　　作为比较, 来看一个与之有微小差别的一个问题:

　　设计一个连接, 将两块厚 4mm、宽 6cm 的 1045 钢板相互搭接起来, 载荷为 100N。

　　两个问题的唯一不同就是起始条件(下标波浪线)以及用句号代替了问号(应思考标点符号的变化)。第二个问题甚至比第一个问题更容易理解;不必知道如何按剪切失效设计螺栓联接。然而, 在此产生构思和提出可能概念的范围大得多了。它可以采用螺栓联接、黏结, 将两个零件折叠在一起的连接、焊接、磁性相接、搭扣式连接或者用口香糖黏接。要评价所提出的概念, 需要知道更多的关于连接的信息。换句话说, 此问题还没有真正地被理解。有些问题还需要进一步回答:该连接是否要求可拆卸? 该连接是否用于高温条件? 连接时可使用什么工具? 进行连接工作的工人应具备什么技术水平?

　　第一个问题描述的是分析性问题。要解决它, 需要找到正确的公式并代入正确的数值。第二个问题描述的是设计问题, 不是很确定, 描述中没有给出找到解决方案所需的所有信息, 没有给出可能的答案, 且答案的约束条件也不完整。这种问题就需要补充那些缺少的信息来完整地理解它。

　　两个问题的另一个不同点就是可能的答案数量不同。对于第一个问题, 正确的答案只有一个。而第二个问题, 没有正确的答案。事实上, 对这个问题可能有很多种好的解决方案, 但要界定什么是"最好的答案"不是不可能, 但却是很困难的。例如，在同一市场竞争的不同汽车、电视机和其他产品。每一种情况下，所有不同的模型即使有许多不同的答案，但基本上都解决的是同一个问题。设计的目标就是要寻求一个好的解决方案，以花费最少的时间和其他资源获得优质的产品。所有的设计问题都有多个令人满意的解答，但没有明显的最佳解答。在图1.10中表示了影响设计答案的因素。领域知识可通过工程物理和其他技术方面的研究得到发展，也可通过对已有产品的观察得到。设计过程是以自然科学和工程科学为基础的。设计过程知识是本书的主题。

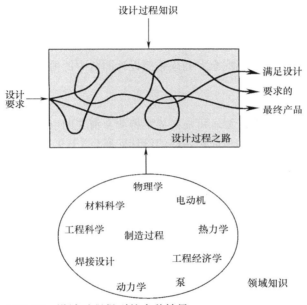

图1.10 设计过程得到的多种结果

特别对于机械设计问题，还有另外一个特征：设计结果必须是一个工作硬件——产品。因此，机械设计问题从一个界定不清楚的需求开始，按某种工作方式最终得到机械产品，这种工作方式被设计师认为是可以满足设计要求的。这就产生一个悖论：设计师必须开发出这样的装置，通过定义，它有能力满足一些界定不清楚的需求。

1.6 解决问题的基本活动

无论要设计的问题是什么，总是有意或无意地进行着以下六个活动：

1）确定设计要求或认识到要解决什么问题。

2）计划如何去解决这个问题。

3）通过完善需求和分析现有类似问题的解决方案来理解问题。

4）产生可供选择的解决方案。

5）通过将备选方案与设计要求比较和将它们互相比较的方法来评价备选方案。

6）决定可采用的方案。

这个模式不仅适用于产品整体（如图 1.7 所示的产品寿命周期图）的设计，而且也适用于产品某一个最小细节的设计。

这些活动不是按照 1）、2）、3）这个顺序执行的。事实上，它们总是伴随解决方案的产生、评价、加深对问题的理解、产生新的和更好的方案而交织融合进行的。这种反复迭代的本性也是设计性问题区别于分析性问题的另一个特征。

上面列举的活动并不完全。如果希望设计团队中的另外一个人采用设计结果，则需要第 7 个活动：

7）交流结果。

启动设计过程的设计要求可能是界定得非常清楚的也可能是不清楚的。回顾一下前面给出的两块钢板简单搭接的设计问题（图 1.9）。在两个问题中要求都已给出。在第一个问题的说明中，需要理解的是针对此类问题需用哪些参数来描述其特征，以及将这些参数联系起来所要采用的方程式（一个连接模型）。这里不需要提出可能的解决方案、评价它们或做出什么决策，因为这是一个分析性问题。第二个问题的说明需要做出努力去理解。需要给出一个可行方案，然后才能产生出可供选择的解决方案并进行评价。如果其中一个方案是螺栓，那么一些评价过程与分析性问题可能相类似。

一些重要的结论：

1）新的设计要求是通过设计努力而建立的，因为新的设计问题是伴随产品进化而出现的。在设计之初没有提出的细节问题必须在其出现时得到处理，因此，这些细节的设计会引起新的子问题。

2）通常在项目开始时要制订计划。计划要不断地进行修正，因为对问题的理解随着项目的不断开展而加深。

3）在整个设计过程中对新设计问题有条理的理解是不间断的。每一个新的子问题都需要新的理解。

4）有两种截然不同的生成模式：概念生成和产品生成。用于这两种生成的技术也是不同的。

5）评价技术也依赖于设计阶段：用于概念评价的技术和用于产品评价的技术是不同的。

6）因为每一个决定都需要一个以不完善评价为基础的保证，所以做出决定是困难的。另外，因为大多数设计问题都是由团队来完成的，一个决定需要一致的意见，这往往是很难达到的。

　　7）协同设计中，将得到的信息与设计团队中其他人以及管理部门交流是很重要的。

　　在本书对设计过程进行的详述中，将会再次回顾这些结论。

1.7　设计中的知识和学问

　　在一个新的设计问题开始时，对解决方案知之甚少，尤其是当设计问题对设计者来说是一个新问题时。随着项目工作的开展，设计者对于所涉及的技术知识和可选方案数量也增加了，如图 1.11 所示。因此，完成项目后，大多数设计者都想有一个重新开始的机会，以使他们现在完全理解了问题后更好地做此项目。不幸的是，几乎没有设计者能有机会重新做项目。

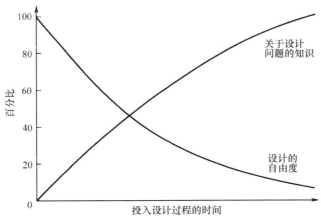

图 1.11　设计过程中的自相矛盾

设计中的悖论：学会的越多，运用所学会的知识的自由就越少。

　　通过解决问题的过程，可以获得关于问题的知识和解决问题的可能答案。相反的，设计自由也就丧失了。从图 1.11 中可以看出，投入到设计过程中的时间和揭示设计问题的时间相等。代表知识的曲线是学习曲线，曲线的斜率越大，单位时间获得的知识越多。贯穿大部分设计过程中的学习速率是很高的。图 1.11 第二条曲线表示了设计的自由程度。随着设计决策的做出，改变产品的能力就变得更加有限了。开始，因为还几乎没有做出任何的决策和资金的预定，所以设计者有很大的自由。但是到产品投入生产后，任何的改变都需要很大的投入，这就限制了做出改动的自由。因此，设计过程的目标就是在设计过程中尽可能早地对形成中的产品有更多的了解，因为早期的改变成本较低。

1.8   为可持续性而设计

设计师要意识到对设计什么样的产品和它们如何在寿命周期内与地球相互作用是有很多掌控权的，这一点很重要。这种设计过程中的责任在汉诺威原则中被很好地概括出来。该原则是在 2000 年德国汉诺威世纪博览会上提出的。它定义了为可持续性而设计的基本要素（DFS），或为环境而设计（DFE）。DFS 要求（设计师）对其做出的设计决策所产生的短期和长期后果要有清楚的认识。

汉诺威原则旨在提供一个平台，在此设计师们能够考虑如何使他们的工作指向可持续性的目标。世界环境和发展委员会提出的最高目标是"满足现在的需求时不要影响到后代去满足他们需求时的能力"。

汉诺威原则是：

1）坚持人类和自然在健康的、（相互）支撑的、多样化和可持续的环境下和平共处的原则。

2）相互依存的原则。人类设计的基本元素与自然界以广泛的、多样的尺度相互作用、互相依赖。扩展设计的思维以认识远期的影响。

3）接受设计结果所带来的责任。这些结果为使人类幸福、自然系统变化及它们的权力和谐共处。

4）创造有长期价值的安全产品。不要增加后代因产品维护要求而承受的负担，或者警惕由于粗心创造出的产品、工艺或标准而带来的潜在危险。

5）消除浪费的原则。评价和优化整个产品寿命周期和过程，以接近没有浪费的自然系统的状态。

6）依赖于自然能量流的原则。人类的设计应该向我们的生命世界一样从永久的太阳那里获得创造力。有效、安全地吸收这个能量并负责任地利用。

7）懂得设计的局限性。人类的创造不能永远持续而且设计不能解决所有的问题。那些创造和制订计划的人们应该在自然面前表现出谦卑。应把自然界看作是典范和良师益友，而不应该是一个逃避或需要控制的麻烦。

8）通过知识的分享寻求持续的改进。鼓励在同行、赞助者、制造者和使用者之间直接的和开放式的交流，以形成具有道德责任的长期可持续性的考虑，建立起自然过程和人类行为之间的整体关系。

9）尊重精神和物质之间相互关系的原则。从存在着和发展着的精神与物质之间的意识角度去考虑人居环境的所有方面，包括团体、住所、工业和贸易。

我们将在本书中的后续章节中遵循这些原则。在本章节前面已介绍了为减少浪费做出的努力，即"依赖"的概念。在本书后面的内容中，还会在涉及此概念和其他原则。本书中第 11 章还特别地把 DFS 作为为环境而设计的一部分加以介绍。第 12 章的主题是产品的退役。许多的产品退役后被填埋，但是根据前 3 条原则和第 5 条原则，最好将产品设计成可再使用和可回收的。

> *产品对其他产品产生影响，你是有责任的。*

1.9 小结

设计过程就是对产品开发中人员和他们在产品开发中得到的信息进行组织和管理。

1) 设计过程的成功可以通过设计工作成本、最终产品成本、最终产品质量和开发产品所花费的时间等来衡量。

2) 在设计早期就决定了产品成本，所以对早期阶段特别要注意，这是非常重要的。

3) 本书所描述的过程从设计过程之初就集合了所有的利益相关者，并且强调产品设计同时又关注全部过程——设计过程、制造过程、装配过程和产品发售过程。

4) 所有产品都有寿命周期，从建立设计要求开始到退役为止。虽然本书主要关注的是设计过程的规划、工程要求的建立、概念设计、产品设计等阶段，但是注意其他方面也是很重要的。PLM 系统就是支撑整个寿命周期内的信息和交流的系统。

5) 机械设计过程是一个从问题求解过程，即从一个界定不清楚的问题到最终产品的转换过程。

6) 设计问题有不止一个可满足要求的解决方案。

7) 植根于汉诺威原则中的为可持续性而设计的理念逐渐成为设计过程中越来越重要的部分。

1.10 资料来源

Creveling, C. M., Dave Antis, and Jeffrey Lee Slutsky: *Design for Six Sigma in Technology and Product Development,* Prentice Hall PTR, 2002. A good book on DFSS.

Ginn, D., and E. Varner: *The Design for Six Sigma Memory Jogger,* Goal/QPC, 2004. A quick introduction to DFSS

The Hannover Principles, Design for Sustainability. Prepared for EXPO 2000, Hannover, Germany, http://www.mcdonough.com/principles.pdf

Product life-cycle management (PLM) description based on work at Siemens PLM supplied by Wayne Embry their PLM Functional Architect. http://www.plm.automation.siemens.com/en_us/products/teamcenter/index.shtml http://www.johnstark.com/epwl4.html PLM listing of over 100 vendors.

Ulrich, K. T., and S. A. Pearson: "Assessing the Importance of Design through Product Archaeology," *Management Science,* Vol. 44, No. 3, pp. 352–369, March 1998, or "Does Product Design Really Determine 80% of Manufacturing Cost?" working paper 3601–93, Sloan School of Management, MIT, Cambridge, Mass., 1993. In the first edition of *The Mechanical Design Process* it was stated that design determined 80% of the cost of a product. To confirm or deny that statement, researchers at MIT performed a study of automatic coffeemakers and wrote this paper. The results show that the number is closer to 50% on the average (see Fig. 1.3) but can range as high as 75%.

Womack, James P., and Daniel T. Jones: *Lean Thinking: Banish Waste and Create Wealth in Your Corporation,* Simon and Schuster, New York, 1996.

1.11 习题

1.1 用尽可能少的词语将你所学的工程科学范围内的一个问题转变成一个设计问题。

1.2 确定解决下面问题所需要进行的基本活动：

a. 选择一辆新汽车。

b. 列出一个杂货店的货品细目。

c. 安装一个固定在墙上的书架。

d. 打开一个疑难问题的缺口。

1.3 找出一些解决了绝对相同的设计问题，但又非常不同的产品。例如：不同品牌的汽车、自行车、CD 播放器、奶酪切片机、红酒开瓶器和个人计算机等。请列出它们每一件的特点、成本和品质认知度。

1.4 在习题 1.3 中如何遵循汉诺威原则进行产品的制造？

1.5 试着体会一下按专业分隔设计方法的局限性。由 4~6 人组成一个组，让其中一个人写出对其他人不太熟悉的一些主题的描述，在描述中应该至少用 6 个不同的名词描述这个主题的不同特点。不要向全体人员展示你的描述，先讲述给其中的一个人。这个过程可以耳语进行或在房间外进行。讲述的内容限于文字记录的内容，请第二个人将信息传达给第三个人，以此类推，直到最后一个人。请他向全组人员复述这个主题并和最初的文字描述进行比较。改变主要发生在复杂的主题和较差的沟通中。（佐治亚理工大学的 Mark. Costello 教授提供）

第2章

了解机械设计

关键问题

- 功能、行为和性能之间有什么区别？
- 为什么机械设计从功能流向产品？
- 机械设计的语言是什么？
- 所有的设计问题都是一样的吗？
- 通过拆解产品我们可以学到什么？

2.1　概述

在过去很长的历史阶段，机械设计学科所需要的知识仅包括机械零件和装配。但是，在 20 世纪初，电子零件被引入到机械装置中。然后，在第二次世界大战期间，即 20 世纪 40 年代，电子控制系统变成了其中的一部分。因为这种变化，使得设计师不得不经常要在纯粹的机械装置或者机电结合系统之间做出选择。这些系统从简单的功能和逻辑直到计算机和复杂逻辑组合都已成熟。目前，许多机电产品都包括了微传感器。例如，照相机、办公用复印机、汽车以及其他许多产品。那些具有机械、电子和软件成分的系统常被称为机电装置。设计这些产品的难点在于必须掌握覆盖三个内容明显不同的领域及其设计过程的知识。但是无论电子产品或以计算机为中心的装置怎样发展，几乎所有的产品都具有机械功能和人机交互功能。另外，所有的产品都需要机械设备来制造和装配以及用机械零件进行包覆。因此，不管产品如何"智能"，都将一直需要机械设计。

为揭示系统具有明显的机械零件，下面来看两个实例且这两个例子将贯穿整本书。图 2.1 所示为欧文快速夹紧钳；图 2.2 所示 NASA(美国国家航空航天局)火星探测器漫游者(MER)的驱动轮,由加州喷气式飞机推进器技术实验室(JPL)设计。

图 2.1   欧文快速夹紧夹钳

图 2.2   火星探测器漫游者在 JPL 进行试验中(经 NASA/JPL 批准翻拍)

欧文是最大的单手操作夹钳制造商之一。图 2.1 所示的样品,其独一无二之处在于能用一只手的力气产生 550lb(250kg)的力。欧文在 2006 年发布此产品并在一个月内销售了数以万计的产品。与纯机械的、大量的快速抓取产品相比,仅生产了两个的火星探测器是高级的机电产品。

2003 年 7 月 7 日这两个火星探测器被发射到火星,以探索在火星历史上是否有水存在的问题。它们于 2004 年 1 月 3 日和 24 日着陆在火星上。它们的设计寿命是 90 索尔(火星上的时间,比地球上的一天长 40min),但一直工作到

2008 年，超过 1300 索尔（3.5 个地球年），超出了它的设计寿命。漫游者之一"机遇号"在 5 年中移动距离超过了 11km。

　　每个漫游者是一个六轮支撑的太阳能（驱动）机器人，高 1.5m（4.9ft），宽 2.3m（7.5ft），长 1.6m（5.2ft）。它们在地球上重 180kg（400lb），其中轮子和悬架系统重 35kg（80lb）。火星上的引力只有地球上的 38%。因此，它们在火星上的重量是 68.4kg（152lb）。图 2.3 所示为简化的火星探测器系统图，推进和操纵是两个子系统。在本章的后面，将深入研究火星探测器，而在后面的章节中将详细研究轮子。

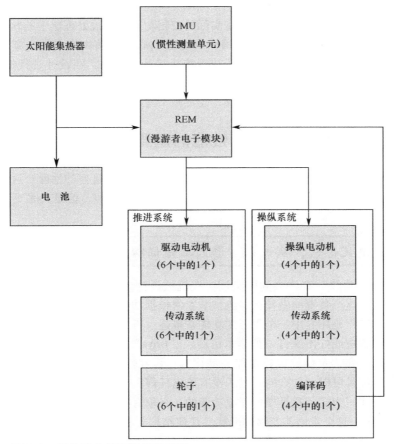

图 2.3　简化的火星探测器系统图

　　一般地，在设计过程中系统的功能和分解是首先要考虑的问题。在功能被尽可能分解到一个最好的子系统后，这些功能的装配结构和零件后也形成了。对于机械装置，一般的分解方式是：系统—子系统—装配结构—零件。图 2.3 所示的火星探测器推进系统，在此系统中电动机和传动系统是两个子系统，轮子是一个零件。系统、子系统和零件都具有产品特点，这些特性，如尺寸、材料性质和形状或功能的细节是很重要的。对于火星探测器的推进系统，一个重要的特性就是它可以以5cm/s的速度推进火星探测器。传动系统的特征是具有1500∶1的减速比。火星探测器的轮子的一些主要特点包括它的直径、轮胎纹理和适应性。

我们必须注意到，许多系统都具有电子、机械子系统和零件。电子系统一般都用来提供能量、传感测量和控制功能。这些电子系统和机械零件一样，其功能都是通过电路（电子装配结构）来实现的，电路可以再分解成电子零件（如开关、晶体管和集成电路）。一些控制系统的功能是由微处理器实现的。从物理上讲，这些都是电子电路，但是实际的控制功能是通过处理器中的软件程序来实现的。这些程序是由独立的编码表述组成的编码模块集成的。应注意的是，微处理器的功能可以通过电子或者纯机械系统实现。在设计过程的早期，当精力集中在系统的开发时，对于实际功能是否可以由纯机械结构、电子电路、软件程序或是它们的组合完成，经常是不清楚的。

2.2　产品功能、特性和性能的重要性

欧文夹钳的功能是什么？它表现如何？它是否具有良好的性能？这三个问题围绕着术语"功能""特性"和"性能"，看起来相似，但是又是夹钳不同的属性。

> *功能决定形式，反过来，形式也保证功能的实现。*

对于"功能"有许多的同义词。在机械设计领域，通常用功能、效果或目的来描述这个装置能做什么。机械装置常根据功能进行分类。事实上，一些装置的功能仅是用其中一个重要的功能来描述。例如，螺钉旋具的功能就是让人们能够拧进或拧出螺钉。英语术语旋入"drive"、旋入"insert"、拧出"remove"等都是表示螺钉旋具功能的动词，告诉我们螺钉旋具可以做什么。在讲述螺钉旋具可以做什么的时候，没有给出任何关于螺钉旋具如何完成其功能的相关描述。为揭示它是如何完成功能的，必须有一些关于这个装置形式的信息。"形状"这个术语涉及物理形状、几何结构、材料或尺寸。在第3章中将看到，工程师在头脑中将他们关于机械的知识建立起索引的方法之一就是用"功能"。现在，重读这段并把螺钉旋具换成快速抓紧夹钳。

在图2.3中，从物理的角度将火星漫游者分解成推进系统与操纵系统两个子系统和处于物理边界的零件。功能分解一般要比这种物理分解困难得多，因为每一个功能可能由多个零件来实现或一个零件实现多个功能。来看一下自行车的车把。车把是一个弯管且具有多个功能的独立零件。车把使骑车人能

"驾驶"自行车("驾驶"是表示这个装置可以做什么的一个动词),同时,车把还"支撑"着骑车人(又是表述车把的功能)。更进一步,车把不仅固定车闸,而且还传递压紧力(又一个功能)给制动链。车把的形状及其与其他零件之间的关系决定了它如何实现上述功能。然而,自行车驾驶不仅仅靠车把一个零件,还需要其他的零件一同来实现,如前叉、前叉与车架之间的支承轴承、前轮和各式各样的紧固件。事实上,可以这么说,自行车上的每一个零件都对驾驶有贡献,因为没有车座或后轮也很难骑行。车把履行着许多不同的职责,但是车把又仅仅是履行这些职责的各种部件中的一部分。类似地,在火星探测器中操纵系统如果没有推进系统中的轮子,也不可能真正地实现操纵功能。形态和功能之间的耦合使机械设计具有很强的挑战性。

许多通用装置根据其功能分类编入产品目录。例如,要确定一个轴承,就可以从一本轴承产品目录查到许多不同类型的轴承(如圆柱轴承、球轴承或锥轴承)。每一类轴承虽然基本功能相同,即减少轴和其他零件之间的摩擦,但有不同的几何特征——外形不同。在机械设计中,一旦装置的基本功能可通过一个单独的硬件,不论是一个零件还是一个部件来明确地表示出来,就可以对其进行分类列目。换句话说,其形式和功能是按照同一个界限来分解的。在许多机械装置中确实也是这样做的,如泵、阀、热交换器、齿轮箱、鼓风机叶片,而且特别是许多电器元件也是这样分类的,如电阻、电容器、放大器电路。

与功能相关的另外两个术语是"特性"和"功能"。功能和特性往往同义使用。然而,其中还有微小的差别,如图 2.4 所示。图中有两个标准系统框图,用指向框的箭头表示输入,方框表示受到输入作用的系统,向框外指的箭头表示系统对输入的反应。图 2.4a 表示的是从一个还在设计中的系统到期望输出的功能。当开始进行装置设计时,并不知道装置本身是什么,但是需要装置做什么是清楚的。如果系统是已知的,如图 2.4b 所示,则系统的特性是可以知道的。特性是真实的输出,是系统的物理性质对输入能量或控制做出的反应。因此,特性可以去模拟或测量,而功能只能是期望。

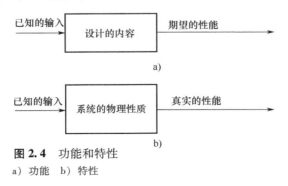

图 2.4 功能和特性
a)功能 b)特性

性能是对功能和特性的度量——装置所完成的预定工作状况如何？当我们说车把的一个功能是驾驶自行车时，我们没有描述任何该功能实现的好坏程度。在设计车把之前，我们必须对所期望的车把性能有一个清晰的认识。例如，其中一个设计目标是车把必须能承重 50kg，对车把来说，这是一个可以测量的预期性能。第 6 章中，会对完善、明确的性能度量指标做集中的阐述。进一步地，在设计完车把后，可以用分析的方法模拟其强度或测量原型件的强度，以找到其实际的性能，并与期望值相对比。这种对比的方法是第 10 章中的焦点问题。

2.3 机械设计语言和抽象

有许多语言或者表示方法可以被用来描述一个机械物体。考虑一下一个零件的零件图和一个实在的计算机硬件（也是一个零件）之间的区别。无论是零件图还是一个硬件都代表了同样的物体，然而，它们采用了不同的语言。

> **一个熟练的设计者会使用多种语言。**

进一步扩展此例，假如我们正在讨论的是一个螺栓，则螺栓是一个书面的描述该零件的语言（语义学的或者单词），是一个第三类语言。另外，还可以通过公式（最终语言）描述其功能和可能的形状。例如，螺栓可以"承受切应力"（一个功能），可以用公式 $\tau = F/A$ 来描述，切应力 τ 等于作用在螺栓上的剪切力 F 除以螺栓上的剪切面积 A。

基于此，我们可以用四种不同的表示方法或语言来描述螺栓。这四种方法可以用来描述许多机械物体。

语义学的 物体用一个动词或文本来表示，如词语"**螺栓**"或一个句子"**作用在螺栓上的**切应力是剪力除以剪切面积"。

几何学的 物体的零件图，例如一个按比例表达的实体模型、正交图、草图或艺术速写。

分析的 对于物体形状或功能的公式、法则或者规程描述，例如 $\tau = F/A$。

物理的 物体的硬件或物理模型。

在许多机械设计问题中，初始需求是顾客或者管理者用语义学的语言，如撰写的说明书或者动词性的请求表达。设计过程的结果是一个实质性的对象。虽然设计者得出的是一个产品的几何表达，不是硬件本身，但是产品从初始形态的细化到最终它的实物形态表达都要用所有的语言抽象出语义学的表达。

我们提到正在被设计的物体是更为复杂的，参看图 2.5 所示的火星探测器的轮子。图 2.5a 是一个粗略的草图，它仅给出了零件的抽象信息，它重点说明的是轮子中的辐条具有类似弹簧的作用。图 2.5b 所示为同一零件的实体模型，聚焦于轮子的最终形状。从草图到实体模型的进程中，抽象的装置被细化。

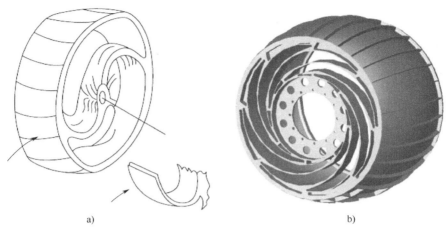

a)   b)

图 2.5 火星探测器轮子的抽象化的草图和实体模型

一些设计过程中的技术比较适宜抽象阶段和其他比较具体的阶段使用。事实上，不存在真正的抽象阶段，应该是一个连续时间段，在此期间来表达其形式或功能。表 2.1 给出了采用四种语言来进行三个抽象阶段描述的方法。我们以螺栓为例说明，见表 2.2。

表 2.1 不同语言表述的不同层次的抽象

语言	抽象的层次		
	抽象的概念 ⟶		具体物
语义学的	定性的词（如长的、快的、最轻的）	提到特殊的参数或零件	提到特殊的参数或零件的数值
几何学的	粗略的草图	比例图	具有公差的实体模型
分析的	定性的关系（如在左边的）	估算	详细的分析
物理的	无	产品模型	最终的产品

表 2.1 在描述分析的行中还经常用到另外一个术语，即仿真的保真度。因为一个分析模型或者仿真增加了保真度，所以它们对实际物体或系统的表达就变得更加准确。仿真度还会在第 10 章中进一步详述。

使物体不太抽象（或更加具体）的过程称为提炼。机械设计过程就是一个从给定需求到最终硬件产品的连续提炼过程。表 2.2 是对螺栓进行提炼的过程（从左至右）的举例说明。在许多设计问题中，都如表 2.1 中左上角所示的那样开始，结束于右下角所示的最终产品。它们之间的联系途径是其他表达和不同程度抽象的结合。

表 2.2　螺栓不同层次抽象描述

语　言	抽象的层次		
	抽象的概念　　　　　　→		具体物
语义学的	一个螺栓	一个短螺栓	A 型 1″ 1/4-20 UNC5 级螺栓
几何学的		螺栓的长度 螺栓的直径　螺纹的长度	$\frac{5}{8}$-UNC-2A
分析的	右手定则	$\tau = F/A$	$\tau = F/A$
物理的	—	—	

2.4　机械设计问题的不同类型

习惯上，我们根据学科一般将机械工程分为流体力学、热力学、机械学等。但对机械设计问题进行分类时，这种学科分类的方法就不适宜了。例如，试看一个最简单的设计问题——选择设计问题。选择设计就是从列表中选出一项（或多项），这个选项满足一定的要求。常见的例子有：从轴承目录中选择合适的轴承；为光学设备选择合适的透镜；为制冷机械选择合适的风扇；为一个加热或制冷过程选择合适的热交换器等。上述问题尽管其涉及的学科完全不同，但设计过程基本是一致的。本节内容的目标就是不按照学科来描述不同类型的设计问题。

在开始之前，我们必须认识到大多数的设计情况是不同类型问题的组合。例如，我们可能要设计一种新的产品，它能实施放入一个生鸡蛋、敲开、煎熟并放到盘子里的行为。因为这是一个全新的产品，所以里面有许多原创性的设计工作要做。然而，随着设计进程的发展，我们需要结构化不同的部分：为确定煎炸表面的厚度需要分析煎蛋设备的热导率，即进行参数设计；选择加热器和用于把各部分零件连接起来的各种紧固件。更进一步，如果我们很聪明，或许能在已有产品的基础上再设计，使之满足部分或全部的使用要求。

每一个用斜体字表示的名词术语都是不同类型的设计问题。很难找到一个设计问题仅包括一种类型。

2.4.1 选择设计

如前所述，选择设计就是在一个同类项目列表中选出一项（或几项）。当人们在产品目录中选择时，每一次都是进行一种设计。这类设计听起来简单，但是如果列出的项目较多且每项的特征又很不同，选择决定就会很复杂。

为解决选择设计问题，必须从一个明确的需求开始，以便能够有效地从产品目录或选项表中得到问题可能的解决方案。我们必须根据给出的特定需求对可能的答案进行评价，以获得正确的选择。看下面的例子。在设计一个装置时，我们必须选择轴承来支承轴。已知条件如图 2.6 所示，轴的直径为 20mm（0.787in），作用在轴上轴承处的径向力为 6675N（1500lbf⊖），轴的最高转速为 2000r/min。支承轴承的轴承座也要设计。我们需要做的就是选择一个轴承来满足上述要求。轴承目录中给出的轴的尺寸、最大径向载荷和最大转速的信息使我们能很快查到一些可能的轴承

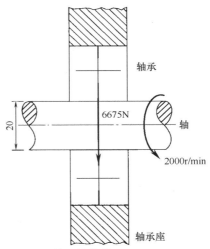

图 2.6 轴上的载荷

（表 2.3）。这是遇到的最简单的选择设计问题，但到此还没有完全确定。在五种可能的选择方案中，还没有足够的信息做最后的选择。即使得到一个很短的候选轴承列表——最有希望的候选者是 42mm 深沟球轴承和 24mm 滚针轴承，但如果没有更多的关于该轴承的功能和对轴承的工程要求的了解，我们也没有办法做出更好的决定。

2.4.2 结构设计

更复杂一些的设计是组装或称为结构或包装设计。在这类问题中所有零件已经设计出，需要解决的是如何将这些零件装配在一起组成完整的产品。本质上，这类设计问题与玩搭积木游戏或其他拼装游戏或者是摆放卧室家具类似。

下面来考虑火星探测器的组装。火星探测器的主体由漫游者装置底板（RED）（所有的实验装置都固定在上面）、一个漫游者电子模块（REM）、一个

⊖ 1lbf=4.448N，后同。

惯性测量单元（IMU）、一个加热电子盒（WEB）、一个电池、一个 UHF（特高频）无线电、一个 X 波段远距离通信（HW）装置和一个固态功率放大器（SSPA）组成，如图 2.7 所示。每个组装体的尺寸都已知，而且其位置都有确定的约束。例如，RED 必须安装在上部，而 WEB 在底面，但是其他的主要部件可以安装在由以上两个部件所确定的空间内。

表 2.3　轴可用的轴承

类　型		外径/mm	宽度/mm	额定载荷/lbf	极限转速/（r/min）	代号
深沟球轴承		42	8	1560	18000	6000
		47	14	2900	15000	6204
		52	15	3900	9000	6304
角接触球轴承		47	14	3000	13000	7204
		37	9	1960	34000	71904
圆柱滚子轴承		47	14	6200	13000	204
		52	15	7350	13000	220
滚针轴承		24	20	1930	13000	206
		26	12	2800	13000	208
尼龙衬套		23	可变	290	10	4930
		⋮	⋮	⋮	⋮	⋮
			8	500		

　　结构设计回答了这样的问题：我们怎样在一个范围里安装所有的组件？或者我们在哪里安装什么？解决这类问题的一个方法就是在列表中随意选取一个零件，然后把它放在一个位置以满足对这个装配结构全部的约束要求。我们可以从火星探测器的中间开始，然后选择并放置第二个零件。这个步骤一直继续直到我们遇到冲突或者所有的零件都装入到火星探测器中。如果出现冲突，我们就返回去再重新试。对许多结构设计问题，一些零件为了能够安装进去可以

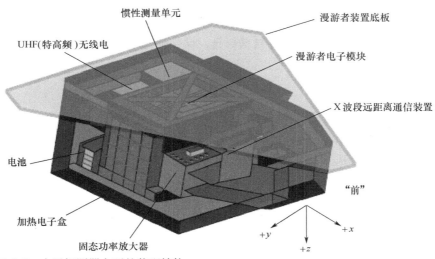

惯性测量单元

漫游者装置底板

UHF(特高频)无线电

漫游者电子模块

X波段远距离通信装置

电池

加热电子盒

"前"

固态功率放大器

+y　+z　+x

图 2.7　火星探测器主要的装配结构

改变尺寸、形状或功能，给予设计者更多的自主权来确定可能的结构，并且使问题的求解更加困难。其他一些结构设计的方法，将在第 11 章中讲述。

2.4.3　参数设计

参数设计就是要确定表征研究对象特征的特性参数值。这看起来好像很简单——只要找到满足要求的值即可。然而，考虑一个非常简单的实例：设计一个圆柱形的容器，要求可存放 4m³ 的液体。容器的基本尺寸包括：半径 r 和高度 l，则其体积大小为

$$V = \pi r^2 l$$

若体积为 4m³，则

$$r^2 l = \frac{4}{\pi} \mathrm{m}^3 = 1.273 \mathrm{m}^3$$

我们可以看到，有无数组的半径和高度数值满足此方程。应该选择哪一组数值呢？答案不明显，而且就给定的已知条件不能完全确定(这个问题将在第 10 章中再进行讨论，半径和高度的制造精度将可以帮助我们确定这两个参数的最佳值)。

将概念进一步扩展，设计问题可能不是一个简单的方程而是由一组方程和规则制约着的设计。看下面的实例：复印机主要制造商要为每一台新复印机设计送纸机构(送纸机构包括一组滚子、驱动轮和隔板，以使纸张在机器内由一个位置移动到另一个位置)。许多参数，如滚子的数量与位置、隔板的形状等，表征了这一特定设计问题的特征。但是，显然送纸机构还有相似之处，不管是

纸张起、止的相对位置，还是（运动中的）一些阻碍（机器中的其他零件）一定要指出，也包括纸张的尺寸和重量。公司会提供一系列的方程或条件帮助设计师确定可行的送纸路径。根据这些信息，设计师就能够确定新产品的相关参数值。

2.4.4 原创设计

任何情况下设计师进行的针对以前没有过的过程、部件或零件的设计称为原创设计。假如说我们没有看到过轮子而设计出一个轮子，就可以称为原创设计。虽然大部分选择、组装和参数设计问题通过方程、规则或一些逻辑图表述出来，但是原创设计问题一般都不能简化成任何算法。每一个问题都代表了一个新的和唯一的事物。

从许多方面考虑，其他类型的设计问题——选择、组装、参数设计仅仅是原创性设计的子集。可能的答案限定为某个表格、零件的组合或者一组相关参数。因此，如果有一个明确的完成原创设计的方法，我们就能够用一组有限的可能的解决方案来解决任何的设计问题。

2.4.5 再设计

在工厂中，许多的设计问题都是对现有产品的再设计。假设一个液压缸生产厂家生产长度为 0.25m 的液压缸。如果客户需要长 0.3m 的液压缸，厂家就需要加长缸体和活塞杆的长度来满足这种特殊要求。这些改变可能只需要参数的改变，也可能要有其他的改变。假如材料不适应于新长度的要求，或者由于增大长度使得缸体充液速度变慢该怎么办？这时候设计的工作就要比改变参数多得多了。尽管有了这样的改变，这仍然是再设计，通过改变现有产品以适应新的需求。

许多再设计问题是程式化的：对设计领域非常了解，所采用的设计方法也可以在手册中表示为一系列的公式和规则供查阅。液压缸尺寸参数改变的设计实例对制造商来讲就可能是程式化设计。

液压缸设计也可以作为一个成熟设计的例子，在其设计中经过多年后还保留着实质性的没有变化的部分。在我们的日常生活中，成熟设计的实例有很多，如铅笔刀、打孔机及每个书桌上不常放置的订书机。这些产品的有关设计问题知识是成熟的，不必更多地学习。

再来看自行车。自行车的基本结构包括：两个被张紧、带辐条的等直径轮子，菱形的支架和驱动链，此结构 19 世纪末期已经完善。图 2.8 所示的 1890 年的 Humber 自行车看起来和现代的自行车很像，但是那个时期不是所有的自行车都是这种结构。图 2.9 所示的 Otto 自行车有两个带辐条的轮子和链，此车的制动和驾驶具有挑战性。事实上，自行车的设计技术在 19 世纪末期已经发展得很完善了，1896 年就出版了专门的论著《自行车和三轮车：关于它们的设计和结构的基本论述》[○]。本书出版后，在 20 世纪 30 年代，自行车设计的主要变化就是加入了变速器。

图 2.8 1890 年的 Humber 自行车

　　然而，到了 20 世纪 80 年代，传统的自行车设计又开始发生了变化。例如，图 2.10 所示的山地自行车不再有菱形车架。为什么像自行车这样成熟的设计又开始演变了呢？首先，使用者总是希望提高产品的性能。图 2.10 所示的自行车在崎岖不平的路面上比传统的自行车具有更好的操控性。第二，对于人的舒适性、人体工程学和空气动力学的认识进一步提高。第三，使用者总是希望出现一些新的、令人兴奋的新事物，即使产品功能上没有很多的提高。第四，材料和零件都有改进。

　　总之，成熟设计的改进是为了满足新的需求，吸引新的顾客，或者采用新的材料。新款 Marin Mount Vision 自行车的设计部分是程式化的、部分是原创的。另外，还有一些子问题，如参数问题、选择问题和结构问题。因此，即使是一个成熟产品的再设计，也需要广泛的设计行为活动。

> 有许多设计问题是再设计问题，因为它们是用以前有的、相似的设计为基础的。相反地，也有许多设计问题是原创设计问题，因为它们包含新的、以前的设计不能适应的要素。

　　[○] 此书由 Archibald Sharp 编著，1977 年由 MIT 出版社（剑桥，马萨诸塞州）出版。

图 2.9 Otto 自行车

图 2.10 Marin 山地自行车外形(得到 Marin 自行车的允许 翻拍)

2.4.6 变形设计

有时候公司会生产大量的变形产品作为商品。变形产品是为满足用户需求而定制的产品。例如，你从 Dell 公司定购一个新的计算机，包括三个显示卡、两个电池配置、三个通信接口和两个内存。满足你的定制需要所进行的任何组合都是一个变形设计。另外，据 Volvo 货车公司统计，为了满足顾客需要定制装置不同的货车型号，他们存货清单中的 50000 个零件每年提供超过 5000 个变形设计产品。

2.4.7　概念设计和产品设计

在全书中将要用到两个术语：概念设计和产品设计。这是两个用于产品开发过程中的两个部分的包罗万象的术语。在概念和产品开发阶段，根据需要可能会用到原创性设计、参数设计、选择设计和再设计。

2.5　约束、目标和设计决策

从初始的设计要求（设计问题）到最终产品的过程是由设计决策不断推进的进化过程。每一个设计决策都改变了设计状态，就像所设计的产品在形成过程中每一个给定时间内得到的有关产品信息的快照。在设计的初始阶段，设计状态只是一个对问题的表述。随着工作进程，设计状态就是对迄今为止获得的所有认识、工程图样、模型、分析和记录的收集汇总。

关于在设计过程中如何从一个设计状态到另一个设计状态，有两种不同的观点。一种观点认为产品是在不断地将设计状态与设计目标相比较中进化的，设计目标是在设计问题表达中描述的对产品的要求。这种理念意味着在设计之初要了解对产品的所有要求，并且这些要求与当前设计状态之间的差异很容易发现。正是这些要求与状态之间的差异控制着设计过程。这种理念是第 6 章中将要介绍的方法的基础。

关于设计过程的另一种观点认为：当一个新问题提出时，设计要求有效地将所有可能的设计方案约束放到包含所有可能的产品设计方案的子集中。随着设计进程的发展，另一些约束的添加使得可行方案进一步减少，可行方案不断减少直至只有一个最终的设计方案。换句话说，设计就是不断完善和不断运用约束直到剩下唯一的设计方案。这个模式最好地代表了大多数设计问题的求解。

除了在初始设计问题说明中包含的约束外，在设计过程中还有两个来源会增加约束。第一个就是设计师具有的关于机械装置和待求解的特定设计问题的知识。如果一个设计师说："我知道用螺栓联接可以很好地把钢板连接起来。"那么，这项知识就会约束解决方案只能是采用螺栓联接。因为每个设计师的知识是不同的，所以这种约束被引入到设计过程中，使得每个设计师对给定设计问题所提出的解决方案都是独特的。

第二个在设计过程中增加约束来源于设计决策的结果。如果一个设计师说："我将采用 1cm 直径的螺栓来连接这两块钢板。"这项设计结果就被限定在 1cm 直径的螺栓上，这个约束将对许多其他的决策产生影响——拧紧螺栓所用工具的空间、所用材料的厚度等。在设计过程中，决策的结果是主要的约束来源。因此每个设计师在设计过程中做出好的决策的能力就十分重要。决策技术将在第 8 章中重点阐述。

> 约束经常是隐藏的机遇。

2.6　产品的分解

本节中我们将总结一个方法，可能是对已存在的产品进行理解的基础。同样地，它可以是进行再设计、原创性设计或者其他类型设计的起点。无论是在系统还是子系统的水平上，这种"产品分解"或"确定基准点"的方法帮助我们了解产品是如何构建的，包括零件、组装及其功能。不能过分强调它对于产品的分解如何重要，以及它如何成为所有设计的起点。本节中，我们将通过分解来了解零件和装配。在第 7 章中，讲解的分解将会扩展到去理解功能。

图 2.11 表示了一个用来组织分解的模板。它是欧文快速夹紧装置准 2007 版本中的一部分。这个版本是再设计后成为图 2.1 所示的最终产品的设计起点。

这个模板从对产品的简单描述和它是如何工作的，即功能开始，接下来是对每个零件的截面描述。在图 2.11 中仅表示出了夹钳零件的截面。每个零件给出了名称、所需的数量、材料及制造工艺。

常常很难确定材料和制造工艺。对于塑料，有一系列的实验可以进行粗略的鉴别。近几年来，手持工具已经发展起来，能够通过测量装置材料的某个抽样点来识别出其材料。因为这些装置在市场上都是可回收的，当产品被分解时，这些材料是非常有用的。更多细节在本章中的"资料来源"部分给出。

模板的最后部分是关于产品的拆卸。这部分在产品分解报告中是关于每次移动一个零件的内容。制订程序文档需要移动零件和移动这些零件的数目。文档用图示的方法表示出做了什么。图 2.11 中只显示了几个步骤。一般地，拆卸和零件命名是同时的。拆卸的步骤 1 显示拆下左面板，4 号零件从产品中拆下。图中可以看出夹钳内部的零件。因为这是实际模板的数字图像，当需要时能够很容易缩放和研究。步骤 12～14 用一个图像表示第一部分移动了两个零件，13 号和 14 号零件被同时拆下。要注意如何用一个动词或动词短语在每个步骤开始时告诉（操作者）为移动零件需要做什么，要尽可能采用描述性的语言。

产品分解	
设计组织: 机械设计过程举例	日期: 2007 年 8 月 14 日
产品分解: 欧文快速夹钳-准 2007 版	

描述: 在市场上销售多年的快速夹钳产品

工作方式: 紧握手枪式把手, 移动钳口并紧, 增加夹紧力。松开把手以放松夹紧力。尾部(图中左侧部分用来支撑承受夹紧力的外部结构)是可逆的, 以产生夹紧力, 不仅可以推开钳口, 而且可以夹紧钳口

零件:

零件号	零件名	数量	材料	制造工艺	图 片
1	主体	1	PPO 或 PVC	注塑模具	
2	把手	1	PVC	注塑模具	
4	面板	1	聚乙烯	注塑模具	

图 2.11 一种旧款欧文快速夹钳产品分解示例

(图片由欧文工业工具公司获准翻拍)

零件号	零件名	数量	材料	制造工艺	图　片
8	护具	2	未知	注塑模具	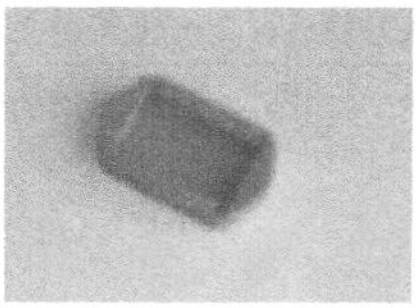
13	蓄能弹簧	1	钢	钢丝	
14	扣板	2	钢	模压板	

分解

步骤	程　序	被拆下的零件号	图　片
1	拆下左面板	4	
12	从主体中移开扣板和蓄能弹簧	13、14、1	
13	从主体中取下把手	2	
14	从主体中取下护具	8	

机械设计过程
Copyright 2008,McGraw-Hill

设计：大卫 G.乌尔曼教授
格式：1

图 2.11　一种旧款欧文快速夹钳产品分解示例(续)

(图片由欧文工业工具公司获准翻拍)

2.7　小结

1）一个产品可以分解成以功能为目标的操作系统。它们由机械部件、电子电路和计算机程序组成。机械部件由各种机械零件组成。

2）机械装置的重要形式和功能模式称为特性。

3）功能和特性告诉我们某个装置做什么；性能描述了它是怎样完成的。

4）机械设计是由功能到性能的转化。

5）一个零件可能有许多功能，而一个功能也可能需要多个不同的零件来实现。

6）机械设计问题有许多不同的形式：选择、结构化、参数、原创、再设计、程式化和成熟设计。

7）机械物体可以通过词语、图形、分析或实体来描述。

8）设计过程就是不断给可能的产品设计加入约束，直到最终产品形成。设计空间的约束是通过不断与设计要求相比较并反复做出决定得来的。

9）机械设计是一个从抽象表达到最终制成成品的细化过程。

10）产品分解是了解产品结构的一个有用的方法。

2.8　资料来源

Good books on designing new products

Clausing, Don, and Victor Fey: *Effective Innovation: Development of Winning Technologies,* ASME Press, 2004.

Cooper, Robert G.: *Winning at New Products,* 3rd ed., Perseus Publishing, 2001.

Vogel, C.M., J. Cagan, and P. Boatwright: *The Design of Things to Come,* Wharton School Publishing, 2005.

Plastics identification

The PHAZIR is a handheld, battery-powered, point-and-shoot plastic identifier. It weighs only 4 lb (1.8 kg) and takes 1–2 sec to determine the makeup of the sample. www.polychromix.com

Metals identfication

The iSort is a handheld, battery-powered, point-and-shoot spectrometer for on-site identification and analysis of all common metal alloys. Metal identification just requires pointing the gun-shaped iSort at a clean metal sample. The iSort is fairly expensive. http://www.spectro.com/pages/e/p010101.htm

An inexpensive method uses the color of a chemical deposition to identify the metal. The process requires putting a drop of solution on the sample, then using a battery-powered electric charge through the solution to cause a chemical deposition on a piece of blotter paper. The color of the resulting deposit identifies the metal. http://www.alloyid.com

2.9 习题

2.1 将一个简单的系统，如家用器具、自行车或者玩具分解成部件、零件、电路等。可参考图 2.3 和图 2.11。

2.2 对上题中所分解的装置列出其中一个零件的所有重要特征。

2.3 从产品目录中选择一个紧固件满足下面的要求：

- 能够将 14 号钢片(0.075in 或 1.9mm)的两块钢板连接在一起。
- 便于使用标准工具装上、拧紧。
- 只能用特殊的工具松开、拆下。
- 不破坏(被连接件)材料和连接件就可以拆开此连接。

2.4 至少用五种方案给出你设计的可乘坐两名乘客的新型四轮车结构简图。

2.5 假设你是一个跳水跳板的设计师。你的产品的简单模型是一个悬臂梁。你想要设计一个新的跳板，以使一位体重 150lb(67kg)的女士站在板端部时板端弯曲变形为 3in(7.6cm)。通过改变跳板的长度、材料和厚度等参数找出五种满足板端部弯曲变形要求的结构方案。

2.6 找出五种成熟设计实例。从中再找出一个近期再设计的例子。说明是什么压力或新发展促使其进行改变。

2.7 像表 2.2 中描述螺栓那样，用四种表达语言描述你的椅子的三个抽象层次。

2.10 网络资源

下面文档中的表格可以在本书的网页上下载：
www.mhhe.com/Ullman4e

- Product Decomposition

第3章

设计师和设计团队

关键问题

- 知道人是如何进行设计的为什么是重要的？
- 设计能力是如何依赖于认知选择性的？
- 创新者的特征是什么？
- 在团队活动中，个人的认知能力和其他人的认知能力之间是如何相互作用的？
- 为什么一个团队比一群人更好？
- 你能做些什么而使一个团队更成功？
- 怎样衡量一个团队是否健康？

3.1 概述

从早期的制作陶器转轮时代至今，机械装置已经发展得日益复杂和精致。在这种精致中人们对于如何解决设计问题考虑不多。纵观历史，那些擅长设计的人都经过训练，先做学徒最后成为其行业中的佼佼者。他们所采用的设计方法以及对其所从事职业范围内的知识，都是通过他们的亲身工作得到精练，而后又传授给他们的徒弟。其中大部分经验是通过试验获得的，先建一个原型，然后临摹成图，再做下一个产品。这些试验结果告诉设计师哪些可行，哪些不可行，并且指出下一次完善设计的途径。这种设计方法使得产品经过很多代的完善才成为成熟的设计。

然而，在产品变得越来越复杂、世界范围竞争越来越激烈的今天，这种设计模式显得太费时、太昂贵了。设计师已经认识到有必要去寻求处理更大、更复杂系统问题的方法，以加速设计过程，并且保证花费最少的资源和时间来获得最终设计结果。本书将讨论一些达到这些目标的设计技术。为了解这些技术是如何帮助理顺设计过程的，先了解设计师是如何将抽象的需求转化成最终的、翔实的产品的过程是十分重要的。

将本章与前后章节联系起来，重要的一点是要认识到，设计是技术过程、认知过程和社会过程的融合。本章从描述设计师个体记忆存储结构的认知模型开始，讨论人是怎样设计机械实体的。还将探究在这种结构中处理的信息类型，并给出"知识"这个术语的定义。一旦了解了人脑中的信息流，就可以揭示出设计过程中在设计师头脑中必须进行的不同类型的操作，同时，还要揭示人的创造力。

基于个体认知过程的这个模型，本章转向设计的社会性方面——在团队中工作。首先介绍设计团队的结构。包括团队成员和如何管理成员的描述。进一步地，每个成员在团队中除了正式头衔外，还有更多的副头衔，关于认知角色的。其次，是致力于一个团队组建和维护所需的全部内容，包括如何开始创建一个团队，列出健康发展的条例和在发展过程中解决的问题。支撑本章的是一系列的范本，可以在本书的网站上查到。

3.2 个体设计者：人的信息处理的模型

研究人类解决问题能力的学科称为认知心理学。虽然这门学科还没有完全揭示解决问题的过程，但是心理学家已经得出了一些模型，使我们对于在设计过程中人头脑中发生了什么有了很好的了解。图 3.1 表示的是一个被普遍认可的简化模型。这个模型被称为信息处理系统，在 20 世纪 50 年代后期发展形成，它描述了解决任何问题时人的智力系统。这里讨论的重点放在解决机械设计问题上。

信息处理发生在两个相互作用的环境下，即内部环境(在人脑中的信息存储和处理)和外部环境。外部环境包括纸、笔、产品目录、计算机输出和其他一切使人的内部环境拓展的人体以外的事物。

在内部环境中，即人的思维中，存在两种不同的记忆形式——短期记忆和长期记忆。短期记忆类似于计算机中的操作记忆(随机存储器或 RAM)，长期记忆类似于计算机中的磁盘存储器。将外界环境传入到内部系统中的是感觉器官，如眼睛、耳朵和手。味觉和嗅觉在设计方法中较少用到。信息通过手和声音从人体释放到外界。还有一些其他的方式，如体态，但是在设计中也较少用到。另外，作为内部处理能力的组成部分还有一个控制器，它管理着信息流从感官到短期记忆、短期记忆到长期记忆及短期记忆到输出方法的过程。

在介绍短期记忆、长期记忆和信息流的控制之前，要介绍一下在这个系统中被处理的有关信息。在计算机中，信息是用二进制数(0 或 1)来表示的，但

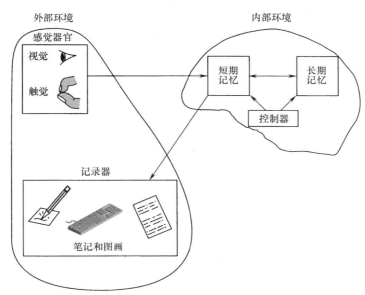

图 3.1 信息处理系统模型

是在人脑中的信息就复杂多了。

在最近的试验中，将一张动力传递系统的正投影图展示给机械工程专业的学生和职业工程师看，图中包括：轴、齿轮和轴承。学生是还没有学习动力传递系统知识的大学低年级本科生。将图样短暂地展示后取走，然后让学生将看到的用草图画出来。学生们倾向于将看到的图样中的线条和简单形状重新勾画出来。因为并不理解齿轮传动的复杂结构，所以他们不能记忆更多复杂的内容。他们记住和画出的仅仅是零件的基本形状。而职业工程师们能够根据功能将零件成组地记住。例如，在回忆齿轮副时，专家们懂得相互啮合的两个齿轮、其相关的支承轴及轴承共同提供了具有改变系统转速和转矩的功能，他们还知道用什么样的几何形状或线条来表示出齿轮副的形式。因此，有经验的工程师采用功能分组的方法在所描绘的草图中能够包含比学生更多的信息。

被学生记住的线条和被有经验的设计师们记住的功能组，被认知心理学称为信息块。设计师的经验越丰富，处理的信息块中的内容就越多，然而，对这些信息块中包含的是什么类型的信息却不是很清楚。信息块中包含的知识类型可能有：

（1）**一般知识** 大部分人知道且不应用于特殊领域的知识。例如，红是一种颜色，4 比 3 大，作用力使一个质量产生加速度——所有这些都属于一般知识。这种形式的知识通过日常的经验和初级教育就可以获得。

（2）**专业领域知识** 关于一个物体或一类物体的形式或作用的相关知识。例如，所有的螺栓都有螺栓头、螺杆和端部；螺栓用来承受切应力和轴向应力；5 级螺栓的试验载荷是 85kspi（$1kspi = 1klbf/in^2$）（$1klbf = 4.45N, 1in = 0.0254m$）。这些知识都是从专业领域的学习和经验得到的。据估计，一般要经过 10 年的时间才能够获得某一专业领域的足够知识而成为专家。正规的教育是获得这类知识的基础。

（3）**程序知识**　关于下一步做什么的知识。例如，如果对 X 问题没有答案，那么可以将 X 问题分解成两个独立的较容易求解的子问题 X_1 和 X_2，此时就需要阐明程序知识。这类知识是从经验中获得的，但有一些也是以一般知识为基础或以专业领域知识为基础的。为了解决机械设计问题，必须经常运用程序知识。

在机械工程中，"特征"一词与"信息块"同义。因为设计特征是一个零件、部件或功能的一些重要方面，前面讨论的齿轮副的例子既是一个信息块，也是一个特征。

信息块在头脑中所用的确切的编码语言还不清楚。它们可能是语言信息（文本）、图形信息（视觉影像）或者是分析性信息（方程或关系式）。心理学家相信大部分机械设计师通过视觉影像处理信息，而且这些影像是三维的，易于在短期记忆中使用。

> *所有设计和决策的做出都受到人认知能力的限制。*

3.2.1　短期记忆

短期记忆是人脑中主要的信息处理器。虽然并不清楚它在解剖学上的具体位置，但是知道它具有非常特殊的属性。

短期记忆的一个重要属性就是其快捷性。信息块在短期记忆中被处理只需大约 0.1s。所谓被处理是指这样一些行为，如把一个信息块与另一个信息块相比较，通过分解成更小单元的方法来修正信息块，将两个或更多的信息块合并成一个新的块，改变块的尺寸或形状，并对"块"做出一个决策。还不清楚在处理信息过程中实际用到多少短期记忆，但是的确知道解决的问题越艰难，处理信息所需要的短期记忆就越多。

短期记忆容量最早是在一篇题为"不可思议的数字 7，加 2 或减 2"的论文（3.8 节）中描述的，文章指出短期记忆有效的信息块数量是 7 个，加 2 或减 2。这就像有一台只有 7 个 RAM 记忆单元的计算机一样。这近似的 7 个信息块——仅有 7 个——是人能够同时可以利用的全部信息块。例如，我们正在解决一个设计问题，而且有了一个想法（一个信息块，可能仅是一个词或可能是一个视觉影像），想用它与设计中的一些约束（其他信息块）进行比较。在我们的头脑中能有多少约束可以与之比较？同时只能有两个或三个，因为想法本身已经占用了一个短期记忆的空间，约束又占用两个或三个空间。这就没有剩下多少记忆空间去做"比较"所需的处理了。再增加任何约束都会使处理进程停止，因为短期记忆完全被充满以至于不能进行任何解决问题的进程。

有两个快速试验可以令人相信关于短期记忆的极限。打开一本电话簿并从中随机选取一个 7 位数字相互之间没有关联的电话号码。（像 555-2000 这样的号码不能作为选择的对象，因为后 4 位数字可以合在一起成为一个简单的信息块——2000。）短暂地看过电话号码后，合上电话簿，在房间里走一走再去拨电话。如果不被其他的事情所打扰或去想任何其他的事情，大部分人都可以安排做这项工作。用两个不相关的电话号码可以做同样的试验，就很少有人能足够长时间地记住并拨打它们，因为他们需要记住 14 个信息片断，这已经超出了人的短期记忆能力。但是，这 14 个数字是可以记住，或存储在长期记忆中的，只是它需要一定的学习时间。

另外一个关于短期记忆容量极限的例子在本质上更靠近机械。来考虑图 3.2 所示的四连杆机构。它由主动件 *AB*、连接件 *BC*、从动件 *CD* 和机架 *DA* 四个零件组成。

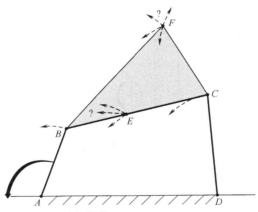

图 3.2 四连杆机构

对大部分工程师来讲，想象出当主动件 *AB* 回转时从动件 *CD* 往复摆动是不困难的。*B* 点的轨迹是一个圆，*C* 点轨迹是以 *D* 点为圆心的一段圆弧。连杆专家会只用一个信息块对这个机构进行编码。但是一个四连杆机构方面的新手就要用四个线段来呈现，要用到四个信息块加上其他信息来处理这个运动。将工作的难度增加一些，求出连接件上点 *E* 的轨迹，这需要更多的短期记忆。找出 *F* 点的轨迹更困难。事实上，这需要很多的不同参数以至于只有很少的连杆问题专家才能够想象并描绘出 *F* 点的轨迹。

短期记忆的另一个特征就是存储于此的信息的衰退。早些时候记住的电话号码可能会在几分钟内被忘掉。为了不忘记短期记忆的信息（如电话号码），许多人就一遍又一遍地重复。通过这样的重复记忆，有可能在短期记忆中记住某些事物或事物的一部分，使不重要的信息衰退，从而留出余地处理新的信息块。

　　在解决问题的过程中，我们不可能意识到短期记忆中发生了什么。为了跟上自己的思路，需要用一些短期记忆来监控和了解解决问题的过程，这就使这部分记忆空间不能用来求解问题。因此，实际上对于观察者在解决问题中正在做什么这个问题，是不可能在观察者对被观察对象不发生影响的情况下被观察到的。

3.2.2　长期记忆

　　前面将长期记忆与计算机中的磁盘存储器相比，像磁盘存储器一样，长期记忆可以永久保存信息。来看一看长期记忆的四个主要特征。首先，长期记忆看起来具有无限的容量。除了图 3.3 所示的卡通画外，没有关于任何人的头脑"充满了"的文献记载，无论头脑的容量大小。有这样的假说，当学到更多知识时，我们会通过重新组织存储的信息块，无意识地发现更加有效的信息存储方式。再来看学生和专家记住动力传动系统信息方法的不同之处，专家的信息存储方法比学生的方法更有效。

图 3.3　长期记忆问题

长期记忆的第二个特征就是记录信息的速度慢。要花费 2～5min 时间记住一个简单的信息块。这就解释了为什么学习一个新知识要花费很长的时间。

长期记忆的第三个特征是从长期记忆中信息恢复的速度很快。恢复记忆的速度比记忆的速度快得多，其时间长短依赖于信息的复杂程度和它被近期使用的情况。每个信息块最快可以用 0.1s 的时间记起。

第四个特征就是存储在长期记忆中的信息可以用不同程度的概要、不同的语言和不同的特征获得恢复。如图 3.4 所示，一位普通工程师能够记忆起的有关汽车的知识，样本中的数据包括了从对整个汽车的影像到语言表达的规则及诊断问题的方程式。人的记忆对于恢复那些需要在短期记忆中进行处理的相匹配数据具有很强的能力。

3.2.3　信息处理系统的控制

在解决问题的过程中，控制器（图 3.1）使我们能够对通过感官或者从长期记忆恢复获得的外部信息进行编码，以提供给短期记忆处理。短期记忆中有一些信息允许消失，并根据需要添加新的信息使其成为可用信息。另外，控制器可以通过记录或绘制草图的方法来帮助扩展短期记忆，这些需要在短时间内完成，以使解决问题的进程不陷入困境。当已经完成了信息的处理，控制器就会把结果存储到长期记忆中，或者以文字记录、口头陈述、图形绘制等方法将其存放在外部环境中。

3.2.4　外部环境

外部环境，如纸和笔、计算机、书籍等，在设计过程中充当以下几个角色：是信息源、是分析能力、是一种文件集成与信息交流的工具，而且最重要的是，对于设计师来说，它也是短期记忆的一种扩展。前三种角色似乎显而易见，然而，最后一种角色——短期记忆的扩展，还需进行一些讨论。

因为短期记忆是一个空间有限的中心处理器，人们的问题求解器利用外部环境作为短期记忆的扩展，就像计算机通过使用高速缓冲存储器扩展 RAM。它通过记笔记、草图描绘等方法将解决问题需要的想法和其他信息记录下来。为了有利于短期记忆，任何扩展方式都必须具有快速和高信息容量的特点。观察一下任何一个试图解决问题的设计师，他或她即使不为了试图交流也都会绘制一些草图。这些草图作为被处理的另外的信息块有助于设想的产生和评价。草图绘制快速而且信息丰富。

3.2.5　模型的含义

人们求解问题的信息处理模型含义之一是：短期记忆容量大小是解决问题能力的主要限制因素，为了适应这种限制，将问题分解成小而又小的子问题，

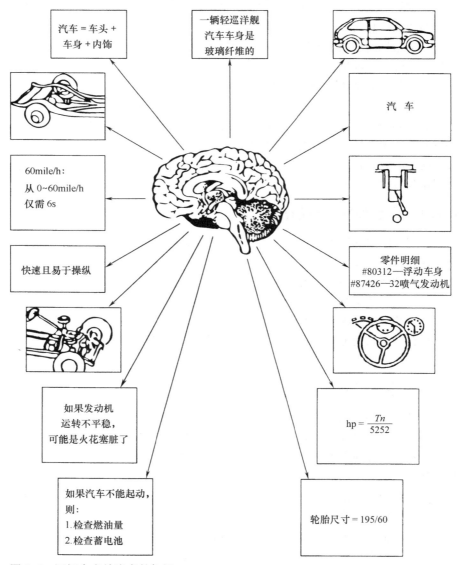

图 3.4   记忆中有关汽车的知识

直到我们在头脑中能够处理。换句话说，即能在短期记忆中管理这些信息。典型情况是，这些小而精的子问题在转向下一个问题之前只需要 1min 处理。因此，即使是一个简单的设计问题，也是对数以千计的子问题的求解。更进一步地，在解决问题中，人的思维过程已经进行，它使人们对于约束和可能答案的专门知识增加，同时对信息块的构建也更加有效。这有助于弥补"魔力数字"7，但世间设计师还是十分有限的。看起来这些限制好像会阻碍人们解决复杂问题的能力。如下面各节所述，信息处理的速度和信息存储的灵活性与恢复能够帮助设计师设计出非常复杂的产品。

> 如果你在做事情时总试图想着你在做什么，那么你就停止工作了。
>
> 如果你不能回顾出你刚才在做什么，那么你注定要重复这项工作了。

3.3 设计中的智力行为

现在可以来描述一个设计师面对一个新的设计问题时发生的情况了。问题可能是设计一个巨大的、复杂的系统，也可能是零件上的一些小结构。下面主要集中讨论设计师是如何理解新信息的，如问题的表述、如何产生解决问题的想法，又如何评价这些想法。

在 1.6 节中介绍了求解问题的 7 个行为。这里对核心行为——理解问题、产生解决方案、评价方案和决策详细介绍一下。

3.3.1 理解问题

考虑一下，当一个新问题提出时会发生什么。如果把新问题的设计表述想作是一块黑板，可以把已知的被设计装置的一切情况都绘制在上面；（假设）这个黑板上最初什么也没有，即设计状态是空的。现在再回到第 1 章（图 1.9）所示的连接问题。

设计一个连接，将两块厚 4mm、宽 6cm 的 1045 钢板相互重叠搭接起来，载荷为 100N。

在有关设计问题的任何信息还没有写在设计表述黑板上之前，必须理解对设计问题的说明。如果问题超出了经验范围（如设计师不知道搭接的含义），那么问题就不能够被理解。

但是，怎样才能"理解"问题呢？一般是这样：当读问题时，就将其组装成具有特殊意义的"信息块"进行存储。它发生在短期记忆中，在此，我们很自然地把句子分解为如"设计连接""连接在一起"等短语。把这些信息块与长期记忆中的信息相比较，看看是否可以理解，然后大部分信息就可以被放弃。快速通读一遍问题的目的在于只试图保留设计对象的主要功能。一般一个问题要读或理解几遍才能确认设计对象的主要功能。不幸的是，这没有什么保证。由于一般情况下，在设计问题开始时通常不会有完整的数据，所以难以保证能确定最重要的功能。在这里我们所提到的实例中问题是明确的，其首要功能就是要通过搭接使载荷从一块钢板传递给另一块钢板。

要意识到的重要一点是：对问题的理解要通过将所期望功能的设计要求与长期记忆中的信息相比较。因为每个设计师具有的长期记忆存储的信息是不同的，所以每个设计师对问题的理解都不相同。（第6章中，提出了一个方法以保证设计师在自己知识范围内，用最少的偏见获得对问题完全的理解。）

3.3.2　产生解决方案

我们现在已经明白，在试着理解一个设计问题时，我们要将问题与长期记忆中的信息相比较。为了从长期记忆中恢复信息，我们需要一种检索其中存储知识的方法。可以用许多方法来检索（图3.4）。例如，在本章开头齿轮箱的例子中，一个最有效的检索方法就是按照功能检索。在短期记忆中回忆和下载的内容是从过去的经验中获得的特殊的（通常是简要的）视觉影像。因此，我们按照功能查找并回忆起形状或几何描述。也不总是这样，也能够根据形状、尺寸或者其他形式特征进行检索。不过，在处理设计问题时，按照功能常常是首选的检索方式。对一些问题，如果回忆的信息满足所有的设计要求，那问题就解决了。

在理解问题时，如果我们必须要回忆一些以前设计的影像，我们就有使用这些设计的倾向。有些设计师在回忆这些影像时遇到障碍，而且在有目的地评价它们和产生其他可能更好的设想时也有困难。第7章和第11章中讨论的许多技术是特别设计来克服这一倾向的。

另外，如果正在解决的问题是一个新的问题而且在长期记忆中没有找到解决的方案，那会发生什么呢？可以采用三步逼近方法：将问题分解成子问题，试着找出子问题的部分答案，再将子答案组合形成一个完整的答案。一般按照功能将整个问题分解成子问题。这个行为的创造性部分表现在知道怎样将认知的信息块分解和重组。

3.3.3　评价方案

人们常常可以提出设想，但是没有评价它们的能力。评价需要将产生的设想与自然法则、技术能力和设计问题本身的要求相比较。而后，比较还需要概念建模来看看它是如何按照这些标准来工作的。建模的能力一般是本领域知识的函数。在第8、10和11章中将讲述评价技术。

3.3.4　决策

在每一个解决问题活动的最后都要做出决策。可能会采纳一个产生并评价过的设想，或者更多地将会提出与问题相关的另一个主题。如何做决策的原理虽然不是很清楚，但是在3.3.5节和3.3.6节将帮助我们阐明已经了解的有关知识。

3.3.5 控制设计过程

为了了解设计师处理设计问题的过程，在他们工作时进行录像。在对这些录像带的研究中，明显地发现从最初的设计问题的提出到解决之路不是很平坦的。它看起来几乎像是一个随机过程——解决子问题的努力使设计师又意识到新的子问题，在还没有解决第一个问题时又将精力集中到第二个问题上了。对于精力集中控制的模型还没有发现。然而有一点是清楚的，就是有些设计师的思维过程太无序以至于无法得到关于问题的解答，但同时另一些设计师却通过设计努力很快地得到答案。本书介绍的一些技术就试图提供一种设计过程的框架，以便使从设计问题提出到设计结果之间的过程尽可能能得到控制和直接到达。

3.3.6 问题求解行为

每个人都有其独特的求解问题的方式。每个人的问题求解行为都反映出个体是如何决策的并对设计团队效率有显著影响。下面的讨论就是围绕个人求解问题的五个方面。这五个方面有助于描述一个个体是如何解决设计问题的，因为它们描述了一个个体的信息管理和决策的偏爱。因为设计团队中所有成员都将其个体求解问题的过程带入到团队活动中，所有这些个人求解过程的相互作用决定了团队的健全状况。五个方面中每一个方面都对如何中和偏激的行为提出了建议。其中有些建议对于个人的独立设计工作有用，但所有建议对团队局面都很重要，并且在后面的章节中谈到团队健康时也会作为一个参考。提供一个可用于简易评价你的解决问题行为的模板。

第一个个人求解问题方面就是能量来源和外向性的描述。它是对你是一个外向型的还是内向型的"问题求解者"的衡量。通过回答五个问题，可以对你或者你的同事的求解特点做一个粗略的评估。如果你装扮成你的同事，就可以为他进行一个评分。这五个问题列于图 3.5～图 3.9，是通过抓屏获得的模板。在图 3.5 中，得分高的人意味着是一个内向型的能量提供者。而得分低的人意味着是外向型的能量提供者。例如这里，选择第一和第三个问题，则这个人 2/5 或 40% 内向，60% 外向。在模板中条形图会随着你的选择做出更新。

如果一个人是沉思型的，则他是一个好的倾听者，思考后再发言，并且享受独自解决问题的过程，那么这个人是一个内向型的问题解决者。如果一个人通过和其他人的互动把能量释放出来（也就是，这个人是社会型，而且试图自己表达，然后思考），她就是一个外向型的问题求解者。大约有 75% 的美国人和48% 的学工程的学生和最高行政长官是外向型的问题求解者。这里没有什么对或错的模式，它仅仅是人们的行为方式。在不同的情况下，他们可能仅表现出很轻微的差别，但是产生的结果和他们的行事方式不会差很远。

在一个团队里，你一般	等着被介绍？	
	向别人做自我介绍？	
是否会和别人互动	真心努力去做？	**能量来源**
	激励自己去做？	内向的　　　外向的
你是否试图	倾听和反应？	0%　20%　40%　60%　80%　100%
	说出你头脑中的想法？	
你是否认为自己是	自私的？	
	乐于助人的？	
工作中你是否倾向于	为自己保留更多？	
	对你的同事是友善的？	

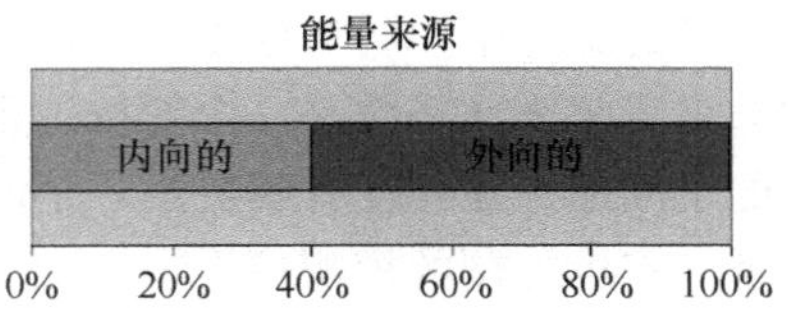

图 3.5　个人问题求解模式中能量来源类型

在团队的组成中，内向型和外向型成员都有这样的特点，即对团队都重要但又都会造成一些困难——外向型的成员有一种要压倒内向型成员（他们不愿意和别人分享他们的想法）的趋向。这里有一些建议使外向型成员的创造性得到保持而又不至于专横。

1）外向型成员需要允许别人有思考的时间。提醒他们不必在暂停休息时也滔滔不绝。

2）外向型成员需要去练习倾听别人的想法和建议，而且在他们做出反应之前先停顿一下。此时头脑风暴法或其他创新设计技法会提供帮助（见第 7.4 节）。

3）鼓励外向型成员扼要重述（别人）刚说过的内容，以确保他们听到了别人的贡献。

4）外向型成员需要认识到，沉默并不总意味着默许。有些时候，外向型成员要压倒内向型成员，就会使内向型成员变得沉默，不愿意再进行争论。

这里也有一些建议帮助内向型成员将他们的想法提出来让大家思考。

1）鼓励内向型成员与其他人分享比最终结果更多的想法。出声音地思考是值得的，因为许多零星琐碎的想法可能是好的解决方案的一部分。在过程中将会判断想法的价值。

2）试着提出一些技术以帮助内向型成员在方案的选择和计划中有平等发言的机会，例如在第 5~12 章给出的一些技术。

3）鼓励内向型成员发出暗示同意或不同意的非语言的或肢体语言信号。确信这些信号能够被团队中的其他成员理解。

4）鼓励内向型成员重述他们的想法。这种重述对内向型成员是非常重要的，他或她的想法期待或者会促使外向型成员倾听。

5）让内向型成员努力争取向外向型成员更清楚和达意地表述想法。

第二个方面反映个体设计者是属于信息管理型还是原创型。它是对你喜欢依赖事实工作，还是依赖可能性工作的一个判断方法。为了评估你或者你的同事信息管理的类型，回答图3.6中列出的问题。如例子中所示，该个体既依赖"事实"又依赖"可能性"，但具有轻微的依赖可能性的倾向。

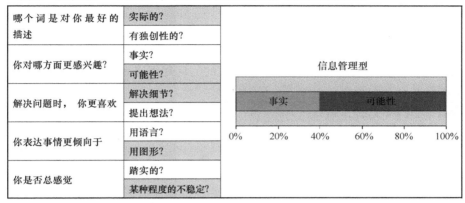

图3.6 问题解决模式中的信息管理形式

以事实和细节为导向的人是平实的、实际的和可靠的，他们重视此时此地。而以可能性、模式为导向的人喜欢概念和理论。他们都在寻找信息片段与信息含义之间的关系。大约有75%的美国人是这种以事实为导向的人，66%的经理主管人员也是，但只有34%的工程专业学生是以事实为导向的人。从工程教育中特别强调数学和科学来看，这是一个有趣的现象。其他的标签如"保护者"和"探险家"也适于这种情况，这里"保护者"是维持这个系统的人，而"探险家"是摇船的人。

在解决大部分问题时，平衡两种极端情况是重要的。当独立解决问题时，以事实为导向的人很难开始，而同时，以可能性为导向的人难以应对细节。这种问题解决模式是大多数沟通不良、误解和产生其他团队问题的起因。设计既需要处理事实也需要处理可能性。对设计团队来说两种思维方式都重要。然而，个体对于两种思维中任何一种的强烈偏向在团队建立中都需要帮助。对于以事实为导向的成员给出如下一些建议：

1）鼓励他们去幻想、广泛地思考并且允许别人广泛思考。狂想可能会产生好的想法。头脑风暴法（见7.4节）和大声表达想法（杂乱无章地说话）就是这样。

2）鼓励他们允许团队设定目标而不是直接陷入到问题中和纠结细节。

这里也有一些给倾向于可能性的成员的建议：

1）鼓励他们关注一些细节。最好的想法如果对细节考虑不周到，也不会是一个完整的想法。让他们去负责细节工作可能会使他们遇到挫折，但可能是值得的。

2）要促使他们注意问题的特殊性而避免一般性。应该鼓励他们列举准确的术语来表达他们要说的想法，而不是一些空泛的、一般性的表述。

3）提醒这些成员坚持围绕主题表述。团队中的其他成员通过明确表述正在讨论的议题来控制问题求解的进程。在讨论过程中出现的其他问题应该记下来放在一边，留做后面考虑。

第三个方面是测试一个人偏向于使用什么样的信息语言，口头的还是视觉的。对于你或者你同事信息语言类型的粗略判断可以通过回答图 3.7 的问题表达。这个例子显示出该个体是一个"视觉的"问题解决者，但也可以通过语言来工作。

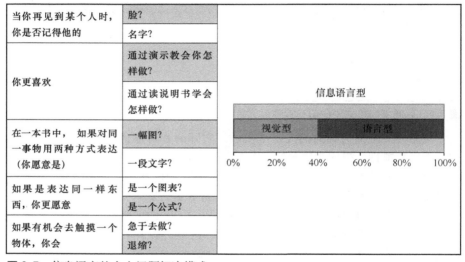

图 3.7 信息语言的个人问题解决模式

视觉信息包括图片、图表、图形和实物。语言信息包括书写或说出的词语和数学表达式。非常有趣地发现，虽然在学校里大部分的课堂都是用语言来呈现的，但大多数人更喜欢视觉信息。这种不协调在科学和工程课程中特别突出。

当你独立工作时，你使用的语言不是非常重要。然而，在团队中，你偏爱的语言对于分享对问题的认识和交流解决方案的过程有很大的影响。在团队中如何引导两种沟通语言的使用，下面给出一些建议：

1）抛开语言形式，帮助确认需要交流的信息。

2）帮助确认团队成员的心智模式，对视觉型和语言型的人都给予特别的鼓励使他们和他人能够清晰地进行交流以获得共识。

3）如果词汇和公式不能发挥作用，试着用图表或图片。如果图片不起作用，试着用语言和公式。

第四个方面反映的是审慎型还是适应型，即主观的还是客观的解决问题模式。要评价你或者你的同事的审慎态度，请回答图 3.8 中的五个问题。在图中的例子中，此人主要是一个客观的问题解决者。

你是否经常让	你的心掌控你的头脑？	
	你的头脑掌控你的心？	
哪一个是最致命的缺点	没有同情心？	
	表现出过多的关心？	
你最珍惜自己的是	你的同情心？	
	你的理性？	
哪个对你最有吸引力	和谐的关系？	
	把工作做好？	
在一个白热化的讨论中，你会	寻找共同的基础？	
	坚持你的立场？	

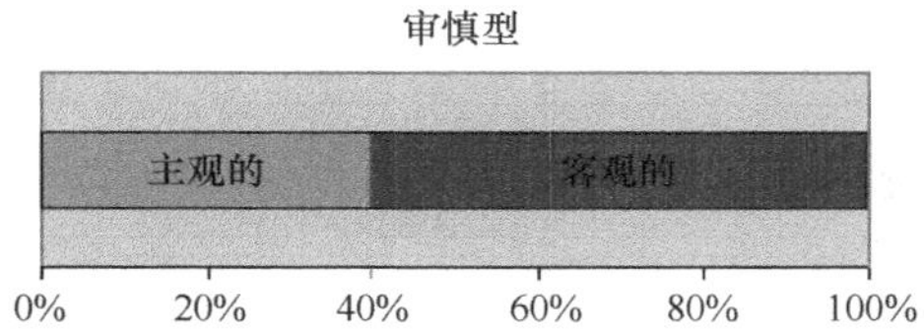

（右侧图表：标题"审慎型"，横条显示"主观的"约占0%–40%，"客观的"约占40%–100%，横轴刻度为 0% 20% 40% 60% 80% 100%）

图 3.8 个人问题解决模式中审慎类型

一些团队成员采用主观的方法，而另一些是客观的。那些依赖于人际关系及环境混乱并且只做"对的"事情的人是主观方法进行设计的人。这些团队成员可以被当作"适配器"。反之，团队中那些具有逻辑性的、超然的和善于分析的成员属于用客观方法处理问题的人。当他们的逻辑告诉他们，他们是对的时候，他们就挑战了其他人。大约有 51% 的美国人属于客观的决策者，同样有 68% 的工程学科学生和 98% 的高层管理者是这样的人。

因为在设计团队中具有不同的信息收集方法是重要的，所以团队中包括审慎型的人同样是重要的。虽然工程师都曾受到要依据客观标准做决策的训练，但是在每一个设计问题中绝大多数的决定都面临不完全、不一致、不确定的信息而需要做出主观的评价。对于客观的设计者，下面的一些建议有助于他们在团队中开展工作：

1) 鼓励那些客观的团队成员注意他人的感受。直觉经常是正确的，而且有些时候在信息不足的情况下人们要依赖这种直觉。

2) 帮助客观决策者认识到团队如何起作用与所完成的工作同样重要。任何刻薄的言词都会导致无法做出任何决定。

3) 提醒客观决策者，不是所有人都喜欢仅仅为了争论而讨论一个主题。其他人会因为厌倦而放弃并被迫接受某种观点。

4) 鼓励客观决策者偶尔谈谈对结果的看法。他们可能会在表达看法的时候感到一些麻烦。

主观决策者在大量设计团队中一般是少数。因此，他们必须完善一些技巧以保证他们的意见能被听到，而且不使他们的敏感受到伤害。这里有一些办法：

1) 帮助主观决策者认识到不同意见和争论是正常的。

2）要使主观决策者相信，虽然和谐很重要，但是即使达成了一致意见，每个解决方案都不会使人人都满意。

3）对主观决策者要强调对想法的争论不是人身攻击。

第五个方面，也是最后一个方面，是关于在决策过程中得出结论时所需要的。决策封闭模式，从变通的到果断性的。对你或者你同事决策模式的粗略判断，请回答图 3.9 中的问题。

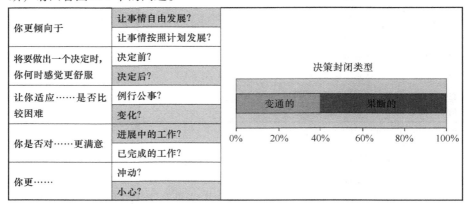

你更倾向于	让事情自由发展？	
	让事情按照计划发展？	
将要做出一个决定时，你何时感觉更舒服	决定前？	
	决定后？	
让你适应……是否比较困难	例行公事？	
	变化？	
你是否对……更满意	进展中的工作？	
	已完成的工作？	
你更……	冲动？	
	小心？	

图 3.9　个人问题解决模式中决策封闭类型

一些人是变通的，而其他人是果断的。如果一个人随大流、可变通、能够适应和很随意，而且感到做出决策和坚持意见很困难，则属于那种犹豫不决型的。相反，如果一个人在最小的压力下就做出决定，并喜欢有条不紊、有计划性、能够控制外部环境，而且深思熟虑，那么他就属于果断型。大约有半数的美国人、64%的工科学生和88%的高层经理主管人员是属于果断的人。犹豫不决型成员的一个特点是有拖拉的倾向，因为他们总想保持适应性。这就给在设计团队中与他们合作带来困难。对团队中变通型的成员这里有一些建议：

1）事先将计划给这些犹豫不决型的成员，以使他们能够有时间思考。

2）承认变通型队员的意见是走向最终结果的一个阶段性意见。提醒他们解决问题要逐步完成。

3）事先明确限定做出决策的期限。

4）鼓励他们反馈意见以使他们理清自己的思路。

5）鼓励犹豫不决型的成员来决定一些事物，并且在重新进行设计之前先忍受一段时间。鼓励他们采取一个明确的立场并坚持住。这对于他们可能有些难。

对于果断的人有相反的特征，他们有跳跃到结果的倾向。这对团队的工作也是不利的，因为会产生出很多的想法，而且要得到最终的决策还需要一致的意见。下面是对果断型成员的一些建议：

1）向果断型的人提问关于他们决策过程的问题。提醒他们大多数问题需要分解成小一些的问题来解决。

2）让果断型的人组织数据的收集和检查过程。

3）用一些技法，如头脑风暴法来抑制判断。不要让其停留在他们听到的第一个好想法上。

4）提醒那些果断型的人，他们不一定总是正确的。

这些讨论对于工程书籍似乎有过多的细节。然而，研究表明对心理学的重视对于团队是很重要的。

3.4　具有创造力的设计师的特征

一些人看上去天生就比其他人富有创造力。在描述具有创造力的设计师的特征之前，先明确一下"创造力"的含义。具有创造性的问题答案必须符合以下两条标准：第一条，它必须解决了需要解决的问题，而且必须是原创性的。解决问题就意味着理解问题，提出一些解决方案并进行评价，找出最佳方案，并确定下一步需要做什么。因此，创造力不仅仅是得到一个好的想法。第二条标准，即原创性，依赖于设计师和整个社会的知识水平。对一个人是新的、原创性的东西但对别人可能是旧的。假如一个人从来没有过设计轮子的经验，则这（设计轮子）对他来讲就是原创性的。但是，确认一个解决方案和一个人的"创造性"为"原创性"的应是社会。

如前所述，所有的人都具有同样的认知，或解决问题的体系。那么为什么有些设计师能够提出有独创性的想法，而另一些人，他们可能对解决一些复杂的分析性问题很有才华，可无论多么努力却不能提出新的概念。对于创造力的研究有很多，然而对其特点的了解一直还不完全清楚。理解关于这些研究资料的最好方法是明确创造力和其他属性之间的关系。

（1）创造力和智力　研究表明创造力和智力之间关系不大。

（2）创造力和想象力　具有创造力的设计师有很好的想象力，能在头脑中形成和加工视觉影像。前面了解到，人们在头脑中再现信息有三种形式，即语言信息（词、词组）、图形信息（视觉影像）和分析信息（方程或关系式）。词和方程式传达连续的信息。一般要以词序、变量和常数之间的顺序为基础来理解这些信息。但图形或影像信息包含了并行的信息，你可以在一幅图上看到很多的东西。有些人很擅长在头脑中分解和处理这些影像，而有些人却不能。显然，对于复杂机械装置影像的分解能力是可以通过实践来提高的。这可能与形成的"富信息块"或其他一些机理有关。

（3）创造力和知识　信息处理系统模型显示出每个设计师都是从已有的知识入手，然后进行修正来满足手头特定问题需要的。在经历的每一步中，其过程都有少量超出已有知识，即使就这少量的超出也是以过去的经验为基础的。因为富有创造性的人要从一些旧的设计中形成新的想法，所以在他们的长期记忆中必须保存已有机械装置的影像信息库。因此，要成为一个具有创造力的设计师，就必须要有现有机械产品的知识。

另外，作为创造性的一部分，还应该具有能够评价想法的可行性的能力。不具备专业领域知识，设计师是不能对设计做出评价的。专业领域知识只有通过在专业领域中刻苦学习才能获得。因此，坚实的工程科学知识基础对成为具有创造力的机械设计师是十分重要的。例如，在第二次世界大战中，许多人都向作战部门提出武器设想。一些建议非常牵强，如死亡射线、建造一面 5mile 高的墙或覆盖欧洲的圆屋顶来阻挡轰炸机。这些主意都具有原创性，但是不可行，所以不是创造性的。"发明者"的愿望很好，但是却缺乏创造性解决战争问题的知识。

（4）创造性和局部解法的运用　因为新的想法是对已有知识的部分内容进行组合而产生出来的，所以分解和运用这些知识的能力看起来是一个具有创造能力的设计师的重要特征。这个特征相对于前面提到的各种特征明显地更要靠实践来增强。虽然没有科学的证据支持这一论点，但是许多轶闻趣事却很支持这一论点。

（5）创造力和风险　有创造力的设计师的另一个特征是愿意冒智力上的风险。害怕犯错误或者害怕在最终不能实施的设计上花费时间，是没有创造力的人的特点。爱迪生在发现碳灯丝之前，曾经试验了数百种的电灯泡设计。

（6）创造性和顺从性　有创造力的人也是不顺从的人。有两种不顺从的人：一种是积极建设型的，另一种是消极阻碍型的。积极建设型的不顺从的人总是坚持己见，因为他们认为自己是对的。消极阻碍型的不顺从的人也坚持己见，目的就是要站在对立面。积极建设型的不顺从的人可能会产生出一个好的主意；而消极阻碍型的不顺从的人只会延缓设计的进程。具有创造力的工程师是积极建设型的不顺从者，他们难以管理，因为他们想按照自己的途径去工作。

（7）创造力和技术　具有创造力的设计师有不止一种解决问题的途径。如果他们最初的设计过程没有得到解决方案，他们就转向其他的方法。在 3.7 节中给出的一系列书籍中提供了提高创造力的一些方法。其中的许多技术在本书的后面各章将结合到机械设计技术中加以介绍。特别是在有关概念生成和产品生成的章节更多（见第 7 章和第 9 章）。

（8）创造力和环境　如果工作环境允许冒险和不顺从而且鼓励新想法，则创造力就会较高。进一步地，如果团队成员和其他的合作者都具有创造性，那么创新的环境气氛就会被加强。在 3.5 节关于团队的讨论中指出，团队中团体的合力大于部分人的合力。对于创造力来讲这点尤其正确。

（9）创造力和实践 创造力伴随实践而来。许多设计师发现在其职业生涯中要是具有创造力的话就会有很多好的想法。这个时期有支持环境，而且一个好想法引出另一个好想法。不过，即使是有支持环境，实践也提高了创新想法的数量和质量。

总之，一个具有创造力的设计师通常是善于观察、勤奋工作和积极建设型的不顺从的具有专业知识的人，而且有在头脑中剖析事物的能力。即使设计师天生不具备很强的这种能力，也能够通过使用好的解决问题的技术来帮助他分解问题，最大限度地发挥潜在能力去理解问题，想出好的解决方案、评价方案，判断哪个方案最好，决定下一步要做什么，从而开发他们的创造性。

最后一点说明：有许多设计性工作需要的聪明才智与前面所描述的那些富有创造力的人的才智有所不同。设计需要对细节、约定的极大关注和较强的分析技巧。因此，有许多优秀的设计师不是特别显著地富于创造，一个设计项目需要具有不同技巧和才智的人来完成。

> 优势比其他东西都更强烈地阻碍你成为聪明人。
> ——John R. Page，*工程的规则*

3.5 设计团队的组成

前面的材料已经对设计师个人进行了描述。然而，因为许多问题的复杂性，设计工作一般是由团队或小组来完成的。如图 3.10 所示，机械装置的复杂性近 200 年来发展很快。单独一个人能完成整个产品的完整设计过程的时代已经一去不复返了。即使是爱迪生也有一个团队和他一起工作。例如，波音 747 飞机有超过 5000000 个零件，需要 1 万人近 1 年的时间设计。数千的设计师在一个项目上要花费 3 年的时间。显然，单独的设计师是达不到这样的成就的。

现代设计问题需要一个设计团队——少量的具有互补技能的人，他们致力于同一个目的、共同的绩效目标和共同的途径，为此他们约束自己要相互负责。一个小组未必是一个团队。一个小组初始交互以分享信息并且帮助每个人在其负责的领域工作，这不是一个团队。一个有效的团队超出个体的总和。关于团队的重点是：

1）因为许多相互依赖的子部分会造成很多问题，所有这些又需要同时处理时，团队工作对工程问题的成功是非常重要的。团队把具有互补技能和经验的人聚集在一起，这些是解决很多工程问题所需要的。

2）因为团队必须负责做出决策，把管理者的责任移交给了团队，所以在团队组建中当管理者具有一定的风险。

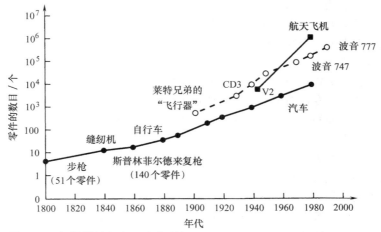

图 3.10　机械设计复杂程度的增长

3）团队建立起交流以支持实时解决问题。

4）团队依赖一致性而不是权威性来做出决策。这会得出更扎实的决定。

从最基本的感觉看，团队解决设计问题的方法和个人的方法一样——理解问题、提出方案、评价方案、做出决策。然而，其中也有一些重要的不同点。

① 团队成员必须学会如何和其他人合作。合作不仅仅意味着一起工作，更意味着大量建议要从团队其他成员那里获取。后面的建议都有助于开展团队的合作。

② 团队一般会被授权做出决策。因为是团队的决策，所以成员必须向这些决策妥协。授权团队做出决策意味着管理者冒着放弃对决策负责任的风险。更进一步地，大家一致同意得出的决策比靠权威得到的决策更扎实有力。

③ 团队成员必须建立交流以保证实时解决问题。而且，成员还要确保其他成员对自己的设计想法和评价有同样的理解。使不同专业领域的人对问题和可能的解决方案有共同的看法是很困难的。获得这种共同的看法需要对问题有一个非常深刻的理解。

④ 团队成员和管理部门共同效力使团队做好是很重要的。否则，很难达到其他的团队目标。

为了说明团队的特别之处，在本章，先对团队中不同技术角色逐条列举，然后在 3.6 节再说明团队的建立和保持健康的方法。

3.5.1　设计团队的成员

在本节，我们列出在产品设计团队中可能有的角色。设计团队中的角色可能会随着产品开发的不同阶段和产品的不同而变化。每一个位置假设只有一个人。在一个大的项目中，他们可能需要许多人来担任这个角色，而在一些小的项目中，一个人也可能扮演许多角色。

（1）产品设计工程师 主要的设计责任是由产品设计工程师（后面用设计师来表述）来承担的。他必须保证对产品的需求有清楚的了解，而且不断扩展工程需求并且满足产品的要求。这个角色一般既要求有创造性又要有分析的技巧。设计师必须要把设计过程的知识和一些项目所需的特殊知识带进来。这个角色一般需要有四年制的工程学位的人承担。在一些小公司，这个角色可能是由在该产品领域内有大量经验但没有学位的人承担。对于绝大多数的产品设计项目，设计师往往会多于一个人。

（2）产品主管经理 在许多公司这个角色对产品开发有最终的责任并且是产品和用户之间的主要联系。因为产品主管经理对产品在市场上的成功负责，所以他（或她）也被称为"市场经理"或"产品经理"。产品经理一般来自于销售或客户服务部门。

为了开始一个项目，管理者必须任命设计团队的核心，至少要有一个设计工程师和一个产品经理。

（3）制造工程师 设计工程师一般在广度上和深度上不具备大部分设计产品所需的不同制造工艺的知识。这种知识由制造厂或者工厂的工程师提供，他们不仅要掌握自己工厂所具备的制造能力，而且要掌握整个工业界的制造水平。

（4）设计师 在许多公司，设计工程师负责规范开发、计划、概念设计和早期的产品设计。然后，项目就转给"设计师"，由设计师完成产品细节设计和制造的开发及装配文件。设计师经常是具有两年学位教育的 CAD 专家。在一些公司中，设计师和"设计工程师"是一样的。

（5）技术员 技术员帮助设计工程师开发实验装置，完成实验，在产品开发过程中处理数据。从技术人员的实践经验中所获得的见解经常是无价的。

（6）材料专家 在一些产品设计中，产品的材料被迫在可用的范围内选用。而其他一些情况，为满足产品的需要必须要设计材料。产品材料的选择越是远离已有的材料范围，设计团队中越是需要材料专家。这个人一般是经过学位教育的材料工程师或者是材料科学家。材料专家常常是供货商的代表，他具有对供货商提供的材料对设计产生的潜能和约束的广博的知识。许多供货商实际上作为他们服务的一部分都会提供一个设计助手。

（7）质量控制/质量保证专家 质量控制（QC）专家经过培训掌握对通过统计学方法获得的样本进行评价，看其是否很好地满足设计要求。这种检查在原材料采购、从供货商处采购产品及厂内进行产品生产的过程中都要做。质量保证（QA）专家要保证产品满足所有的标准。例如，制药，必须遵守许多 FDA（食品与药品管理局）的规定。QC 和 QA 经常是一个人。

（8）分析师 许多工程师是分析师。分析师一般用有限元方法、热系统模型或其他先进的软件对设计的产品性能进行复杂的数学研究。他们一般是某一个系统或者方法方面的专家。

（9）工业设计师 工业设计师的责任是设计产品的外观，使它和用户之间的交流更好。工业设计师是一个具有很好的艺术和人因分析背景的人。他们经常和工程师一起工作来设计包装。

（10）装配经理 制造工程师关注如何从原材料到制造出零件，装配经理则负责将零件组装在一起。如你将在第 11 章中看到的，在产品设计中，关注装配工艺是非常重要的。

（11）供货商代表 几乎很少的产品只由一个工厂完成。实际上，许多制造商的产品有 70% 或更多是由外加工（也就是有供货商）完成的。通常，原材料和制成品的供货商有许多。制造商与供货商之间的关系有三种：①合作者——供货商在需求设计开始阶段和概念开发阶段就参加进来；②成熟型——供货商依赖母公司的需求和概念生产所需的产品；③子公司——供货商只根据母公司的订单生产。

一般在设计团队中有一个关键的供货商是非常重要的，因为产品的成功高度依赖于他们。

如图 3.11 所示，持不同观点的成员组成的设计团队可能会产生很多的困难，但是对于产品的成功来讲，团队是非常重要的。

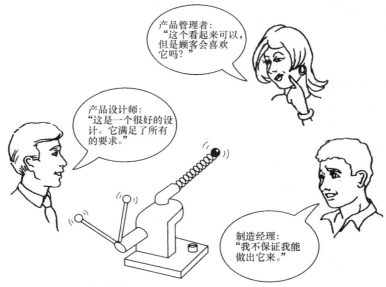

图 3.11 团队在工作中

从这个广度上认识有助于形成一个有质量的设计。PLM 的部分承诺有助于这些不同的参与者之间采用一致的和有成效的方式进行交流。

3.5.2 设计团队的管理

因为项目需要团队成员具有不同领域的专门技术，考虑在一个组织中的不同团队结构是有价值的。因为产品设计要求在产品功能和产品开发过程中的各方面进行协调，所以这很重要。下面列出了五种项目结构。括号中的数字代表的是采用这种类型的研发项目所占的百分比。这些结果来自于对大范围的各类工厂的 540 个项目的研究。

(1) 职能型组织(13%) 每个项目归属于一个相关的职能范围或者一个职能范围的组织。一个职能范围集中于一个学科。对于飞机制造商，例如波音，其主要的职能就是空气动力学、结构、有效载荷、推进力，以此类推(等研究)。项目由职能或上层管理者来协调。

(2) 智能型矩阵(26%) 一个项目经理有一定的权限在不同的职能区或组织之间进行项目的协调。职能经理对于他被授权的项目部分负有责任和有一定的权力。

(3) 平衡矩阵(28%) 一个项目经理被授权监督一个项目并且对完成这个项目有首要责任和权力。如果需要，职能经理由人事部门任命并且提供技术上的专门知识。

(4) 项目团队(16%) 一个项目经理负责一个项目团队，同时由人事部门任命一个由不同职能领域或组织人员组成的核心组织，全部是全职的。职能经理没有正式参与。项目小组有时被称为"老虎团队""特种武器团队"，或者其他一些咄咄逼人的名字，因为它是一个高能量的团体，而且这个团队在项目完成后也不解散。

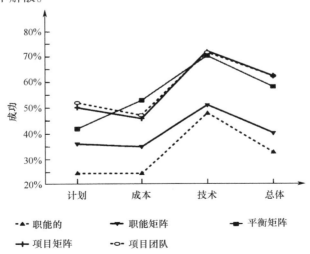

图 3.12 项目成功与团队结构之间的关系

这些结构的重要性在于，他们中的一些比其他一些更成功。集中于项目的结构比在公司里建成的围绕智能领域的团队更加成功（图 3.12）。这里有平衡矩阵、项目矩阵和项目团队在所有评价中都具有高的成功百分比。因此，在规划一个设计项目时，尽可能围绕项目组织一些天才。

3.6 建立团队业绩记录

作为一个多产的，而且能够很好地发挥每个成员作用的团队中的一员能使人感到很兴奋。相反，如果工作在一个不能充分发挥作用的团队中是很令人沮丧的。因此，本节的目标就是帮助你建立和保持一个成功的团队。为有助于保证成功，我们将使用团队合同、团队会议记录和团队健康评价。每一个激励行为都可以获得一个团队成功体验。

根据主导性的团队书籍，这里有 10 个成功团队的特征。本书中给出的对这些特征的描述资料可以作为建立一个成功团队的指南。

（1）**目标清晰** 本书中的第 4 章关注计划实施过程中的目标，第 6 章关注产品本身。更进一步地，本节后面讲述团队合同鼓励将团队即时的目标记录下来。

（2）**为行动制订计划** 第 4 章都是关于项目规划的内容。

（3）**清楚界定职责** 我们已经讨论过职责，在团队合同中的一部分是关于编制职责的文件。

（4）**清楚地进行沟通** 团队合同、团队会议记录和团队健康评价（全部在本章中）加上本书中几乎所有的过程方法，都有助于沟通。

（5）**有益的团队行为** 就沟通来说本书中提供的材料其结果都会获得一个有益的行为。

（6）**定义明确的决策程序** 决策程序在第 4 章中介绍，第 8 章中集中讲述。

（7）**和谐的分享** 对于一个成功的团队平均分配工作是非常重要的。在本章中的后面进一步讨论。

（8）**建立基本法则** 这部分在本章后面阐述。

（9）**知道团队的进程** 这是整章在表述的内容。

（10）**采用健全的产生／评价方法** 如第 1 章所介绍的，设计过程包括 7 个行为：建立需求、计划、理解、产生（概念）、评价、决策和形成文本。产生（概念）和评价在 7-12 章中阐述。

为给后面的工作提供基础，本章的余后部分将介绍团队合同、团队会议记录和团队评价。

3.6.1　团队合同

好的团队起点是要有一个团队合同。在公司里几乎不用团队合同，因为它的基本假设就是雇佣合同，进一步地，人们知道怎样工作可以成为一个成功的团队。这里我们用一个合同既作为学习工具也作为增加团队成功胜算的方法。

图 3.13 给出了一个团队合同的例子。第一部分是团队中角色的分配和团队目标。如图中列出的一个成功团队的特征，目标和角色要被大家知道并认可。可以根据 3.5 节的列表给出角色，而且尽可能确定明确的目标。更多关于目标的内容见第 4 章和第 5 章。

在团队成员签署的第二部分内容中，表明他们同意例子中列出的绩效期望。另外，表中还为其他期望留有一些空间，这些期望团队成员可能想要同意。表中最后的部分是关于解决冲突的一些策略。希望这些策略不会用到，但是像其他合同一样解决问题的方法要在开始时就处理好以免后面造成困难。例子中给出了一些建议的策略。

3.6.2　团队会议记录

在会议开始前，重要的是要有一个议程。没有会议议程，会议就会离题而且常常会不清楚会议完成了什么事。因此，本节对会议记录的首要的目标就是逐条列举议程(见图 3.14)。会议议程要根据会议的目标进行编写。议程的项目，如"介绍应力分析的结果"是不够的。为什么要介绍结果？将结果告诉其他人的目的是什么？比较好的方法是根据要完成的内容进行表述："确定应力是如何影响装配性能的"或者"确定应力是否足够小以满足系统的要求"。

第二部分要列出的是讨论的最佳状态。为理解为什么记录最佳状态是重要的，我们来看一个实验结果：这里有一个小组在会议召开 2 周后被要求回忆会议上的细节。在重述会议时，他们

1) 遗漏了 90% 曾经讨论过的具体观点。
2) 他们认为记住的所回忆内容的一半是不正确的。
3) 回忆出的评论没有提出过。
4) 把一些随意说出的评论变成了长篇大论。
5) 将含蓄的意思转变成了直接的意见。

记录下决定更加重要。决定常常是清楚的。例如，"选择使用 5056-T6 铝材制作曲柄"或者"X 射线管的阳极和阴极的电动势差将是 140keV。"然后，如果你仔细倾听一个松散的回忆，你会发现回忆会从一个主题游离到另一个主题。当一些与会者不同意或需要更多的信息而使一个主题发生困难时，会议的主题就会在对前一个话题没有答案的时候，转到另一个话题。如果卡住了，就要决定做什么可以不卡住并且记录下来并付诸行动。例如，"做出一个决定是

团队合同		
设计组织: 团队 B		日期: 2009 年 1 月 2 日
团队成员	**角色**	**签名**
Jason Smathers	首席设计师	Jason Smathers
Brittany Spays	结构工程师	Brittany Spays
Deon Warner	系统工程师	Deon Warner

团队目标	责任人
1. 开发一个设计并且给出一个实体模型的输入。	JS
2. 分析疲劳和其他失效。	BS
3. 详细分析原理	JS
4. 开发线路计划	DW
5.	

团队工作要求	创始者			
● 努力在截止日期前或截止日期完成全部的设计工作。	JS	BS	DW	
● 尽全力完成全部的工作。	JS	BS	DW	
● 在会上小心并聚精会神地听取所有建议。	JS	BS	DW	
● 以专业的方式接受和提出批评。	JS	BS	DW	
● 在成为事实之前, 集中精力在结果上, 而不是事后找借口。	JS	BS	DW	
● 对承诺的问题提供尽可能多的关注。	JS	BS	DW	
● 参加和参与所有计划内的小组会议。	JS	BS	DW	

解决矛盾的策略
● 对于同意的任务在期限内改进。
● 在目标达到时, 利用请客或者联谊会的形式犒劳成员。
● 作为一个团队, 请求更高级的权威来帮助团队解决问题。
● 不要"杀死"信使。努力鼓励对问题的沟通。

机械设计过程	由大卫 G·乌尔曼教授设计
Copyright 2008, McGraw-Hill	Form#2.0

图 3.13 团队合同举例

要获得关于材料 X 的更多的信息"或者"我们要使用一个信念图帮助团队为同一目标工作。"这些决定都直接形成会议记录中的重要内容,即行动的内容——对下一步将要做什么列出详细的清单。将每一个任务项都表述为可明确传送的内容,责任方签署并确定何时完成。

团队会议记录	
设计组织：团队 C	日期：2009 年 1 月 3 日

议程
1. 完成放热系统的计划。
2. 确定壳体的最后形状。
3. 解决如何完成任务 3 的问题。
4. 计划项目结束后的聚会。
5.
6.

讨论：Jason，Brittany，Deon 出席。会议持续1h。所有议程均完成，新的问题被加到议程中准备下次会议讨论。

做出的决定
1. 放热系统计划完成，见附件 A。
2. 壳体选择了第 3 个方案。
3.

行动项	负责人	截止时间
Jason 细化壳体设计的第 3 方案。	JS	星期四
Brittany 计划聚会	BS	2 月 10 日
Deon 协助 Brittany 完成任务 3，周四之前完成	BS	星期四

团队成员：Jason Smathers	下次会议时间：星期四
团队成员：Brittany Spays	
团队成员：Deon Warner	
团队成员：	

机械设计过程	由大卫 G·乌尔曼教授设计
Copyright 2008, McGraw- Hill	Form#3.0

图 3.14 团队会议记录

3.6.3 团队健康评价

重要活动之一是评价团队是否健康。团队健康诊断的表格如图 3.15 所示。这个表格包括 17 项（留有空间可以加入更多项）评价指标，可以对团队的运行进行周期性的评价。每一项评价等级从非常同意到强烈反对，需要注意的是在"至少一个人不同意这个评价"的区域对问题进行纠正。团队需要对这些问题区域提出补救的办法，不这样做就会使问题更麻烦和恶化。

这种评价必须周期性地进行并且当团队成员经历下面其中一种情况时，

团队健康评价						
被评价的团队：			日期：			
SA＝非常同意，A＝同意；N＝中立，D＝不同意，SD＝强烈反对，NA＝弃权						
评估内容	SA	A	N	D	SD	NA
1 团队使命和目的清晰、一致和可行。	☐	☐	☐	☐	☐	☐
2 我感到我是团队的一员。	☐	☐	☐	☐	☐	☐
3 我感觉团队运行良好。	☐	☐	☐	☐	☐	☐
4 团队中尊重不同意见。	☐	☐	☐	☐	☐	☐
5 团队的氛围诚实、信任、彼此尊重而且是协同工作。	☐	☐	☐	☐	☐	☐
6 角色和任务清楚。	☐	☐	☐	☐	☐	☐
7 团队对每个成员的想法都认为是有潜在价值的。	☐	☐	☐	☐	☐	☐
8 团队鼓励每个人的不同。	☐	☐	☐	☐	☐	☐
9 团队中的矛盾是公开的，并且能被积极地解决。	☐	☐	☐	☐	☐	☐
10 团队花时间通过对成员关心的问题进行讨论而达成可接受的解决方案。	☐	☐	☐	☐	☐	☐
11 所有的决定都是在和谐的气氛中达成的。	☐	☐	☐	☐	☐	☐
12 团队气氛鼓励交流，当有坏消息时，不会"杀死信使"。	☐	☐	☐	☐	☐	☐
13 当某个团员遇到困难时，其他人都踊跃地来帮助。	☐	☐	☐	☐	☐	☐
14 不和谐的行为被用适当的方式解决。	☐	☐	☐	☐	☐	☐
15 当某人提出要去做什么的时候，团队依靠他去做。	☐	☐	☐	☐	☐	☐
16 团队中没有"他们和我们"。	☐	☐	☐	☐	☐	☐
17 当事情结果未达到预期时，团队中形成"我们从中学到了什么"的态度。	☐	☐	☐	☐	☐	☐
18	☐	☐	☐	☐	☐	☐
19	☐	☐	☐	☐	☐	☐
20	☐	☐	☐	☐	☐	☐
对弃权（N），不同意（D）和强烈反对(SD)的方面的解决方法的回应：						
评价人：						
机械设计过程 Copyright 2008, McGraw-Hill		由大卫 G. 乌尔曼教授设计 Form#3.0				

图 3.15 团队健康评价

也要进行评价：

1）失去热情。

2）感到无助。

3）失去目标或一致性。

4）会议中，议程比结果更重要了。

5）玩世不恭和怀疑。

6）背后的人身攻击。

7）挣扎。

8）傲慢的或者勉强的团队成员。

3.7　小结

1）在解决问题中人的思维用到长期记忆、短期记忆和内部环境控制器。

2）知识可以被认为是由信息块组成的，有一般知识、专业领域知识或程序性知识。

3）短期记忆是一个小的(7个块，特征或参数)、快的(0.1s)处理器。它的性质决定了如何解决问题。我们用外部环境来增加短期记忆的容量。

4）长期记忆是人脑中的永久存储器。它记忆慢，回忆起来快(有时)，而且从不会满。

5）具有创造力的设计师是一般智力的人；他们是具有与问题相关专业领域知识的观察者、勤奋的工作者和积极的建设性的不顺从的人。创造力需要努力工作，而且可以得益于一个好的环境、实践和设计方法与步骤。

6）由于大部分产品的尺寸和复杂性，设计工作一般都是由团队而不是个人来完成的。

7）在团队中工作，注意每一个其他成员解决问题的方式(也包括自己的)——内向的或外向的、实事求是的或倾向于可能性的、客观的或是主观的、果断的或犹豫不决的。

8）具有团队目标和角色，坚持作会议记录和进行团队健康评价是重要的。

9）许多活动能够有助于构建团队健康。

3.8　资料来源

Adams, J. L.: *Conceptual Blockbusting,* Norton, New York, 1976. A basic book for general problem solving that develops the idea of blocks that interfere with problem solving and explains methods to overcome these blocks; methods given are similar to some of the techniques in this book.

Larson, E., and D. Gobeli: "Organizing for Product Development Projects," *Journal of Product Innovation Management,* No. 5, pp. 180–190, 1988. The study in Section 3.5.2 on design team management is from this paper.

Koberg, D., and J. Bagnall: *The Universal Traveler: A Systems Guide to Creativity, Problem Solving and the Process of Reaching Goals,* Kaufman, Los Altos, Calif., 1976. A general book on problem solving that is easy reading.

Miller, G. A.: "The Magical Number Seven, Plus or Minus Two: Some Limits on Our Capacity for Processing Information," *Psychological Review,* Vol. 63, pp. 81–97, 1956. The classic study of short-term memory size, and the paper with the best title ever.

Newell, A., and H. Simon: *Human Problem Solving,* Prentice Hall, Englewood Cliffs, N.J., 1972. This is the major reference on the information processing system. A classic psychology book.

Plous, S.: *The Psychology of Judgment and Decision Making,* McGraw-Hill, New York, 1993. The importance of meeting notes example is from this interesting book.

Weisberg, R. W.: *Creativity: Genius and Other Myths,* Freeman, San Francisco, 1986. Demystifies creativity; the view taken is similar to the one in this book.

The next five titles are all good books on developing and maintining

Belbin, R. M.: *Management Teams,* Heinemann, New York, 1981.

Cleland, D. I., and H. Kerzner: *Engineering Team Management,* Van Nostrand Reinhold, New York, 1986.

Johansen, R., et al.: *Leading Business Teams,* Addison-Wesley, New York, 1991.

Katzenbach, J. R., and D. Smith: *The Wisdom of Teams,* Harvard Business School Press, 1993.

Scholtes, P. R., et al.: *The Team Handbook*, 3rd edition, Oriel Inc, 2003.

The problem-solving dimensions in Section 3.3.5 **are based on the Myers Briggs Type Indicator. These titles give more detaila on this method.**

Keirsey, D., and M. Bates: *Please Understand Me,* 5th ed., Prometheus Nemesis, 1978.

Kroeger, O., and J. M. Thuesen: *Type Talk at Work,* Delta, 1992.

Kroeger, O., and J. M. Thuesen: *Type Talk,* Delta, 1989.

3.9 习题

3.1 开发一个简单的试验使一位同事相信短期记忆约有 7 个信息块的容量。

3.2 想一个简单的物体,用尽可能多的方法写下它和绘制出它的草图。参考表 2.1 和图 3.4 引出一些术语和摘要。

3.3 向一位同事描述一个机械设计问题。确保仅仅描述了其功能。然后让同事用不同的术语重新向你描述。你的同事是否和你对问题有相同的理解?同事的重述是否依据了前面的部分描述?

3.4 在团队工作的过程中,确定每个人所扮演的第二个角色。你能确认谁扮演的每个角色吗?

3.5 让一个新的团队以这些团队组建活动为开始。

a. 两人之间的介绍 通过问以下问题相互认识,例如:

■ 你叫什么名字?

■ 你做什么工作(你在哪一班)?

■ 你生长在什么地方?(或你在哪里上的学?)

■ 你最喜欢你工作(或学校)的哪个方面?

■ 你最不喜欢你工作(或学校)的哪个方面?

■ 你的爱好是什么?

■ 你的家庭情况?

b. 三人之间的介绍 让一个团队成员向另一个成员介绍"a"中的信息。然后第二个人用他或她所记住的所有信息向团队的另一个成员介绍第一个成员。如果整个团队都听到了最初的介绍,那就没有区别了。

c. 讲述第一份工作 让每一个团队成员向其他成员讲述他或她的第一份工作或其他职业经历。可以包括以下信息:

■ 你做过什么工作?

■ 你以前的领导工作有效性如何?

■ 关于现实世界你学到了什么?

d. "我自己要从这里得到什么"让每一个团队成员向其他成员讲述 3~5min，谈谈他或她参加此项目的目标是什么。他们想学什么或做什么，为什么？设想个人目标有：希望认识其他人、对某人有好感、学习新技能和其他一些非任务性目标。

e. 团队的命名　让每个成员写出尽可能多的可能的团队名称（至少 5 个）。在团队中讨论命名，并选择一个名称。试着去观察每个人所扮演的第二个角色。

3.6　从团队健康评价表中选出一项。对这一项，一个四人团队中的一个成员选择了"强烈反对"。作为一个团队领导或者成员，列出一个你将要采取的行动的列表。

3.10　网络资源

下面这些文档的表格可以在本书的网站上：www.mhhe.com/Ullman4e 上找到。

- 个人解决问题的范围
- 团队合同
- 团队会议记录
- 团队健康评价

第 4 章

设计过程和发现产品

关键问题

- 什么是机械设计过程的六个阶段？
- 新产品的三个主要来源是什么？
- 当我们说产品已经"成熟"了，意味着什么？
- 如何利用 SWOT 分析，帮助我们选择应该开发哪些产品？
- 本杰明·富兰克林对决策理论的贡献是什么？
- 什么是决策的六个基本活动？

4.1　概述

在本章中，我们将介绍产品设计过程的六个主要阶段，并解决其中第一个阶段的问题——找到需求。这里介绍的产品的六个设计阶段其实就是本书的撰写结构。设计工作的本质就是努力满足顾客需求，因此，我们总是把发现和找到顾客需求作为产品设计过程的第一阶段。由于人们的需求永远大于市场可提供的资源和产品，因此找到核心需求是我们进行产品设计的关键，但是如何找到核心需求，其关键是在众多的候选产品中选择开发哪个产品概念，所以其实质是决策问题。为此在本章中，我们还将介绍决策的基本理论。如何做出合适的决定，可能是最重要和最基本的工程技术问题，因此本章将细化产品设计的决策过程，以便读者对概念设计到产品开发各阶段中如何利用决策工具，有一个简要的了解。

4.2　设计过程概览

无论是设计新品、改良产品或优化产业线的产品，我们应该遵循这一组通设计本身也是一个过程，绝不仅仅是简单地把硬件堆砌在一起。
——Tim Carver，美国俄亥冈州立大学学生，2000 级

用的设计过程，并完成所有的工作步骤，如图 4.1 所示。对于设计师而言，关注的是产品寿命周期管理（图 1.8）中的各个阶段。对于每个阶段，都有一系列的活动需要完成，这部分内容将分散在本章以及后续章节中。这里，详细介绍设计过程的第一阶段——发现产品。

如图 4.1 所示的设计过程，适用于系统、子系统、总装和部件的设计。它既适用于新的、创新的产品，也适用于改良现有的产品。当然，设计工作的具体细节和重点，会因为设计层级的不同和所需要的改进的不同而有所区别。为了进一步了解这个设计过程，我们采用通用电气 CT 扫描仪的

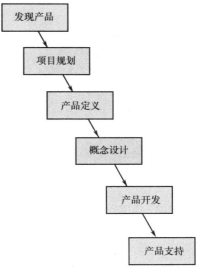

图 4.1 机械设计过程

设计案例，来进一步分解这些设计过程，以便让大家有一个更加感性的认识。

通用电气公司设计和制造多种不同类型的产品，包括家用电器、灯泡、喷气式飞机发动机和系列医疗器械产品。图 4.2 所示的扫描仪 CT 是通用电气公司医疗业务事业部开发的产品之一。此扫描仪的全称是 X 射线计算机断层扫描仪（CT）。所使用的技术是 CT 诊断成像技术，可以形成病人体内器官的立体图像。这种 CT 扫描仪有一个患者平卧的平台，该平台可通过圆形门架的内孔进行定位和移动。圆滑的外壳下面是圆形门架，其中安放 X 射线管和检测器。X 射线管是在 1 点钟的位置上（在图上的顶部）。图 4.3 中的 1 点钟和 7 点钟的位置是圆弧状的检测器。整个外壳包含 X 射线管和检测器，在检测中 X 射线以 120r/min 的速度围绕病人旋转。这意味着，系统有一个超过 10g 的离心加速度。因此，整个 X 射线管组件承受非常大的径向载荷和离心载荷，圆形门架必须承受约 2000N 的径向力。

为了形成病人内脏器官的图像，先由 X 射线管发出射线穿过病人，再由检测器检测，并将检测到的信号传送到计算机上，由其进行数据处理，最后形成病人的检测图像，如图 4.4 所示。要做到这一点，在发射过程中，X 射线

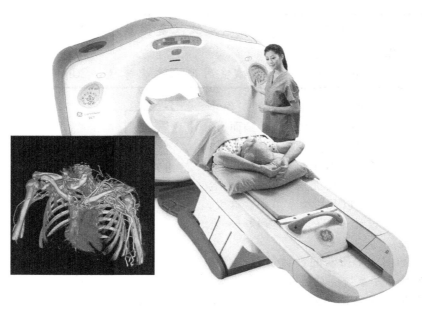

图 4.2 通用公司 CT 扫描仪(来源:通用电气公司医疗许可转载。)

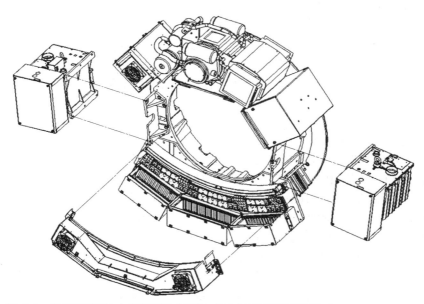

图 4.3 CT 造影架的内侧(来源:通用电气公司医疗许可转载。)

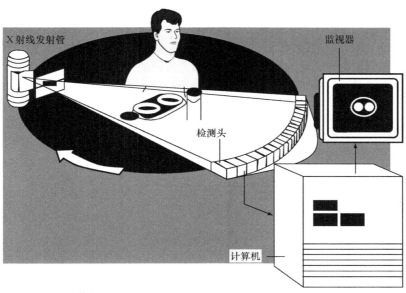

X射线发射管　　监视器　　检测头　　计算机

图 4.4　CT 工作原理

管发射的 X 射线脉冲串需要 60~100kW 的功率支持。该功率必须被发送到旋转的 X 射线管，其中大部分功率被转换成废热，而且必须传输出圆形门架，不能留在里面，不然会提高系统的温度，带来很多问题。这使得设计任务更加困难，X 射线管的阳极在圆形门架垂直轴线上以 7000~10000r/min 的转速旋转。阳极轴承处于真空、温度为 450℃ 的工作环境中。

因此，X 射线管的设计是一个巨大的工作，这项工作要求数百个设计和制造工程师、材料科学家、技术人员、采购人员和质量控制专家工作数年。

总结：

1）该系统是 CT 扫描仪。

2）主要的子系统是患者平卧台和圆形门架。

3）在圆形门架中的重大组件是带 X 射线管和检测器的框架结构。

4）X 射线管本身是框架结构组件中的一个子系统。

5）X 射线管的两个组件是阳极和其承载轴承。

其实无论我们设计或改良哪种产品，在产品生产之前，都会经历一个产品规划、产品定义和概念设计等阶段。这些阶段在图 4.1 中已逐项列举。这样的设计过程适用于系统、子系统、总装和部件的设计。下面详细介绍每个阶段的具体内容。

4.2.1　发现产品

首先我们必须确立顾客对产品的需求，不管是原始产品的设计还是改良现有产品的设计，确定顾客需求这项工作总是排在第一位的，如图4.5所示。设计项目产生的三个主要因素是：技术驱动、市场牵引和产品改进。本章后面的内容将深入探讨这些因素。不管是什么原因，绝大多数公司都有自己待开发的新产品项目，由于公司拥有的人力和物力是有限的，所以在定义了产品需求之后，紧接着的下一步工作是从多项产品开发和设计工作中选择一项产品进行设计，这就是决策——选择何种产品来进行设计。选择确定设计哪个项目，有时确定的时间位于"项目规划"阶段之前（如本书所述），有时也会被推迟到项目规划、产品定义和概念设计之后来选择开发什么产品。这种设计工作的顺序流程将在第5章中继续讨论。

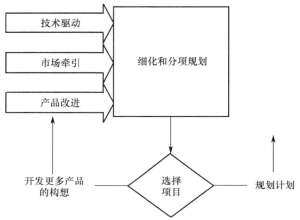

图 4.5 机械设计过程中"发现产品"阶段的流程

通用电气公司的CT扫描仪是一个成熟的工业产品，但该新产品却以极快的速度在美国普及开来。对于成熟的产品，设计的重点主要集中在提高可靠性、降低成本和提高供应链管理上。由于有了新的成像技术的应用，能大大提高其性能，才推出这个新产品。有关X射线管技术本身的变化主要体现在：能提供更精细的X射线和更短的操作时间，结论是图像更清晰，操作时间更短。这两点造成了新的市场需求。这些属于系统级别的市场需求变化，不能算小变化。这种变化是重新设计X射线管的根本动因。在这个项目设计中，这种市场需要在技术领域内被转化为更为具体的技术规格参数，如更高的功率、更大的转速、更好的废热去除以及其他技术革新。

4.2.2 项目规划

设计的第二阶段是项目规划，通过设计规划可以使公司的资源、资金、人力和设备得以合理的分配和应用，如图4.6所示。规划的制订必须先于公司领导承诺提供的各种支持资源之前，但是，许多设计项目面对的是未知情形，规

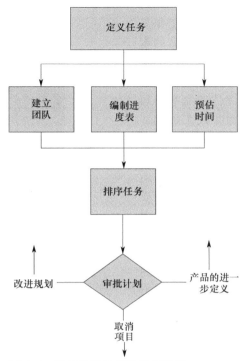

图 4.6 机械设计的项目规划阶段

划的制订需要我们有预测能力。这种情况下，规划原有产品的改良项目比规划一个全新的产品项目容易得多。一个规划有时可能需要动用全公司各地的人员和物资，有时可能要组建一个全新的设计团队，有时可能一个人就够用了，本书在第 3 章中涉及到了这些内容。此外，大部分规划要有项目流程时间表和成本核算，制订规划的最终目的是生成一系列的工作任务书，并且是按任务的先后来排列的。如何进行项目规划将在第 5 章详细讲述。

例如，重新设计 X 射线管的项目规划制订是非常复杂的，尽管它只是重新设计 CT 扫描仪这个新产品的一小部分，所以，设计任务书、流程时间表、预算都要统统整合到很多相关的项目规划中，这就是为什么项目规划这么复杂的原因所在。

4.2.3 产品定义

如图 4.7 所示，在产品定义阶段，我们的目标是了解设计中出现的问题和设计的其他基础性工作。了解设计工作中可能会出现的问题不是一件很难的工作，但是现实设计案例中很多的设计问题是定义不清，这给后续的设计工作带来很大的麻烦，所以，发现并明确产品定义是一个非常重要的任务。

在第 6 章中我们将介绍产品定义的方法。应用这种方法的首项工作是确定潜在的、能接受这项产品的客户，把"生成客户的需求"作为这项工作的基础依据。同时这些需求在以后会再次用来评估产品和公司间的竞争情况，进而生成工程设计规范。此外，还可以用它来衡量产品的特性和功能。在设计过程中，这种方法有助于确保最终的产品质量。最后，为了衡量产品的"质量"，我们设定一些参数来描述它的性能。

通常情况下，产品定义阶段工作的目的是确定如何分解设计问题，把一个大的设计问题分解成更小的、更易于设计的子问题。有时在产品定义阶段没有足够的信息来分解这些细节的设计问题，我们也可以在设计过程中再来进行这项工作。

如，在重新设计 X 射线管时，需要将客户需求问题换算为更加具体的参数，如功率、转速、废热去除等及其他技术规范。这些规范制

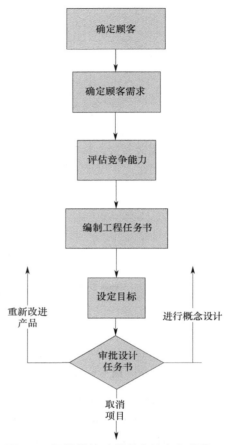

图 4.7　机械设计过程的产品定义阶段

订后，存档，然后分发给其他成员，就像提供给音乐会的谱子，让其他乐队成员可以演奏。其他设计团队要根据产品定义中的规范来提供电源、框架结构和旋转 X 射线管，以及去除废热等子项目的设计工作。

4.2.4　概念设计

在完成产品项目规划和产品定义阶段的工作后，设计者采用该结果去形成和评估新产品，并改进产品概念设计工作，如图 4.8 所示。在我们形成设计概念时，顾客的需求是开发产品的基础依据。通过编制工程任务书来描述产品，这是必不可少的概念设计环节，这个阶段的工作如果到位，最终将设计出高品质的产品。在第 7 章将重点介绍概念设计的形成。

在产品设计过程的早期阶段，不重视概念设计工作，就好比是建造一座没有地基的建筑。

当我们评估概念设计之后，我们的工作是把这个概念设计和先期已有的产品定义阶段形成的客户需求进行比较，然后做出最终的决策。概念设计的决策是基于有限的知识做出的，如图1.11所示，不过随着设计过程的慢慢进展，工程师们付出的心血越多，这些知识会日益增加。概念设计的目标之一是花费较少的时间和人力、物力，选择最佳的设计方案。第8章中介绍的方法将帮助我们评估概念设计的方案，进而进行产品方案决策。

在X射线管的重新设计项目中，概念设计可能只是对现有产品的微小改进，设计团队该阶段的工作是对现有产品的客户建立分析模型，从而评估他们的概念设计。然而，对于第2章介绍的火星漫游者项目的驱动轮概念设计，情况则完全不同，根本没有现成的可类比的分析模型，概念设计要复杂得多。

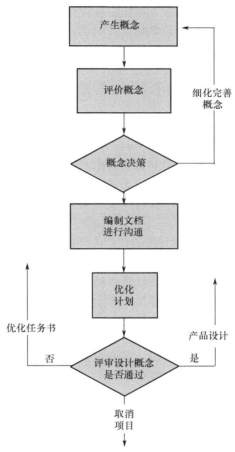

图4.8 机械设计过程的概念设计阶段

4.2.5　产品开发

概念设计初步完成，经过评估，并获得通过后，接下来的工作是完善概念设计方案使其成为最好的现实产品，而不仅仅是一个图样或者模型，如图4.9所示，图中的DFX原意是面向某个方面的设计，如面向可靠性的设计、面向环境的设计。本书将在第9~11章中详细讨论产品开发阶段的工作。在现实设计过程中，不幸的是，我们常常遇到的情况是：许多设计项目往往直接从产品开发阶段开始,这样的设计过程根本没有先前的概念设计流程。这样匆忙的设计过程在许多情况下,往往会导致最终设计出质量差的产品,或者往往会在设计过程的后期进行昂贵的设计改动。有必要再次强调:如果把产品开发这个阶段的工作作为设计工作的开始,而不考虑初期阶段,这将是很糟糕的做法。

在产品开发阶段结束时,设计的产品将到达生产环节。这时,技术文档中关于制造、装配和质量控制的信息必须是完整的,并为设备的采购、生产制造和装配组件做好准备。

GE的设计团队在产品开发过程中使用了准确的分析模型和组件测试系统。他们的最终样机是使用实际的生产工艺和生产线来模拟制造的。这有助于确保他们获得预期的产品质量,而不会因为实验室试验和现实环境之间的误差造成产品样机"走样"的现象。

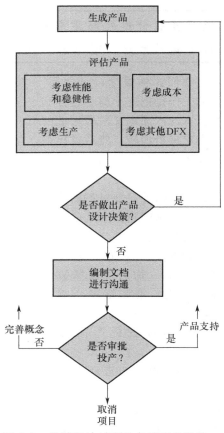

图4.9 机械设计过程的产品开发阶段

4.2.6 产品支持

设计工程师的职能可能并没有随着产品发布而结束。通常情况下,设计工程师还需要对制造和装配提供支持,对供货商提供支持,有时还要向顾客介绍产品的功能和质量等,如图4.10所示。此外,设计工程师通常会参与产品的工程变更工作。无论出于何种原因而产生的产品变更,都应该被管理和记录备案。产品支持这部分内容将在本书第12章中继续讨论。

最后,设计人员可能会参与产品的退役和回收工作。尤其是那种使用寿命短,使用结束就不再重复使用的产品,设计人员必须参与产品退役和回收的工作。但是"汉诺威原则"指出,不论我们设计何种产品,在整个产品设计过程中,都应该全程关注产品的退役和回收问题。所以,这意味着每个产品的设计都应该考虑这些问题。通用电气公司的X射线管设计团队必须继续支持产品的后期使用。另外一个更贴切的例子是火星漫游者。两个漫游者的设计目标是在火星上，持续 90 天（火星天）的工作。到撰写本文时为止，它们都已持续工作了 3.5 年。其中的一个漫游者，流浪者只用五条腿工作，因为六条腿中的一个的驱动电动机已停止运作。另一个漫游者则是其中一个转向电动机丧失了功能，而该系统原来是由四个转向电动机一起驱动的。在这两种情况下，设计工程师们必须弄清楚如何改变火星漫游者的内部控制系统以使其继续工作，以弥补失败，更为困难的是这些更改过程全部是基于地球上的远程操作。当然，这是一个极端设计项目完成后的产品支持的例子，通常一般的民用产品不需要这么复杂的产品支持工作。

从产品设计的第一个阶段"发现产品"开始到本章的后续部分告诉我们，设计产品的六个阶段中的每一个阶段都是非常重要的，如果哪一个阶段的工作不到位，都有可能导致最后的设计失败，因此设计人员必须分别认真对待这产品设计六个阶段。

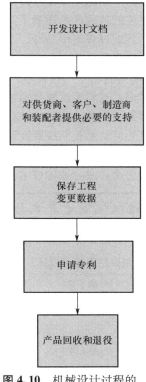

图 4.10 机械设计过程的产品支持阶段

4.3 把设计质量转化为产品质量

一个良好的设计过程应该能够将设计质量转化为产品质量。传统上所说的质量，一般是人们关注的质量控制（QC）和质量保证（QA）。QC/QA 专家在产品的制造和组装阶段进行检查，检查它们和设计过程中开发的技术文件（即图样、材料的性能和其他规范）的一致性如何。还要检查产品尺寸、材料性质、表面处理质量和对产品的形式和功能有至关重要的因素。这通常被称为"通过检查提高产品质量的过程"。

而"设计质量转化为产品质量"其实是更省钱和更有效的做法。这不仅意味着设计工作要使产品能按原有设定的功能工作、达到设计的寿命，同时要满足其他客户的愿望（表 1.1 中列出的需求）；（很少或没有公差要求十分严格的零件，而且很少产生极端的情况（即失效的倾向）。这意味着，在装配过程中不会因为产品的几何精度过高，而造成对装配工艺要求很高的情况，否则很容易出现装配造成产品质量下降的问题。"设计质量转化为产品质量"还意味着产品的装配过程简单易行，不易出错。

有许多最佳的工程实践案例，帮助设计师把设计质量转化为产品质量。表4.1 详细地列出了一些技术，这些技术通常被认为是最好的工程实践，将在本书中讨论。我们把这些技术按典型的设计问题进行顺序归类，但是，每个设计问题都是不同的，因此，一些技术可能在某种场合下不适用的情况也是存在的。此外，虽然我们按照设计过程的不同阶段来顺序排列这些技术，但是，实际设计过程中有时是打乱使用的。我们应该了解这些技术，同时知晓在不同情况下如何选择最合适的技术，使它们帮助我们把设计质量转化为产品质量。

> *不该仅仅用生产或检查来提高产品质量，而是应该把"质量"设计到产品去中。*

表 4.1 如何把质量"设计"进产品的工作项目

项目规划（第 5 章）	产品开发
生成产品开发规划	产生产品（第 9 章）
项目管理	由功能确定形式
	进行设计汇报
产品规格开发（第 6 章）	选择材料和公益
认识设计问题	销售分析
调研顾客需求	产品评估（第 10 章和第 11 章）
评估未来竞争	功能评价
产生工程规范	性能评估
建立工程目标	公差分析
	敏感度分析
概念设计	稳健性设计
概念设计的形成（第 7 章）	面向成本的设计
功能分解	面向价值的设计
根据功能形成的概念设计	面向制造的设计
评估概念设计（第 8 章）	面向装配的设计
评估设计的可行性	可靠性设计
评估技术准备	面向测试和维护的设计
使用决策矩阵判断	面向环境的设计
确定稳健的决策结果	
	产品支持（第 12 章）
	开发设计文档
	工程变更的维护和支持
	申请专利
	面向产品全寿命周期的设计

　　本书中所描述的技术，构成了设计策略，它将有助于开发满足客户需求的高品质产品。虽然在设计过程中这些技术会多花费一些工程设计的时间，但是可以减少后期昂贵的设计更改。这种设计策略的重要性如图4.11所示，图1.5是它的翻版。

　　如图4.11所示，A公司构建的设计过程中，所发生的设计改变早，而B公司则是产品已经发布，甚至到生产阶段了，还在不断修改和完善产品。不难看出，B公司的设计改变是昂贵的，而且早期的用户还要忍受低质量的产品，这也影响了产品的口碑。按设计过程进行设计的目标不是要减少设计变化，而是要管理这种设计变化，尽可能让它们发生在早期，而不是后期。表4.1中列出的技术，也有助于设计创意的开发。这可能听起来是自相矛盾的，因为用列表的方法来迫使设计人员完成表中所列的工作，意味着思想僵化，意味着限制创造力的自由发挥。但是创意不是随意瞎想就能形成有价值的创意的，它的产生是有一定规则的。托马斯·爱迪生，作为历史上最有创意的设计师之一，他说："天才是1%的灵感加上99%的汗水。"创意的灵感来自于一定规则下的努力工作，而不是漫无边际的努力。如果按照列表中的内容去进行设计，不但能使设计改变尽可能地发生在早期，也可以因为这些工作，让设计创意变得更加切合实际，提高产品的质量。

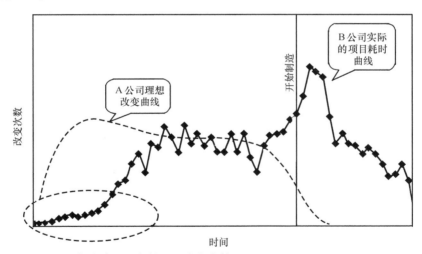

图4.11 汽车设计过程中的工程改变次数

　　这里介绍技术(表4.1)的目的是使指导设计工作的灵感在设计的早期产生，避免灵感产生时太晚，起不到把质量设计到产品中的关键作用。良好的设计灵感是至关重要的。构成设计过程的技术的核心就是如何良好地管理这些工作，让它们有序而高效地进行设计工作。

　　这些技术强制性地要求编制设计过程的文件，要求记录设计备忘录、草图、信息表和矩阵表、设计图样和分析数据。这些设计演变的记录对后期的设计过程是非常有用的。

在 20 世纪 80 年代，人们认识到，虽然不好的设计过程可能侥幸产生受市场欢迎的产品，但设计过程和最终产品本身都是一样重要的。这个认识导致了产品开发经常被看成是集成产品和过程开发（IPPD）。需要注意的是，过程的概念和产品本身的概念是同等重要的，换句话说是平起平坐的。此外，IPPD隐含着，设计过程和产品本身都处于不断开发和不断的演变中。

这种意识导致的另一个结果是：越来越多的企业使用国际标准组织的 ISO-9000 质量管理体系。ISO-9000 质量管理体系首次发布于 1987 年，现在已经被大多数国家所采用。全球通过 ISO-9000 认证的有上百万家公司。绝大多数的制造公司都通过了 ISO-9000 认证，而参与国际产品开发或制造的任何公司，无论大小，也都通过了认证。

2000 年之前，有五个标准，编号为 9000 至 9005。到 2000 年，它们被简化为 ISO-9000《基础和词汇》、ISO-9001《一般要求》和 ISO-9004《性能改进指导书》。通过 ISO-9000 论证，意味着该公司的质量系统具备以下职能：

1）组织和控制操作标准化。

2）提供一致性的传播信息。

3）改进了基于业务的使用统计数据和分析的各个方面。

4）提高客户对产品和服务的响应。

5）鼓励改善产品和服务。

一些公司决定进行 ISO-9000 认证，因为他们觉得有必要对自己的产品和服务进行质量控制，以减少因质量差而增加的成本，或是使自己的产品变得更有竞争力。此外，使得他们必须参加论证的另一个因素是客户要求，这表明他们需要获得强制性的监管，还可以间接地表明一定的强制性监管有助于保证质量。

为了获得认证，就必须先制订一个程序，介绍他们如何开发产品，如何处理产品问题，以及如何与客户和供货商互动。以下是必备的材料：

1）详细说明企业中大部分工作是如何开展的（如新产品设计、产品制造，以及产品报废）。

2）如何控制产品的分销渠道，更正文档的重新发布。

3）设计和实施纠正和预防措施，通过预警系统，防止相同的问题再次发生。

一旦这些材料完成后，公司要邀请有资质的（注册的）外部审计人员来评估整个过程的有效性，如果审计人员对所审计的材料认可，并确认这个质量保证系统满足 ISO 的要求，那么将颁发一份官方的证书。该公司就可以向全世界宣布，他们的产品和服务质量的管理、控制由注册的 ISO-9000 质量体系来保证。一次认证通常有三年的有效期。此外，登记机构通常每 6 个月就要间隔监控审计一次，以确保该公司的质量保证系统正常运转。

当然，我们必须明白，ISO-9000 论证本身不是为产品作开发计划或开发过程。它的功能只是要求公司在产品开发过程中，有一个相应的开发过程的文件。因此，该认证并不是设计过程的真正质量，但它的存在、保持和使用却能提高产品的质量。换句话说，一家公司可以用一个非常低级的方法来开发产品，也能通过论证，所以，论证无关设计方法本身的优劣。然而，论证的意义基于以下假设：如果一家公司可以不厌其烦地去获得认证，并希望其在市场上保持竞争力，那么该公司也将会不断地努力做好其产品的开发过程和计划。

4.4 发现产品

发现产品，设计过程的第一阶段，其目标是开发一系列新产品或旧产品改进的设计项目，并选择哪些设计项目开发。"发现"这个词听起来可能很奇怪，但每一个设计最初都是源于"发现"一个产品。我们认为，"发现"产品有三个主要的来源：新产品的市场牵引、技术驱动和产品改进如图 4.12 所示。

市场牵引主要源于客户需求的新产品或产品的新特点。大约 80% 的新产品开发是来自于市场牵引。顾客不需要的产品，公司根本没有办法收回设计与制造的成本。反过来，技术驱动有别于市场牵引，技术驱动是指新技术导致新产品和新特点的产生往往处在客户需求之前。下面详细定义一下这两种新产品的开发来源。

说到市场牵引，大多数公司的销售和市场营销部门都有一个长长的清单，这个清单上列满了他们喜欢的新产品和原有产品的改进项目。当他们看到客户

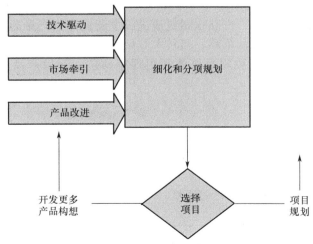

图 4.12 机械设计过程的发现产品阶段

购买竞争对手的产品时，希望自己的产品具有独特功能。此外，如果他们的工作做得到位，就可以把顾客的需求直接投射到产品的设计改进中，希望自己有独到的方法，使符合顾客需求的产品的改进和新产品的诞生源源不断地出现。事实上，近几年来短时间内开发顾客定制的产品的模式已成为趋势。

同时，工程师和科学家们在新产品概念创意和产品改进方面主要基于技术，而不是基于顾客的需求。这些想法都是基于新技术，或者在设计过程中学到的新东西。事实上，大多数产品生产企业在研究和开发时的费用占总收入的 2%~10%。因为设计本身也是一个学习过程，当一个设计师完成一个设计项目时，就已经知道还要在哪里对这个设计进行改善。大多数工程师在设计项目时总想有第二次机会，基于第一次设计过程的新理解，他们就可以在第二次设计时做到更好。

当一家公司想要利用新技术开发一个没有市场需求的产品时，他们不得不进行资本投资，并可能花费多年的科学和工程时间。即使产生的想法可能具有创新性和技巧性，除非它们可以匹配市场需要或公司可以为它们开发一个新的市场，否则这些创造和技巧都是无用的。当然，也有不进行市场调研也可以成功的例子，如像"即时贴"和许多其他产品的设备。但是这类产品具有高经济风险，当然他们也可以由于设计独特而收获很大的利润。

4.4.1　产品成熟度

我们在进一步探讨新产品时，需要研究技术成熟度"S"曲线，如图 4.13 所示。通过它从一个新产品到一个成熟产品的曲线图，说明技术的不同成熟阶段。通常情况下新产品引入市场，它使用的一些技术只是处于"使其有合适的功能"的阶段，有的甚至连这点都达不到，就采用了这些技术。随着技术的成熟，产品也相应地进行重新设计，产品的功能和性能也得到改善。随着时间的推移，当技术开始达到成熟阶段时，市场进入饱和竞争阶段，公司需要决定是继续利用现有的技术开发产品还是进行创

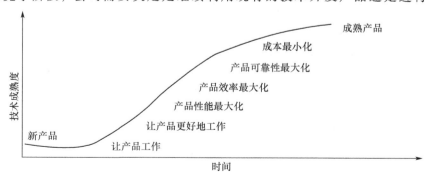

图 4.13　产品成熟度"S"曲线

新，开发新技术。这个过程周而复始，技术成熟度"S"曲线再次循环，如图 4.14 所示。

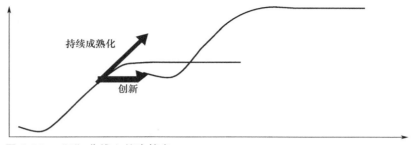

图 4.14　"S"曲线上的决策点

随着产品到了成熟期，如果公司选择保持目前的技术，并进一步对其进行完善，则公司可能要面对很多的竞争者和改善余地不大的风险。如果公司选择创新，那么也会承担新的风险。

4.4.2　顾客满意度的 Kano 模型

现在让我们用另一种方式来探索产品开发，即利用 Kano 模型来检查顾客的满意度。在 20 世纪 80 年代初期 Noriaki Kano 博士开发了 Kano 模型来描述顾客满意度。该模型将有助于了解产品的功能和特征的成熟度。Kano 模型的顾客满意度分为三部分，针对于产品的功能和特性从无到有，顾客所表现出的从厌恶到高兴的过程，如图 4.15 所示，图中三条曲线分别代表基本功能、较好功能和令人兴奋的功能。

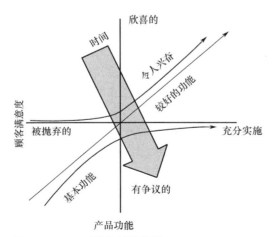

图 4.15　Kano 消费者满意图

基本功能是指满足顾客基本要求的功能，一般他们并不会用语言来表达这些功能，只有当这些功能没有时，他们才会提到这些基本功能。在最终产品中，如果不存在这些基本功能，顾客会反感。如果有这些功能，顾客也不会兴奋，只是没有不满意而已。举个例子，如果一辆车没有制动器，那么顾客会反感这样的车子。制动是汽车的基本功能，一辆车有制动器，顾客的反应只是一般性，不可能高兴，但是如果制动器的性能很好，那又是另外一回事了。

功能模块所表现出来的性能好坏是可以用语言表达的，更好的性能意味着更好的产品。例如，顾客对制动距离的要求显然是一个性能要求。一般来说，制动距离越短，顾客就越满意。

但是，如果你的汽车应用了这样的制动器，你会怎么想？这个制动器有这样的功能：如果你说慢下来，汽车就慢慢地减速，当你喊"停"，汽车马上紧急制动。采用这种制动器对于顾客来说是期望之外的事，所以，如果你的车没有安装这种制动器，你不会反感，因为你本来就没有期待你的车有这种功能。事实上，如果顾客对最终产品的附加功能有意外的惊喜，那么这种产品在市场上成功的可能性就很高。令人兴奋和高兴的功能要求往往被称为"哇的要求"。如果你到汽车展厅测试车用的是语音激活的制动器，这将是个意外的惊喜，你对系统的反应应该是"哇"。如果系统工作状态良好，你会很高兴，如果该汽车没有这个功能，你的反应就只是中性的、一般的反应，因为你本来就不知道有这个不同的功能。能够有令人兴奋的产品功能特性常常要求使用新的技术。

随着时间的推移，令人兴奋的功能会慢慢变为较好的功能，最终蜕变为基本功能。对于家庭娱乐系统、汽车和其他消费品来说，这就是一个不变的基本规律。当令人兴奋的功能通过某个品牌的产品刚刚引入市场时，顾客是很兴奋的，第二年，随着技术的成熟，每个品牌的产品都采用了这项技术，有些品牌的性能会更好一些。公司会利用这项技术的"S"曲线来提高产品的性能、效率、可靠性和降低成本。几年后，产品的这种技术就不会在广告中再次提起了。因为这项技术的应用已经在顾客的意料之中了，不再是产品的卖点了。

Kano 模型只是用来判断技术成熟的另一个视角而已。公司需要作出决策：是投资于创新的、让顾客叫绝的技术，还是只是在改善性能、效率、可靠性和成本等方面下功夫。第二种决策实际上是提高成熟度曲线，让产品有更长的成熟期。

除了市场牵引、技术驱动之外，设计项目的第三个动力是应对变革。以下有三个产品改良的方向：

1）厂商可能不再供应产品中使用的材料、部件或改进的建议。产品的开发可能需要新的计划、产品规格和新概念。

2）制造、组装或在产品寿命周期的后续阶段，已经明确了高质量、短时间和降低成本的手段，将有效地提高产品的经济性。

3）该产品在某些地方失败了，需要改变设计。从图4.11可以看出，这种成品后的改变是非常昂贵的。如汽车制造商在产品发布后，依然要对产品进行设计变更，那么这将导致昂贵的投入。

改进设计的重要性，将在第12章进述这个内容。

4.4.3　产品建议

产品开发建议无论源于何处，都需要提交一个文件，这也是设计过程中的一个阶段，我们简称为"产品建议"。以一个简单的例子来显示产品开发建议的模板，如图4.16所示。

产品建议		
设计团队：×××××××		日期：2010 06 23
产品建议名称：The Toastalator		
摘要：那些生活在小公寓里的潜在顾客，在早上需要咖啡机和烤面包机。这里的概念设计是一种装置，它将这两种产品的功能结合在一个小体积的产品中。		
产品开发的背景：通过观察可以发现，居住在小公寓的人在准备早餐时，只有很小的空间。如果制造咖啡机和烤面包机的合体机，体积很小的话，这似乎是一个合理的商机。		
产品潜在市场：虽然基于对空间的充分利用这种需求和市场规模的研究没有确凿的证据。经初步调查显示，对该产品的需求有多达千万级的潜在客户。		
竞争情况分析：目前市场上还没有这样的产品。专利的初步调查表明也没有相类似的产品。		
制造能力：×××××目前独立生产类似产品。		
分销的详细信息：××××作为同类产品的分销渠道。		
建议的详细信息： 任务1：形成更可靠的市场数据。 任务2：在概念设计阶段，制订项目规划。 任务3：开发产品的定义。 任务4：形成和评估概念验证原型。		
团队成员：	准备	
团队成员	审核	
团队成员	批准	
团队成员		
机械设计过程	由大卫 G. 乌尔曼教授设计	
Copyright 2008，McGraw-Hill	Form #8.0	

图 4.16　产品建议

在这个例子中可以看到有较多的信息，这些信息至少可以使开发团队讨论这些意见，并且确定应该投入多少资源去跟进这个产品建议。在现实的产品开发过程中，每个项目都需要相当多的文档信息。

4.5　选择项目

设计过程中，最困难的阶段是决定项目的去留，哪个项目应该现在动手，哪个项目可以先暂停以后再进行。我们往往都认为能做出好的决定，然而，统计资料表明，在所有的决定中有一半是失败的！失败的原因是多种多样的，没有使用结果导向来进行设计工作也是原因之一。失败的决策直接导致时间和金钱的损失。如果因为设计导致产品不成功、不符合市场需求，那么所有的工作、工具、原型、CAD 模型即使做得再好也没有什么价值。

在产品定义阶段，通常总是项目多过所拥有的资源，比如时间、物力和人力。设计过程中这个阶段的目标是选择哪个项目现在做，哪个项目下一步做，哪个项目完全放弃。这项工作通常称之为"项目组合管理"，其中的投资组合是一系列潜在的项目，目标是确定我们开始其中的哪个项目。

要选择最好的项目，我们需要知道如何做出正确的决定。首先介绍决策实践方法，然后是针对投资的决策方法，最后介绍在产品设计过程中的关键决策方法。我们先重温概念设计中的决策方法，然后是在产品开发中的决策方法，并将这些内容添加到这一章。

本节剩余部分将讲述如何帮助设计者从投资组合中选择一个项目。所用到的三种方法，前两个方法是简单的，但也是有局限性的，第三种是决策过程的一系列方法的基础，稍后将在本书中介绍。

4.5.1　SWOT 分析

第一个决策支持的方法称为 SWOT 分析，它可以帮助我们进行项目选择。SWOT 代表优势（Strength）、劣势（Weakness）、机会（Opportunity）和威胁（Threat）。此方法通常在商业中使用，也适用于单个项目的评价，操作也很容易。基本的方法是在四个 SWOT 区间中列出相应的信息（四个象限填充与SWOT 相应的信息条目），如图 4.17 所示。这样"优势"与"劣势"区间是对应的，"机会"与"威胁"区间也是对应的，通过这种比较来权衡项目的选择。图 4.17 中的例子是一家自行车制造公司正在考虑增加双人自行车在其产品线中的 SWOT 分析。

填写 SWOT 分析表，让我们更容易判断是否要选择这个单一的项目进行开发。虽然在我们决策时这种方法列出了考虑的要点，它并不是真正的决策工具，只不过是一个决策的支持工具。因为利用这个工具，我们仍然不能明确是否要开发这个双人自行车项目。

> 设计是通过良好的决策来体现技术和社会进步的。

SWOT 分析	
设计组织：BURL Bicycles	时间：11.11, 2007
SWOT 分析主题：探索在2008年建立双人自行车产品线的市场潜力。	

优势：	劣势：
·BURL 公司的技术可以设计出最优质的双人自行车。 ·BURL 公司的工程师希望做这个项目。 ·将扩大公司的产品生产线。 ·虽然没有收集到确切的市场数据，但公司的市场占有率会越来越大。 ·在大多数情况下，这个项目可以使用当前的设备和工艺。 ·可以将我们的悬架专利应用到这个项目中。	·该项目的市场很小，在所有自行车销售中所占比例 <1%。 ·毛利率可能会比传统的自行车少。 ·开发成本可能会超过40000美元。 ·回收成本的时间估计为3年。 ·需要6个月时间，产品才能推向市场，这错过了当前的销售旺季。 ·这个项目的产品因为和传统自行车不同，需要进行独特的市场营销和运输。
机会：	威胁：
·这种双人自行车将使 BURL 公司进入新的市场。 ·这种双人自行车可能会建立自行车商店，这个策略将使 BURL 公司拓展业务，并获得更多的自行车订单。	·产品不够独特，不足以吸引客户。 ·我们不能让传统的自行车商店销售这种自行车。 ·将花费超过 40 000 美元才能完成开发。 ·设计的双人自行车不能够达到客户在风景区骑马游玩的那种好的体验
团队成员：Fred Flemer	准备：Fred Flemer
团队成员：Bob Ksaskins	审核：Bob Ksaskins
团队成员：	批准：Betty Booper
机械设计过程 Copyright 2008，McGraw-Hill	由大卫 G. 乌尔曼教授设计 Form #11. 0

图 4.17 SWOT 图表

4.5.2 正-反面分析

在 SWOT 分析的基础上，再进一步，我们可以考虑正-反面分析。本·富兰克林是有记录的使用这种分析的最早的人物，他在 1772 年写给约瑟 Priestly（氧气的发现者）的信件中表明了这一点。富兰克林解释，当直觉分析无法解决某个问题时，他会用正-反面分析来帮助分析问题。他不仅是政治家，也是火炉、远近两用眼镜和很多其他发明的一名设计师。

亲爱的约瑟先生：

这件事对你来说如此重要，你问我的意见时，我不能告诉你如何做这个决定，因为我缺乏足够多的背景材料。但是如果你愿意，我可以告诉你：当很难做决定时，我是如何思考和分析的。之所以很难做决定，是因为当我们思考和分析这类问题时，正反两方面的因素不能同时出现在我们的脑子里；而往往是这个时间段，出现一系列的正面因素，下一个阶段出现一系列反面因素，然后，第一个正面因素又出现了，如此反复。不同的目的和原因的因素交替地来说服我们，这种不确定性让我们感到迷惑，很难做出分析和决策。

为了解决这个问题，我的方法是拿一张纸，中间画一条线，把它分成两列，一列主要记录正面因素，另一列主要记录反面因素。然后经过三到四天的思考，我记录下不同的想法，这些是在不同的时间发生的，不管是支持还是反对这个决策。

当我把这些因素放到一张纸上后，主要的精力就是评估他们各自的权重了，当我认为这一栏的两个因素和另一栏的一个因素的权重看起来相对等，我就把他们一起划了。换句话说，就是我在做正面和反面因素的权重对比，如果我发现反面栏里的两个因素和正面栏里的三个因素权重相同，我就把这五个因素都划去。这样以此类推，就能发现平衡点在哪里了。在这个基础上，我再拿出一两天的时间来考虑，如果没有新的因素出现，剩下的应该就是我认为的更重要一方了，我的决策就可以根据这个做出来。

当然，这种相对的权重不可能像代数量化那么的精确，但是，每项因素都是单独分开考虑的，同时还有比较，这些东西整个地呈现在我的面前，同时，我不是很匆忙地做决定，所以，我想还能有一个很好的判断，事实上，我已经发现这种方法很有用。

富兰克林考虑接受或拒绝单项的选择。这其实也是两个项目之间的选择：做这个或做其他的某些事情（包括不做任何事情）。富兰克林为了做出更好的决定，建议了五个步骤：

步骤 1：在一张纸或标签上制作两个下拉的栏目，一个是"同意"，另一个是"反对"。

步骤 2：分别在"同意"和"反对"的栏目下填写同意和反对的原因。

步骤 3：评价每个栏目里每个"反对"和"同意"中因素的权重（重要性）。

步骤 4：删去正面和反面的因素：

a. 当正反两因素的重要性相同时，把它们两都划去。

b. 如果反面的某两个因素的重要性和正面因素的某三个因素的重要性相同，把它们都划去。

步骤 5：通过这样划去的因素，我们会发现在正面或反面栏目中会剩下一个或一些因素。那我们的决策就可以做出了。

我们可以将这一方法进行延伸应用，就是把正反两项栏目进行扩充，增加更多的栏目。但原来那种划去一些正反两项对等因素的步骤就会变得更加复杂。不过，美国宇航局经常使用这种方法，组织专家进行多个项目建议评估。对于每一个项目建议，专家们列出不同的优点和缺点。然后，他们再来衡量每个项目建议之间的优劣。这有助于梳理出好的和差的建议。

如果你回顾一下 SWOT 分析，所有的言论都是支持或反对"设计和营销双人自行车项目"的。在图 4.18 中记录了正反（Pro-Con）两相分析模板。至此，我们已经完成了富兰克林的方法步骤 1 和步骤 2。步骤 3 是把正反两相因素进行赋值，让它们有了各自的权重，为步骤 4 做准备。例如，在列表中我们

正 - 反分析	
设计公司：BURL 公司自行车	日期：
正反两面分析的课题：BURL 公司应该把双人自行车市场化吗?	
正面： ·BURL 拥有的技术可以设计出最优质的双人自行车。 ·BURL 的工程师喜欢做这个项目。 ·这个项目将扩大产品线。 ·虽然没有得到确切的市场数据，但双人自行车的市场越来越大是不争的事实。 ·在大多数情况下，双人自行车的设计制造可以用当前的设备和工艺达到标准，不用另外购买新设备。 ·可以使用本公司的专利——悬架技术来制造这种有特色的双人自行车，这种自行车将使 BURL 公司进入新的市场。 ·双人自行车的生产，可能会让自行车商店订购更多 BURL 的自行车，使 BURL 的业务得到拓展。	反面： ·双人自行车的市场很小，占总体自行车销售比例小，不到1%。 ·边际利润可能会比传统的自行车低。 ·产品的开发成本可能会超过40 000美元。 ·回收投资费用的时间估计在3年。 ·需要6个月才能把产品投入市场，将错过当前的销售旺季。 ·双人自行车和一般自行车的市场不同，需要独特的市场营销和运输。 ·该产品没有独特到可以吸引一般顾客购买的程度。 ·我们不能让一般的自行车商店进行这种销售。
团队成员: Fred Flemer	准备：Fred Flemer
团队成员: Bob Ksaskins	审核：Bob Ksaskins
团队成员:	批准：Betty Booper
机械设计过程 Copyright 2008，McGraw-Hill	由大卫 G. 乌尔曼教授设计 Form # 9.0

图 4.18　正-反分析举例

看到：没有收集到双人自行车市场增长的准确数据，双人自行车需要不同的、独特的市场营销和运输；这两项因素是同等重要的。

因此，根据步骤 4，将主动需要划掉。然后，BURL 有技术可以设计出最优质的双人自行车和 BURL 的工程师希望做这个项目，这两项和双人自行车骑起来不能像骑马一样的重要性一样。对于在旅游景点体验观光感受的人，这点非常重要。所以，这三项都被划掉。继续这样的步骤，BURL 最终发现，该项目的缺点大于优点，决定取消该项目。

4.5.3 决策的基础知识

虽然前面介绍的两种方法让我们开始获得良好决策组织的信息，但它们是有局限性的，都局限于一种替代方法。在本节中，将正式介绍整个决策过程，并做出协议决定。无论是解决找到的问题或选择产品设计概念，还是选择产品的详细信息，决策的基本结构是相同的。在每一种情况下，都有六个基本活动。它们具体是：

1）阐明问题，需要一种令人满意的解决方案。

2）生成替代品的问题，逐项列出可能的解决方案。

3）制订设计规范作为衡量问题解决得是否让人满意。

4）确定每个设计规范相对于其他设计规范的重要性。

5）与设计规范进行比较来评估备选方案的价值。

6）根据评价结果，决定下一步做什么。这一决定将导致下列工作的进行：

a. 添加，消除或改进方案。

b. 细化设计规范。

c. 精确评估工作，取得共识，并减少不确定性。选择一个方案。

d. 替代你已经做出的决定，用文档记录这个决定。

以上工作如图 4.19 所示。

本书中将多次使用这个活动清单和图 4.19 所示的流程图。

通过 SWOT 分析这一理想工作流程图，对于活动 1）、2）、5），SWOT 分析是有限的。它解决了只有一个单一的替代问题，并不能真正详细列举设计规范评价标准，即使他们在 SWOT 报表有这些内容（我们能看到这点）。SWOT 重点在于评价，而不是告诉我们"下一步该做什么"。因此，它不是一个真正的我们定义的决策方法，虽然它的确支持我们的一些决策活动。

正反两相的方法让我们更加关注活动 4）的重要性。活动 6）给出了一个有限的"做什么"的想法。

4.5.4 投资组合决策

这里我们将前一节中列出的一系列活动，应用于自行车的示例中。

活动 1 BURL 公司澄清了问题。这点其实先前已经做到了，但这里"澄

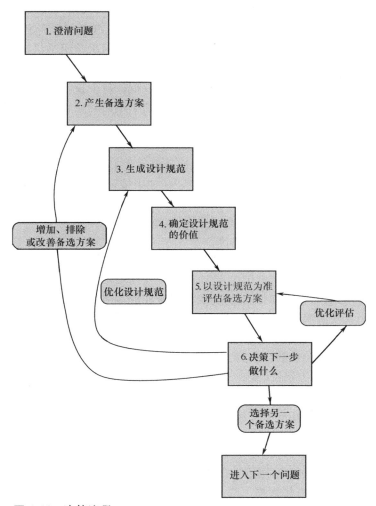

图 4.19　决策流程

清"的意义更加深入和广泛。例如，"从替代产品的列表中，选择哪个项目在第一时间开发"，通常这个问题的澄清，需要通过一些客观现实情况，并用回答问题和解决问题的行为来进行。

活动 2　BURL 公司详细列出要考虑的替代产品。此列表可以少到只有两个项目，也可以多到数百个项目，其范围可以从现有产品的细微改变而形成的所有新产品，到真正的极大创新的新产品。对于我们的自行车公司来说，选项有：

1) 升级当前的自行车。

2) 在市场上推出双人自行车(已经考虑)。

3）软尾座上添加前悬架的新款山地车产品。

活动 3 BURL 公司开发设计规范，这个设计规范是用来评价替代品的基础依据。由于这项工作重要，所以整个第 6 章都用来介绍，包括开发工程规范、概念和产品的评估设计规范。对于通常重复的多种类型的问题，至少在开始阶段，我们可以使用一组通用的设计规范；对于投资组合的问题，下面列出的设计规范已经随着时间的推移，得到了不断的完善，所以可以用在这里：

1）可接受的工作复杂性：这种复杂的程度应在公司或供货商的经验范围之内，并由拥有综合能力的技术人员在岗从事这些工作。

2）明确的市场需要：要建立市场需求（如果按评估完全创新的产品，这可能没那么重要）。

3）可接受的竞争强度：竞争强度是合理的、公司可承受的，替代品不能新到连公司的商业化运作都有难度。

4）可接受的现金流量：需要或产生了一个五年期的现金量是在合理的、可接受的范围内。

5）合理的投资回报时间：所需要的投资和成本回收期是可以接受的。

6）可接受的启动时间：在公司经营过程中，对于设计和生产该项目所需的现金流的时间段是能接受的。

7）新产品和公司的形象契合度：这种新产品和性能改进的产品符合公司形象，是可以被多方接受的。

8）拥有足够的该产品的专利：可以防御其他公司的竞争。

9）该产品能构建一个增长平台：为未来公司的产品和服务建立一个良好的成长空间。

在 SWOT 分析中，我们还可以看到，优势、劣势、机会和威胁作为评估的标准列在表头上。例如，刚刚上市的标准的评估，从 SWOT 表上看到："虽然没有收集到确切的市场数据，双人自行车的市场越来越大是不争的事实"和"双人自行车的市场很小，占总体自行车销售比例小，不到百分之一"。这两项信息对于掌握市场需求是非常清晰的。

活动 4 由 BURL 公司确定最重要的因素是什么。所有上面列出的九个指标（标准）的重要性不是相同的。在不同部门的人员看来，不同指标的重要性是不同的。例如，BURL 公司财务部的人员认为："可接受的五年现金流量"和"合理的投资回报时间"是更重要的指标；市场部的人员认为"新产品和公司的形象契合度高"很重要；工程部的人员认为"拥有足够的该产品的专利"和"该产品能构建一个增长平台"更重要一些"。

表 4.2 BURL 公司的投资组合评估表

评估指标	候选的开发产品					
	升级现有自行车产品		双人自行车		为山地自行车开发前悬架	
	同意程度	确定性	同意程度	确定性	同意程度	确定性
1. 可接受的工作复杂性	SA	C	N	C	D	VU
2. 明确的市场需要	N	VC	D	U	SA	VC
3. 可接受的竞争强度	A	C	A	N	N	N
4. 可接受的五年现金流量	D	C	D	C	A	C
5. 合理的投资回报时间	N	C	D	U	A	U
6. 可接受的启动时间	A	VC	A	VC	N	C
7. 新产品和公司形象契合度	A	C	D	C	N	C
8. 拥有足够的该产品的专利	SD	C	SA	C	A	C
9. 该产品能构建一个增长平台	D	C	A	U	A	C

但是现在我们都假设这些评价指标的重要性是一样的，当然，我们在第 8 章还会进一步讨论这些指标的重要性。

活动 5 BURL 通过相关的评判指标来衡量选择哪个产品来开发。这些评判范围可以从定性评价到模拟分析评价。现在，我们用 SWOT 中作出的定性分析和正反两项简单的分析来确定下一步做什么。随着产品技术本身的不断成熟，数字分析材料、模拟等方法将越来越多，我们将越来越容易选择更加合适的产品开发项目。

此外，为了使这个评价过程更加明确和顺利，BURL 公司使用了决策矩阵，见表 4.2，表头是"候选的开发产品"，有三个项目。左边是评价指标，中间是评价结果。代表"同意程度"的具体代号的含义如下：

- 非常同意（SA）
- 同意（A）
- 不确定（N）
- 不同意（D）
- 强烈反对（SD）

代表"确定性"程度的代号如下：

- 非常确定（VC）
- 确定（C）
- 不好说（N）

- 不确定(U)
- 非常不确定(VU)

确定性是衡量对该项目，究竟知道多少的一种程度性的判断。从设计工程的角度来看待"工作的复杂性"，它的判别范围是从"不同意"到"强烈同意"。然而，对是否开发前悬架这个项目而言，得出"不同意"评估答案的"确定性程度"是很不确定的。这本身就说明了这个判断的确定性差，因此，从这个选项来看，很难利用"工作的复杂性"这个判断来最终评判是否要开发前悬架项目。此外，提到前悬架项目有可接受五年的现金流量。而且"确定性程度"是确定，所以，从财务人员的角度看意味着这个项目是可接受的。本书中将涉及很多这样类型的表格，到时会深入介绍。

活动6　BURL 公司必须根据评估结果，决定下一步该选择哪个项目。对这些项目的评估，让我们认识到一点，就是这几个项目中，没有一个是非常出众的项目，从财务的角度上看前两个项目还是比较差的，对于第三个项目"前悬架"而言，它的复杂性评估结论"不同意"的确定性差。也就是说这个目前还不能确定这点，这意味着公司还要进行深入的工作来弥补目前这个现有的项目投资组合。换句话来说，也许弄清楚前悬架系统设计工作的复杂性是一件有价值的工作。

虽然，这个决策矩阵并不能让 BURL 公司做出最后的决策，但是这个矩阵就像打开一扇窗一样，让我们能够看清楚每个项目在某些重要因素上的优劣，让我们的决策和下一步的工作有了方向。这些方法我们将在后续章节中继续深入介绍。

4.6　小结

1）机械设计过程的六个阶段：发现产品、项目规划、产品定义、概念设计、产品开发和产品支持。

2）设计过程真正关键的部分是早期阶段，确定主要决策后，我们就可以了解该产品的质量情况了。另外，好的设计过程鼓励沟通，强制性地进行文档记录，并鼓励通过数据收集来支持创新。

3）有具体的应用设计过程的例子，已被证实对提高产品质量很有帮助。

4）新产品起源于技术推动、市场驱动和改良产品。

5）随着时间的推移，公司产品逐步成熟，在成熟期间也会涌现新产品。面对这类问题，SWOT 分析可以帮助我们选择开发哪些产品。

6）本杰明·富兰克林发明的使用正向和反向分析，为我们提供了简单决策的最早的例子。

7）六个基本决策活动：阐明问题、形成可选项目、制订评判标准和指标、为各项指标加权、评估可选项目、最终确定选择的项目。

8）决策矩阵可以帮助我们决定下一步做什么。

4.7 资料来源

"Letter to Joseph Priestley," *Benjamin Franklin Sampler*, New York, Fawcett, 1956.

Ullman, David: *Making Robust Decisions,* Trafford, 2006. A complete book on design decision making.

4.8 习题

4.1 发现原有产品的设计问题，并列表（至少 3 个）。根据时间和可获得的知识，选择一个方案来进行工作。

4.2 针对你使用的产品，将你不喜欢的功能进行列表。列表的方法之一是要注意使用的设备，有哪些功能是你不喜欢的，哪些功能是你希望这个产品拥有的。如果你花精力的话，列这样的表格是比较容易的。这个表格至少有 5 个项目，选择一个作为重新设计的项目。

4.3 做一个 SWOT 分析

■ 购买马丁·科恩的《101 种哲学想法》。

■ 买一辆电动汽车。

■ 给你父母的房子添置太阳能热水器。

■ 给你的背包或公文包添加新功能。

4.4 使用本·富兰克林的正面和反面的方法来决定取舍。

■ 是否要和你身边的人去咖啡馆。

■ 是否买一个新的手机（选最新的和最好的）。

■ 确定你的最新想法是值得追求的（如新书柜、汽车修理、计算机代码等）。

4.5 使用决策矩阵决定下一步要做什么

■ 采购你感兴趣的三种特定的自行车（或汽车、电子设备）。

■ 选择滚珠轴承、青铜衬套或尼龙轴承作为一辆自行车枢轴的悬架。

■ 为你设计的房子选定加热系统，这个选项是一个空气-空气热泵、空气-水热泵或水-水源热泵。

4.9 网络资源

本书的网站上提供下列文件模板：Ullman4e www. mhhe. com/

■ 产品建议

■ 正面和反面分析

■ SWOT 分析

第 5 章

设计规划

关键问题

- 如何规划才能在机械设计过程中及时、划算地完成设计的五个阶段?
- 一个类型的规划是否适合所有的设计项目?
- 瀑布法和螺旋法之间的区别是什么?
- 设计文件的可交付为什么如此重要?
- 当未来是如此不确定时,如何制订设计规划?

5.1　概述

项目规划的目标是将设计过程形式化,从而使产品的开发快捷,同时具有成本效益。规划的过程其实就是开发资源的安排和调度,如时间、人力、物力的计划和调度,如图 5.1 所示。在图 5.1 中显示了产品设计过程中的设计活动,根据设计活动形成进度计划表。图 4.1 所示的几个阶段——产品定义、概念设计和产品开发,必须由设计人员安排并提供必要的资源,而图 5.1 中所示的信息流只是示意性的,它不是真正的资源分配表或时间表。

在合适的时间,规划将形成设计所需的相关信息,并将其分发给对应的设计人员。重要信息包括产品要求、概念草图、系统功能关系图、实体模型、图样、材料的选择和任何其他在产品的开发过程中作出的相关决定。

规划这项工作的目的就是形成设计过程的蓝图。在工业界,规划的条款和设计过程的条款是经常互换使用的。大多数公司都有他们自定义的特定产品设计的一般过程(即总体规划)。这个规划被称为产品开发过程、产品交付过程、新产品发展规划或产品实现规划。在这本书里,将引用如此众多的“过程”,我们统一称之为“产品开发过程 PDP”(PDP 是 Product Development Process 的首字母缩写）。

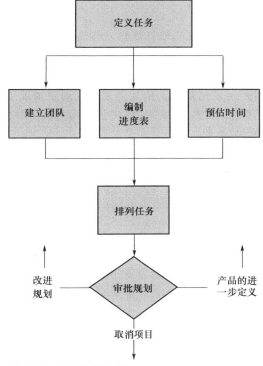

图 5.1 项目规划内容

更改一家公司的设计过程，就是打破这家公司长期以来做事情的方式。虽然它可能是相当困难的。要完成这一改变过程，有的公司用了几十年的时间。通常，如果一家公司的产品口碑很好，同时市场占有率高，说明这家公司已经把这些市场的反馈因素吸纳进来，将其作为其公司产品开发过程中改进建议的一部分，以提高产品竞争力。最成功的公司总是把工作重点放在不断改进产品"本身"和产品的开发"过程"两项工作中。

> 如果你不知道你要去哪里，你怎么可能知道你能何时到达那个目的地呢？（当一个人不知道他要去哪个港口时，任何风向都是没用的。如果我们没有目标，我们的计划注定会流产。
> 塞内加 Lucius Annaeus Seneca，约公元前 4 年—公元 65 年）

5.2 项目规划的类型

工作中，有许多不同类型的项目规划。最简单的是阶段门法或瀑布法规划，如图 5.2 所示。由图 5.2 可看出，在每个阶段的工作进展到下一个阶段之前，由决策门批准。阶段门的方法非常简单：第 1 阶段 = 发现产品，第 2 阶段 = 开发概念，阶段 3 = 评估概念，依此类推。在通常情况下，阶段门法侧重于特定的系统或子系统。此外，每个阶段中包含同时执行的一组活动，而不一定是按先后次序进行的活动。

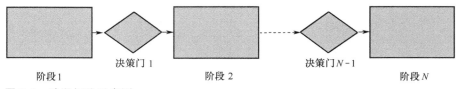

图 5.2 阶段门法示意图

阶段门法的过程也可以用瀑布法来表示（见图 5.3），阶段门法的每个阶段可以类似地表示一个平坦区域的水池，瀑布法是从上一个水池下降到下一个水池，就像阶段门法从上一个阶段到下一个阶段一样。在 20 世纪 80 年代，美国航空航天局正式批准用阶段门法管理大型的航天项目。

决策门通常被称为设计审查，在此期间应召开正式会议，在会上，设计团队成员报告他们的工作进度。根据设计审查的结果，管理层决定继续开发该产品还是终止项目。换句话说就是，应该回到上一阶段做更多的工作，还是在消耗更多资源前终止该项目。

在阶段门法或瀑布法中隐含着一个主要假设，即在规划中的工作是按先后次序完成的。这表示产品定义可以在早期完成，并将它贯穿到从概念到产品生产的整个设计过程中。对于大部分以及处于技术成熟期的产品来说，这个过程确实是事实。图 5.4 所示为欧文快速卡钳的设计，在设计过程中，欧文公司使用了阶段门法，在每个阶段中，欧文公司优化产品目标和定义，同时这些设计文件都是可交付的。例如，"MS2 设计"的目标是"概念可行性和稳健设计的商业案例"，为了达到这项目标，需要交付一系列的文件。这些包括：

1）开发理念。

2）技术可行性。

3）目标成本和财务。

4）消费者的概念验证。

5）知识产权的法律评估。

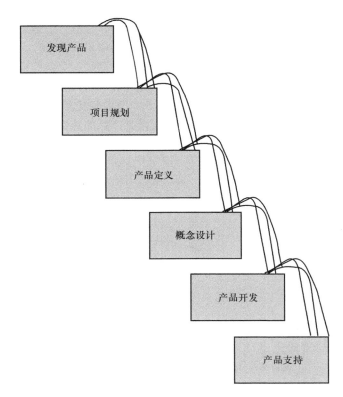

图 5.3 瀑布法示意图

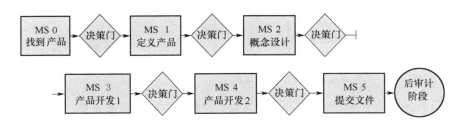

图 5.4 欧文公司工具产品开发使用阶段门法的示意图

在接下来的设计过程中，阶段门法中决策门会被进一步定义，如谁对这个决策门有决定权，决定的标准是什么。以欧文公司为例，在紧接着 MS2 阶段后的决策门所做出的决策是：概念选择、批准业务情况、接受样机等开发成果。这些决定是由管理团队做出的，管理团队包括：总裁、制造副总裁、研发副总裁、首席财务官以及其他负责人。也许对我们来说，对于这么简单的产品开发，由这么高级别人员做的决定，看起来有点小题大做了，但是在欧文公司，这就是主要的产品，所以这些决策是由最高层做出的。

最近以来，在软件的设计过程中，使用螺旋法非常流行。螺旋法开始在中心形成最初的设计概念，然后快速开发第一个产品样机（图 5.5），并由客户进行评估，最后重新审核产品需求。在第 2 螺旋中，测试一个新的设计样机。代码软件的开发相对于大多数机械产品的开发来说，更容易形成产品"样机"，但是对于快速"样机"的进一步开发参见 5.3 节。相比软件设计，螺旋法在硬件开发中更加切合实际，让顾客有可以触摸到产品的感觉。采用螺旋法的设计过程的主要特点是：

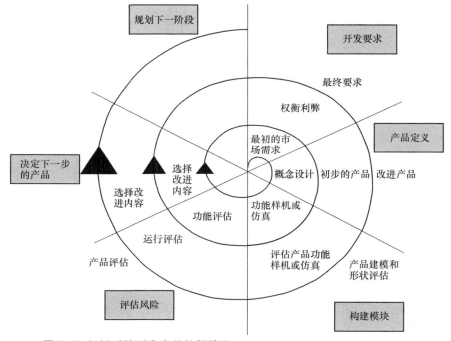

图 5.5 机械系统开发产品的螺旋法

1）迭代的方法使每一项任务，在每个周期里可以被重新审核一次。每一次的迭代都是再一次的改进和完善。

2）设计要求可以被重新评估。

3）产品样机和模拟仿真可以协同完成，提高了效率。

4）整个设计过程可以又快又好地实现。

5）在每个周期中都有一个明确的决策点。

6）每个周期都有目标、约束、替代品、风险、审查，然后再继续下一个周期。

7）每个层次都必须把风险防范作为关键考虑因素。

图 5.5 所示的螺旋法已经经过了修改，体现出了机械设计过程中的重要活动。螺旋法开始于"最初的市场需求"，进而到"功能样机和模拟仿真"，评估这些产品概念是否满足最初的市场需求，评估未来开发产品所产生的风险，这有助于确定下一步该怎么做。一旦了解了这些信息，螺旋法执行中，就可以进入下一个工作周期，也就是下一个层次。第二个层次的螺旋显示要求再次权衡样机的各种需求因素，并评估这些因素。同样，决定下一步该怎么做，并为下一阶段产品规划做好准备，循环反复地进行递进，直至产品设计完成。事实上，这种螺旋还有很多层次。在本章的后面将定义大部分在图 5.5 中所使用的术语。

近来比在软件开发中使用螺旋法更加有新意的方法是极限编程（Extreme Programming）。极限编程是建立在许多小的版本软件和集成测试基础之上的设计过程。它的作用原来在于客户网站上新代码的日常简单测试。这种方法源于早期的机械工程产品研发过程，这类产品需要被测试，失败、修复后再次尝试。例如早期飞机产品的开发，测试的飞机可能会在飞行时发生坠毁，设计团队将研究问题出现在哪里，然后进行修复，再让飞行员试飞。这样的设计过程变得很复杂，因为机械系统要想快速改变是比较困难的一件事。随着快速成形技术的诞生，这种快速变更技术又再次在机械设计过程中得到应用。但是这种极限编程技术的缺点是：你不知道本轮设计过程的目标是什么，你不知道你什么时候才能真正完成这次设计工作。在第 6 章中将详细讨论这个问题。

在本书中，我们选择瀑布法是有许多原因的。第一螺旋法或极限编程的方法更适合软件原型的开发，因为它和机械产品的开发不同，这个过程通常要求用更少的时间，即开发时间紧。第二，最好在采用螺旋法或极限编程进行设计前，就知道你要干什么。有时候产品的功能需求会随着设计的深入不断改变，但是改变过多，就要耽误设计周期，采用瀑布法就会权衡这两者之间的关系。这并不意味着不要在瀑布法中使用迭代法，因为迭代法是瀑布法所固有的。第三，已经存在的新技术最适于采用螺旋法的设计过程，也适用于市场拉动疲软和顾客需求要求非常明确的情况。虽然本书中介绍的这些方法有不同点和差异性，但是实际上许多项目可能应用的是组合方法来完成产品设计规划的，这些方法还包括线性的列表法、阶段法、瀑布法和螺旋法，以及极限编程法。

> 设计是一个重复迭代的过程。每次迭代就是一次更新和进步，反复迭代的必要次数一定多于你已经做到的次数。这句话什么时候说都是正确的。
>
> ——约翰 R. Page，工程的规则

5.3 规划的目的之一是提供可交付的开发信息

设计项目的进展是要通过成果来衡量的，这些成果包括图样、样机、物料清单(如零件清单)、分析结果、测试结果和该项目中产生的各种其他信息。这些可交付的成果还包括最终产品的所有形式。在产品开发过程中，许多产品是改进产品，所以提交的文件形式中有：分析计算模型的材料——可以是简单地写在一张纸片上的手工计算，也可以是复杂的计算机仿真计算；图样——可以是简单的草图，也可以是三视图形式的机械图样；模型——可以是 CAD 的模型，也可以是物理模型，即样机。

这些模型或样机就是产品设计信息。事实上，设计是一个进化过程，每次进化和演变都精确地体现了设计师的决策改变。每一个模型或样机不仅体现了我们已知的知识，更重要的是，我们在设计过程中一次次地把这些知识注入到产品的改进中。所以，提交可交付的设计信息非常重要，它有两个作用：一是具体化地描述最终的产品情况；二是通过可提交的信息，让相关的设计人员都能了解这些信息；所以设计过程中，了解设计开发信息的演变和进化是一件尤为重要的事。

5.3.1 物理模型——样机

产品的物理模型通常称为样机。在设计规划中我们应该考虑这些样机的特色和功能，换句话说就是：什么时候用什么形式的样机。我们要知道在不同的阶段使用不同形式的样机，同时选择什么介质和技术来生成这些样机。

生成样机主要有四种目的：验证概念、验证产品、验证过程、验证生产。这些条款通常仅适用于传统的物理样机；然而，现在随着技术的发展，CAD系统中的三维模型往往因为较少的成本和时间等优点，被人们用来替换传统的物理样机。

1) 验证概念或验证样机功能的重点是，通过将这些样机再次和原来的顾客需求、工程规范相比较，看看这些样机是否偏离了原来的设计初衷。生产这种样机的目的的是作为一种进一步认识产品作用的工具，所以，精确的几何形状、材料和制造过程通常并不太重要。因此验证概念、验证样机可以用纸张、木材、儿童玩具的零件，甚至捡来的东西来表达，只要方便表达产品就可以。

2) 验证产品的样机开发可以用来帮助改进最终产品的部件和组件。所以几何形状、材料和制造工艺是必要的。验证产品的样机最近采用 CAD 技术，常用的有快速样机或台式样机。利用立体光刻或其他方法来快速成形，在制作验证产品的样机时，这种技术大大地节省了时间和成本。

3) 验证设计过程的样机用于验证几何形状和制造过程两项内容。由于这样的样机是用来进行该产品功能测试的，所以，采用精确的材料和制造过程的样机才符合要求。

4）验证生产的样机用于验证整个生产过程。这个样机是预生产时精心制作的结果，这样制造的样机必须优于未来销售的实际产品。

类似《星际迷航》这样的科幻电视剧和电影中，有一种实物生产器，我们称之为"复制器"。只需使用语音命令，此"复制器"就可以生产粮食、武器和其他我们可以想像的任何东西。机械设计正朝着"复制器"方向发展，说到"快速成形系统"，设计师可以通过实体建模 CAD 系统的帮助，把自己设想的东西快速打印成型，也就是 3D 打印。当然也可以用铸造和可视造型等方式来获得顾客的反馈意见。在 20 世纪 80 年代和 90 年代，快速样机部件通常是由蜡、塑料或纤维素等材料制作的。到 2000 年，可以采用直接用金属零件来制作小批量生产的样机，并以它作为塑料模具来生产成千上万批量的塑料零件。一些快速样机生产系统使用激光切割和胶接薄层特种材料来制作样机，也可以使用激光固化液态树脂，把它固化在样机制作中需要固体材料的地方。有的快速成型系统也可以使用黏土来完成样机的制作。未来，这些快速成型系统可能在制作精度上能够达到原子层面精度级别，同时在一个元件中体现多种金属的多样性能。这个系统有可能像科幻小说那样可以在任何地点、任何时间实现这些功能。

5.3.2 图形化模型和 CAD

目前，一些公司通过计算机可以直接生成实体模型，而另外一些公司仍然依靠传统的图样或二维 CAD 软件包来生成实体模型。不论这些模型是如何制作的，对于设计师们来说，图形化的模型不仅是他们信息沟通的首选形式，也是设计过程中的一个必要的组成部分。具体来说有图样和物理模型，它们主要用于以下方面：

1）产品几何形状的设计文件存档。

2）设计师之间和制造人员之间对设计的多向沟通。

3）支持分析，在确定图样或开发模型时，确定未标注的尺寸和公差。

4）模拟产品的运行情况。

5）检查完整性。在绘制草图或其他图样后，设计细节在设计师眼里就变得显而易见了，实际上，这有助于建立一个未完成的设计工作的计划表。

6）充分利用设计师的短期记忆。设计师潜意识下画的图形也可能能解决问题，所以，设计师应该经常有意识地画下图形，并存储这些图形，否则他们可能事后忘记潜意识下形成的解决方案。

7）把草图和正式图样等拼凑起来，利用这种合成的方法，在设计上形成新的概念。

在设计过程中，会生成多种类型的图样。概念设计过程中使用的草图也是在不断演变的，最终会演变成具有充分细节、能用来支撑最终生产的最终图样。这种演变通常始于整个产品草图，通过产品的布局图我们可以了解各部件和零件的具体情况，随着设计过程的不断优化，这些文件还应该包含详细的细节信息和装配工艺。

现代 CAD 系统的实体样机建模发展很快，已经模糊了各类图样之间的区别。这些系统使设计在一个布局图中的细节和组件共同进化，一个地方改变时，同时会自动或提醒设计师对其他部分做对应的变更。此外，该系统使绘图标准自动化。虽然 CAD 系统功能很强大，但各种类型的手绘图样还是需要的，设计不能只采用计算机的图样信息。

随着图样一步一步地改进，伴随着改变的是产品的几何外观尺寸，以及不断完善的功能。有了图样，我们就可以知道产品的其他特性了。不同类型的图样在设计过程中具有不同的作用，这点我们将在下一步逐项介绍。

草图。绘制草图这种形式主要用于设计人员有新想法出现时，能及时画下来，把这种短期记忆的东西留在纸质上。随着各种零件、部件的形态和模式，以及装配的不断改进，工程图就会变得越来越正式了，这主要是便于存档，同时其他设计人员也要能看到图中的各种信息，便于沟通。所以，一个训练有素的设计工程师必须谙熟 CAD 设计软件，并有能力通过手绘图形来表达设计概念，就像是用草图能很好地表达设计意图一样。

布局图样。布局图样是指包含各个主要部件和组件以及它们之间的连接关系的图样。在图 5.6 中列举了这种图样的特点。

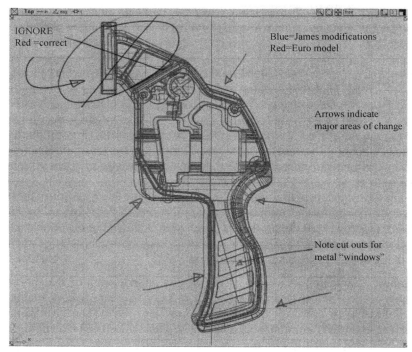

图 5.6 典型的布局图

1）布局图样是很重要工作图。在设计过程中工程师经常改进产品。因为这些变化很少记载，更改信息可能会丢失。保存这些更改记录可以很好地弥补这方面的信息损失。

2）设计图样是按比例绘制的。

3）只有重要的尺寸才会在布局图中标注出来。在第 10 章中，我们可以看到，通常情况下产品的大小是有限的，所以，设计人员在产品结构设计和部件的设计时都受到了约束，对于这种类型的限制，我们应该在布局图上标出限制尺寸来，这样能让其他设计人员有章可循。

4）在这种布局图样中，除非特别重要的公差尺寸，一般的公差通常不必标注出来。

5）在布局图上列出的文字说明是用来解释设计特点或产品功能的。

6）布局图样经常会过时。因为细节图样，如零件图和装配图改变了，布局图样就随之改变了，这样旧的布局图样就过时了。若利用 CAD 设计系统开发产品设计，这种布局图样仍是零件图和装配图的基础。

图 5.6 所示的布局图样是用 Solid 模型设计系统设计的，利用这个系统做的图样是可以不断改变的。这个系统的优点有：能够精确展示图形的重要几何尺寸、提供大量的零件图和装配图的图形图样模型，以便设计师选择。其缺点有：花费的时间长，一旦形成图样，最终的更改是费钱费力的，所以，在实际日常的工作中设计人员常常不愿意作这种更改。

零件图。当布局图设计好之后，就要进行零件图的设计了。零件图样也是要存档的，图 5.7 所示为典型的零件图。一般的零件图必须具备以下的要素：

1）所有尺寸都必须标注尺寸公差。在图 5.7 中，许多公差尺寸是按非标准公差尺寸来标注的。大多数公司对于重要的尺寸，都有自己的公差标准。在图中也标出了重要尺寸的上、下极限偏差。

2）必须明确和具体地标注材料和制造细节。特别工艺和处理方式必须清楚地说明。

3）绘图标准，如 ANSI Y14.5M—1994《尺寸和公差》，采用 DOD-STD-100（美国工程制图规范之一）。零件图的图样必须符合工程制图标准，或者公司的标准。

4）由于零件图样代表的是一个最终的设计结果，是产品设计和制造之间的依据，每张图样必须经管理层批准。因此，零件图中有一栏是制图标准要求的，即负责人签字栏。

5）布局图和装配图主要的工作是针对系统和子系统的，而零件图是针对每个单体的零件。

装配图样。装配图是用来显示这些组件和零件是如何连接在一起的。装配图有多种类型，它的图形与布局图类似，只是和布局图的作用有所不同。所以，有一些信息是不同的，如图 5.8 所示的装配图，其特点如下：

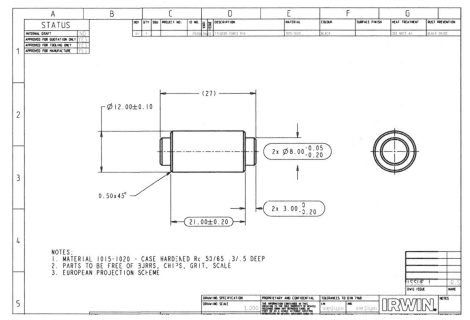

图 5.7 典型的零件图

1）每个零件都由一组唯一的数字或字母来表示，然后这些都会在"零部件物料清单（BOM）"中列出。一些公司把自己的物料清单汇总到总装配图上，其他具体信息和数据将保存在不同的文件中。（物料清单的内容在 9.2 节中讨论）

2）可以参考其他图样和其他特定的装配指南来获得所需的信息。

3）在主装配图上看不到的必要信息，也可以在其他图样和文件上找到相关的内容和要求。

4）和零件图一样，每张装配图样都有责任人的签名栏。

现代 CAD 系统的图形模型。正如本节中所提到的，在现代 Solid 建模 CAD 系统中，布

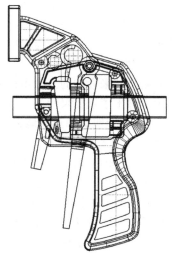

图 5.8 典型的装配图

局图、零件图和装配图样三者的区分不是那么清晰的，换句话说就是没有像我们书中介绍的区分度那么大。这些系统帮助设计师绘制出了 Solid 的部件和组件模型，这些部件和组件模型又能够半自动地帮助设计师们制作零件图和装配

图。所以，在这些系统中，部件和组件的布局图、装配图和零件图之间有一个很好的契合，更重要的是它们能够同时进化，也就是说，当一个图发生改变，其他图也会按照系统的指令进行相应的改变。这大大节省了手工改动的工作量，也不会出现一个图样改了而其他图相应的地方忘记改动的现象了，但在设计过程中这是一把典型的双刃剑，积极的一面是：

1）Solid 模型能快速表达概念设计的内容，并且能看到各个组件是如何装配和运作的，这类工作可以不需要其他物理模型就能够解决问题。

2）Solid 建模系统的使用提高了设计过程的正确度，由于功能、尺寸和公差的设计和记录会生成一次，其他的图样都会直接复制这些数据，客观上减少了可能出现的人工复制的错误。

3）组件之间的接口配合精度高，开发的组件由于共享相同的功能、尺寸和公差，确保了各组件的配合有很高的契合度。

4）零件图和装配图样制作属于半自动化，大大减少了专业设计人员的工作量。

5）拥有以下文件制作功能：使用快速成型方法制造样机、自动生成制造和装配文件、自动提供销售和售后服务的各种图表，以及其他产品全寿命周期所需的其他文件。

但是，Solid 工具也有以下缺点：

1）在工程设计中会产生一种放弃绘制草图的倾向。草图是一种非常简便的方法，而且能够承载大量的各种信息。如果用 Solid 工具绘图来体现设计思想和创意，所需的时间远远大于画草图的时间。在开发设计过程中使用 Solid，意味着新创意的数量可能会大大减少。

2）Solid 建模系统通常需要完成细节问题，即便对草图这样级别的图样，都需要交代必要的完整细节。如果在概念设计阶段就在细节上花费太多的时间，意味着，一旦做好了模型，即便不够理想，设计人员也不愿意放弃，因为已经在这上面花费了太多的时间了。

3）通常情况下，宝贵的设计时间常常花在了应用这个软件上，学习 Solid 建模系统需要一定的时间，而使用这个程序更是一个耗费时间的过程，真正花在创意设计上的时间也就大大减少。

4）许多 Solid 建模系统需要对部件和组件做提前规划。所以这个系统更像是一个自动绘图系统，而不是辅助设计系统。

在表 5.1 中（第 5.3.4 节）列出了在机械设计中使用不同类型的建模方式之间的对比。Solid 建模和快速成型工具不仅仅有机地把布局图、零件图、装配图样组合在一起，而且还能实现概念设计的验证、产品验证、生产样机的验证。这一技术大大方便了设计人员，使得产品设计在很短的时间内就可以完成，进而在较短的时间内生产出更多的产品。

5.3.3　分析模型

通常我们把分析模型做出的结论和实际情况的接近程度称为该分析模型的保真度或精确度。所以，保真度也被看成是模型或仿真系统对真实物体情况和行为的描述究竟有多到位、有多准确的一种指标。例如，直到 17 世纪，军队对其火炮的弹道轨迹的描述是一个直线，然后有一个弧度，最后是直线下降到地面的，如图 5.9 中的直线图线所示。这种描述的保真度是很低的。当然，在 15 世纪中叶，达·芬奇就已经知道这样的弹道模拟分析模型是错的，他认为弹道是抛物线的，也做了一个更精确一点的计算模型来表述，即便这样，他还是没有给出正确的数学方程式来表述弹道的抛物线情况，并以此来证实他自己的结论。不过他的分析模型已经比先前的那些分析模型精确度高多了。后来，伽利略做出了这个抛物线模型，这个分析模型比达·芬奇的模型更加精确。再后来，牛顿又完善了这个分析模型。现在的弹道分析模型已经增加了空气动力学和高阶动力学的干扰因素，这意味着分析模型的保真度和精确度更加接近实际，精度更高了。

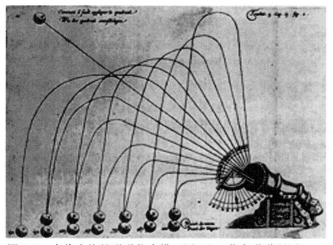

图 5.9　古代火炮的弹道仿真模型图（达·芬奇弹道预测）

通常我们说到"粗略计算"就是说某个模型的保真度低，总希望通过详细的模拟仿真模型来达到很高的高保真（它取决于输入信息的准确性）。专家们通过模拟分析来预测产品的性能和成本。在项目的早期阶段，这些模拟分析的保真度通常是较低的，诚然，其中有些定性的分析除外，它的结果可能真实度很高。

提高保真度和精确性，需要不断完善项目和增加成本，确实知道的越多，预测的精确性也越高，但有时这是不必要的，是一种浪费。因为有可能我们所评估的候选产品的项目就是一个"垃圾",根本不值得推向市场。对于这样的项目,我们不必去提高精度,不必去进一步降低分析结果的不确定性,我们将在第 10 章中讨论更多关于分析模型的话题。

5.3.4 选择最佳的模型和样机

表 5.1 中列出了开发产品过程中可能产生的多种类型的模型和样机,它是按用于构建模型和设计过程中所用的手段和方法列出的。靠右边的两列,一列是指有些公司还在应用传统的制图方式表达,有些公司完全使用 CAD 制图。

开发模型和样机的时候,应该考虑其商业性。一方面,它能帮助我们验证产品是否符合条件;反过来说,这些制作也是花钱、花精力的。当然,产品规格说明书(理想)和样机(现实)之间是有差距的,这种方式可以缩小差距。通常,小公司倾向于开发物理模型,通过对一个个模型的改进,达到产品规格。而大公司依靠大量的信息支持系统,倾向于通过 CAD 和分析工具,只需要制作少量的物理模型,就能达到产品规格。

在制订任务书的过程中要做一个重要决定,即在设计过程中要制作多少模型和样机。近年来有一个很明显的动向,就是要用计算机模型来取代物理样机,因为计算机模拟比较便宜,而且速度快。由于虚拟现实和快速样机技术的进一步开发,这个趋向越来越强。不过,日本丰田(Toyota)公司已经放弃了这个技术,而赞同和支持发展物理模型,尤其是要考虑视觉美学的那些零件的设计方面(例如汽车车体)。实际上,丰田公司主张采用许多简单的样机,这比起依靠大量的计算机来,可以用很少的人和很少的时间开发出汽车。表 5.1 中各种样机的数量要由公司的理念和能快速做出有用样机的能力来决定。通用公司在用 X 光管设计开发新型的 CT 扫描仪时也做了大量的分析模型,但是说到验证概念设计的物理模型的制作,还要由各个公司的设计习惯和快速成型样机的能力来决定。

表 5.1 模型的类型

阶段	手段和方法			
	物理的(形状和功能)	分析的(主要是功能)	制图的(主要是形式)	CAD 制图的(形状和功能)
概念设计	验证概念的样机	外围及背景分析	示意草图	手工草图和 Solid 模型
↓	验证产品的样机	工程科学分析	总体布置图	↓
最终产品	验证工艺过程的样机	有限元分析		
	验证生产的样机	细节模拟	零件图和装配图	Solid 模型

最后，要根据时间要求和已掌握的信息做模型计划。一个公司在其开发计划中有四个物理样机系列。但当第一个样机（P1）正在进行测试时，工程师们转而设计第二个样机（P2）；进一步，当第二个样机（P2）在进行测试时，他们又开始开发第三个样机（P3），当第三个样机（P3）进行测试时，他们开始开发第四个样机（P4）。这样，从 P1 学习到的东西将影响 P3，而不是 P2，从 P2 学习到的东西只影响 P4。由于在计划阶段开发的进程表上时间安排太紧，这就造成了时间和金钱的浪费。工程师们按进程表开发样机，但是，由于围绕信息开发的任务是没有计划的，他们就没有学到他们应该学到的那么多东西。他们是按照样机进程表进行的，而不是按应该得到信息的进程表进行的。

5.4　制订项目规划

项目规划是在设计过程中完成任务所必需的文件。对于每一项任务，规划说明了现实情况、个人需求、时间要求和有关的其他任务、项目和程序，有时还有成本估算。一般来说，项目规划是用来保证项目受到控制的文件。它帮助设计团队和管理部门了解当这个规划最初建立或最后完成时，相对于预期的进程项目是如何真实地进行的。有 5 个步骤来建立一个规划。图 5.10 所示的模板可以用来帮助进行项目规划，另外，通过美国汽车工程师学会（SAE）举办的学生汽车大赛中 Baja 汽车项目规划设计的例子，如图 5.16 所示，我们也可以了解到一些相关的信息。

5.4.1　步骤一：确认任务

当一个设计团队了解了一个设计问题时，则这个问题从现状到最终产品的任务要求就变得更加清楚。任务通常是按最初想到的需要而安排进行的活动（如"产生概念"或图 4.5～图 4.10 中的其他术语）。任务应该尽可能有特色。在一些工业中，需要完成的明确任务从项目一开始就很清楚。例如，设计一辆新汽车的任务，类似于要求设计一个模型。汽车工业有这样的优点：可以一张表达清楚的图为要求，作为完成一项新设计任务的开始。当然，如果是设计一个全新的产品，一张表可能无法说明设计目的，还需要其他各种辅助的说明文件。

> 如果一个任务只是停应该完成的工作，在时间很紧的情况下，人们往往就应付了事了。

Project Planning 项目规划		
设计单位：俄勒冈州立大学 Baja 汽车设计团队		时间：2007，10，02
建议的项目名称：Killer Beaver		

任务6	任务：汽车发动机舱的布局预设计	
	目标：建立发动机舱的 Solid 模型 有限元分析 从人机工程学角度分析发动机舱的装配和维修	
	提交的主要文件：CAD Solid 模型 基于静力学和疲劳分析的薄弱点的有限元分析结论 发动机和其他部件装配的仿真 常规维护的仿真	
	重要决策点： 决策点1：选择发动机舱的结构 决策点2：最终定型设计	
	人员需求情况： 职务：学生　　时间：75h　　时间花费占比：20% 职务：　　时间：　　时间花费占比：	
	耗时预计：总时间：75h　　全程历时（单位）：3 周	
	工作次序：该设计的上一项工作：任务4，赛车防滚架的预设计 该设计的下一项工作：任务7，发动机舱的最终设计 开始日期：10月12日　　完成日期：11月2日	
	成本：固定设备	可处理废弃物：

团队人员：James	准备人员：James
团队人员：Tim	审核人员：Pat
团队人员：Pat	批准人员：
团队人员：	

机械设计过程 Copyright 2008，McGraw-Hill	由大卫 G. 乌尔曼教授设计 Form # 10. 0

图 5.10　项目规划表示例

5.4.2　步骤二：明确每项任务的目标

　　每项任务必须要用清楚、明确的目标说明其特色。这个目标是取得一些现有产品的信息（输入），并且通过一些活动，把它加工成输出信息，传给其他任务。尽管任务最初往往被设想为要进行的活动，但实际上，任务需要被重新加工，以使活动的结果是所要达到的目标。虽然输出的信息只能在现有的对设计问题的理解基础上细化、再加工，但每个任务的目标必须是：

1）确定待加工或开发并要与其他人交流的信息，而不是有待进行的活动。这个信息包含在可提供的东西中，诸如完整的图样、建立的样机、计算的结果、收集到的信息或者所做的测试。如果可提供的内容不能详细列出，那么目标就不清楚，于是当花费时间时，只知道在做事而已。

2）有关的设计问题必须明确决策意见，同时也明确都是哪些人参与了这些决策。

3）容易被设计团队里所有的人所理解。

4）要用准确的术语表征出将要开发出产品的信息，如果需要设计概念，须告知多少才算充分。

5）可能的话，给出人员、设备和可用的时间，见步骤 3。

5.4.3　步骤 3：预估要达到目标所需的人员、时间和其他资源

对于每一项任务，有必要确认设计团队中谁负责达到目标、他们所需的工作时间，以及什么时候需要他们。在大公司里，可以只说明工作人员在该项目中的职务，因为这里是人员的集体，他们中的任何一人都可以执行所给的任务。在小公司或公司的集团组织里，就要确定单个人员的任务。

许多任务需要设定一个全时合同（满额工作不允许兼职）的职位；另一些职位只需要在较长时间段里每周工作数小时。对于每项任务中的每一个人而言，必须不仅对花费的总时间作出预估，而且还要对时间的分配作出预估。最后，必须预估完成任务的总时间。表 5.2 给出了一些指南，指出一项设计任务需要多少努力以及需要多长时间（给出的数值仅作为参考，允许有很大的变化）。

类似的说明可用于完成任务所需的其他资源方面，特别适用于模拟、测试以及样机制作。这些资源和人员是指完成任务所需的。

注意表 5.2 中不包含少于一周的所用时间预估。设计需要的时间通常是原预估时间的两倍，特别是当采用新技术时。一些悲观者评价，在对所需时间作出最佳统计后，数值应加倍，单位应加一级，例如，预估时间为一天，而实际时间应该增加到两星期。

表 5.2　用于设计的时间

任务	人员/时间
设计零件和装配件。所有设计工作是常规的，或只要对现有产品做简单的修改	一个设计人员，一个星期
设计独立的装置，例如机械玩具、锁、尺子或复杂的单个部件。大部分设计工作是常规的或要求有限的原创性设计	一个设计人员，一个月
设计整台机器和机械工具。工作内容主要是常规的，带有一些原创性设计	两个设计人员，四个月
高性能产品的设计，可能用到新的（认可了的）技术。工作包含一些原创性设计，也许需要大量的分析和测试	五个设计人员，八个月

是否可以更加准确地估计出一项任务所需的总时间，依赖于产品功能的复杂程度。其原理是功能越复杂，则产品越复杂，因而产品设计所需的时间越长。产品功能开发是概念产生的关键，其详细内容见第 7 章。因此，为了用这个方法预估时间，必须对产品的功能有一定了解。在概念设计阶段的最后图框为"改进计划"，反映出计划对所开发的概念的依赖性。

一个项目所需的总时间（时间的单位为 h）可按下式预估：

$$时间 = A * PC * D^{0.85}$$

式中 A——建立在公司过去项目基础上的一个常数，这个常数取决于公司的大小及其在各种功能之间信息交流得好坏；典型的是：$A = 30$ 用于一个信息交流好的小公司，$A = 150$ 用于交流一般的大公司，我们知道有些大公司具有 5 倍以上的时间值。

PC——以功能为基础的产品复杂度（前已简短讨论）；

D——项目难度，$D = 1$，不太难（用熟知的技术）；$D = 2$，困难（用一些新技术）；$D = 3$，特别困难（用许多新技术）。

> **每件事情都要用两倍的预估时间，都要留出余地，不然就容易失控。**

产品的复杂程度是以产品功能为基础的。图 5.11 所示为一个典型的功能图，在第 7 章中将详细介绍相关的图表。

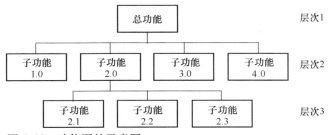

图 5.11 功能图的示意图

产品的复杂度用下式预估：

$$PC = \sum j * F_j$$

式中 j——功能框图中的层次；

F_j——功能在该层次中的编号。

根据图 5.11 所示的功能图举例，第一层功能数为 1，第二层功能数为 4，第三层功能数为 3。

$$PC = 1 \times 1 + 2 \times 4 + 3 \times 3 = 18$$

例如，某个小公司 A 值为 30；项目难度系数 D 为 2，项目复杂度 PC 为

18。评估后时间为 973h，2 个设计人员工作 3 个月。这一方法已在一个单独的公司证明是相当准确的，该公司对 A 值作过校准，且用同一功能的模型。本章后列出了应用这些公式的实例。

时间的预估非常困难并可能有误。因此，推荐建立在三个估计基础上的时间计算方法，即乐观估算 o、最大可能预估 m 和悲观预估 p。根据这三项作出的任务时间的最佳统计计算公式为

$$时间预估 = \frac{o+4m+p}{6}$$

上式用来作为 PRET 方法（程序化估值和复查技术）的一部分。具体请看第 5.8 节对 PRET 的详细介绍。

最后，请注意设计过程各阶段的时间分配，一般分配如下：

项目计划：3%～5%

制订任务书：10%～15%

概念设计：15%～35%

产品开发：50%～70%

产品支持：5%～10%

以上数值是以真实项目的研究为基础的。每一阶段的确切数值主要依赖于产品的类型、初始设计工作的总量以及公司设计过程的组织。

5.4.4　步骤四：为任务制订程序

做计划的下一步是制订一个任务程序。做任务进程表可能是比较复杂的。此程序的目的是使每项任务都在需要结果之前就已经完成。同时，利用了所有的人员和时间。此外，有必要做一个设计复查表，或者其他的审批形式，使项目进行下去。任务和它们的顺序通常被称为工作分解结构。

对于每项任务来说很重要的一点是：要确认任务的先行者，即那些在这个任务之前就必须先做完的任务；确认任务的后继者，即那些只能在这个任务完成后才能做的任务。通过清楚地确认这个信息，任务的顺序才能确定。一个称作 CPM（Critical Path Method，关键路径法）的方法能帮助确定任务的最有效执行顺序。CPM 没有包含在本书中，请参考其他文献。

各种任务通常是相互依赖的，两个任务需要互相以圆满完成为目标来进行。因此，要探究清楚任务是如何从来自先行者的不完全信息开始的，以及任务能给后继者提供什么样的不完全信息是很重要的。

开发一个简单的项目进程表的最好途径是用柱状图作进程一览，如图 5.12 所示。这种类型的图常被称作进程图或者甘特（Gantt）图。图中：①对应于时间标尺标出每项任务（时间单位是周、月或季度）；②每一时间段中，标出总的人员需求；③标出设计回顾一览。如图 5.12 所示的甘特图也可以像

图 5.16 所示的用微软公司的 Project 软件来呈现。

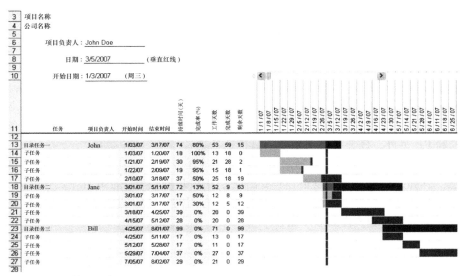

图 5.12 甘特图示例

开发任务顺序时要注意各任务之间的依赖性。步骤 1 强调根据任务所需要的信息和该任务产生的信息。如果一组任务是简单的相互连接，则一个任务产生的信息正是下一个任务的需求，那么这两个任务就是顺序的。如果有两个或更多的任务必须在同一时间完成以便为以后的任务提供信息，那么它们就是并行的。有两种类型的并行任务：不耦合的和耦合的。

> 项目计划的实质就是一个分解工作的过程和结构，没有分解，就只能是一团乱麻，互相交错，互相影响，不可能有进展。分解之后，所有的工作节点、负责人等都清晰了，项目才能顺利进行。
>
> ——摘自《工程法则》John R. Page

例如，在火星探测车 MER 的设计过程中，原先确定使用相同类型的发动机和减速齿轮作为探测车的动力系统。因此，操控系统和传动系统的任务是紧密结合的。换句话说，设计师们要在同一时间内设计和开发出能同时完成多项互相联系的任务的系统，例如，在同一时间内开发操控系统和传动系统中的惯性测量单元(IMU)、电暖箱(WEB)和许多其他的系统(参见图 2.7)。

这三个任务顺序类型能在一个设计结构方阵(Design Structure Matrix, DSM)中看到。如图 5.13 所示为一个简单的帮助排列任务顺序的框图，其中，DSM 是开发一个新的自行车座位的任务的子集，每个任务被安排在一行，并给出一个字母名。这些字母名也按同样次序作为各列的名字出现。为了开发一个 DSM，需要在同一时间内先后要完成一些任务。在任务行中，沿对角线写上字母名以方便阅读，在每个要依靠的其他任务写上一个 X。

　　任务 A 是不依靠其他任务的，所以在第一行中没有 X。生成概念的任务 B 需要任务 A 开发出的任务书，在顺序上紧接其后。同样，任务 C 随任务 A 之后但不依靠任务 B。于是，就可以并行于任务 B 来做任务 C，但和 B 不偶合。任务 D 依靠任务 B 和任务 C。任务 E、F 和 G 是耦合的，可从方阵右下角的 X 明显看出。任务 E 依靠任务 F 和 G；任务 F 依靠任务 E 和 G；任务 G 依靠任务 E 和 F；另外，任务 E 和 F 还依靠其他任务。

　　根据图 5.13 可以很容易读出一列中哪些任务依赖于其他任务开发出的信息。例如，根据 B 列可以很容易看出任务 D 和 E 依赖于任务 B 开发的信息。

　　当任务的次序不明显时，DSM 是非常有用的。初始的任务序列能够重新整理成为可管理式样的顺序流程。

		A	B	C	D	E	F	G
产生任务书	A	A						
生成两个概念	B	×	B					
开发测试计划	C	×		C				
测试概念	D		×	×	D			
设计生产零件	E	×	×		×	E	×	×
设计塑料注塑零件	F	×				×	F	×
设计装配工具	G					×	×	G

图 5.13　设计结构方阵

5.4.5　步骤五：产品开发成本预算

　　这里编制的计划文件也能用作预估设计新产品成本的基础。尽管设计成本仅仅是产品制造成本的 5%（图 1.2），但它们不是无足轻重的。

　　这里需要的成本估算是针对设计项目的，而不是针对产品。产品成本估算在第 11 章中介绍。大部分项目预算主要是薪金。设计项目成本估算的一些基本准则如下：

　　1）一般工程师的薪金是 5～10 万美元每年，或假设每年 2000 工作小时，每小时 25～50 美元。然而，项目的成本不仅仅是工资，所有其他费用都是公司必须负担的，这里包括楼宇成本、公用设施、技术支持人员和通用设备。这部分的费用在工业界到政府实验室，比例从 100%～300% 不等。因此，在一个常规的工业企业中，每小时工程的费用至少要 50 美元，而政府实验室的资深工程师的费用是每小时 200 美元。

　　2）大多数机械设计项目都需要物理样机和测试设施，这些都需要费用。

每个机构都有相关的成本核算。不同的公司可能会按照自身的财务原则来记录这些费用。我们还要把 CAD 的开发费用、模拟仿真费用、会议开销等产品寿命周期中所发生的费用都计算在内。

3）对于大部分的项目来说，出差是必须的，如和异地的设计人员的讨论、和供货商和销售商的沟通等，所以，差旅费也必须计算在项目预算中。

5.5 设计方案实例

5.5.1 一个非常简单的计划

现在，我们来看两个简单的问题，不同的问题需要不同的设计流程。再来看第 1 章的问题（图 1.9）。

选择多大尺寸的 SAE（标准）5 级螺栓可以将两块 1045 钢板连接在一起？其中每块钢板的厚度是 4mm、宽度是 6cm 的两块钢板搭接在一起，载荷为 100N。

设计一个连接，将两块厚 4mm、宽 6cm 的 1045 钢板相互搭接起来，载荷为 100N。

第一个连接件设计问题的解决方案非常简单，如图 5.14 所示。它有完整的规定，是很容易理解的问题。由于问题的描述实际上已经规定了产品，因此不需要再去产生及评估一些概念设计或进行产品设计，因为它已经存在。在本设计问题中真正需要做的是评估产品。评估可以利用机械部件设计的标准方程，或使用公司标准或行业标准来完成。在一个组件设计的文本中，我们会发现一些不同故障模式的分析方法，如螺栓会剪断钢板会压碎等。完成分析后，再决定哪种故障模式是最关键的，然后确定不会产生故障的最小尺寸的螺栓。这个决策，将作为评估的一部分内容，应记录在案，作为这个问题的答案。在教学情景中，你会经过一个"设计评审"，就是参照一个"正确"答案，对你的答案进行评级。

真正的设计问题很少只有一个正确的答案。事实上，真正的设计结果会与图 5.14 所示的设计过程的结果产生相当大的偏差。举个例子：一位经验

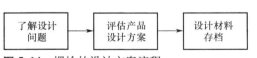

图 5.14 螺栓的设计方案流程

丰富的设计工程师在一家对于他来说是新的行业的机器制造公司，开始一份新的工作。他负责的首批项目，包括设计一个类似螺栓分析问题的连接件的子问题。他依循图 5.14 所示的流程，并在整个产品的装配图上记录了他的研究结果。他的分析显示出，一个直径 1/4in 的螺栓能够承载具有相当大安全因数的负荷。然而，作为此行业中经验丰富的设计师的经理在看过图样

后，划掉了 1/4-in 螺栓，换成了 1/2-in 螺栓。他解释说，这是一个不成文的公司标准，根据多年的经验，他们从来不使用直径小于 1/2-in 的螺栓。制定这个标准的原因工作人员在该公司设备所处的肮脏环境中看不到任何比 1/2-in 小的螺栓。在随后所有的产品设计中，设计师们不再进行任何分析而指明要用 1/2-in 螺栓。

第二个连接件的设计问题比较复杂一些，如图 5.15 所示。产品可用来固定薄片之间的连接，典型的选择包括使用螺栓、焊接拼在一起、用粘结剂或折叠使之连接。你可能对每个选项进行分析，但这将是徒劳无功的，因为分析结果仍然无法提供明确的方式以确定哪种设计可能是最好的。显然，对连接件的要求不够明确。事实上，如果要求很明确，则之前的概念可能都不符合要求。

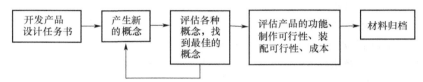

图 5.15　更复杂一些的螺栓设计过程

因此，解决这个问题的第一个步骤是规范连接件的规格。这里有各种问题需要解决：如连接件是否需要很容易地拆卸或防漏，是否需要小于某种厚度，是否需要加热。清楚了解了所有的规格后，就可能产生一些概念(也许是之前想到的，也许是未曾想到过的)，继而评估这些概念，并将候选的设计方案控制在一到两个。因此，在对所有的接头设计进行分析(即产品评估)之前，就已经可能把潜在的概念缩小至一到两个。根据这个逻辑，可以依照图 5.15 的流程进行设计，它和图 4.1 所示的流程很相似。这里解决的是个老问题，以至于开发的概念都充分体现在产品里面了。"焊接"是一个相当好的概念，只是缺少了诸如材料、焊缝深度、焊脚长度和其他一些需要焊接设计专业知识的细节。但是，如果要求的不是通用的连接件，那么产生的概念可能更抽象，设计人员考虑的方法更加漫无边际，这会产生更多种产品设计方案。

5.5.2　单件或小批量生产的新产品开发

许多产品只生产一批或最多几批。这类产品的生产计划与大规模生产的产品的生产计划有所不同。具体而言，小批量生产可供选择的制造方法比较少。有些方法，如金属锻造、注塑成型和制造定制的电路控制器等，需要靠大批量生产来分摊模具成本。这限制了需要设计的部件的类型。通常，第一次生产出来的产品既是原型，也是交付给客户的最终产品。很多情况下企业通过购买现成部件来替代生产这类短期产品，毕竟现成产品作为部件的装配时间也比大规模生产产品作为部件的时间要少得多。

图 5.16 所示为 2007 年美国俄勒冈州立大学的美国汽车工程师学会 Baja 汽车项目的计划。这个团队在他们参加过的比赛中都进入了前 10 名。这个计划是用微软 ProjectTM 做出来的，它显示了秋季学期六周内的主要任务。需要注意的是有些任务比计划提前完成了，而有些任务却未完成。请记住，计划就是一个用来指引工作和交付结果的规划，现实中很少会准确地按计划进行，根据他们往年经验做计划的团队也不例外。

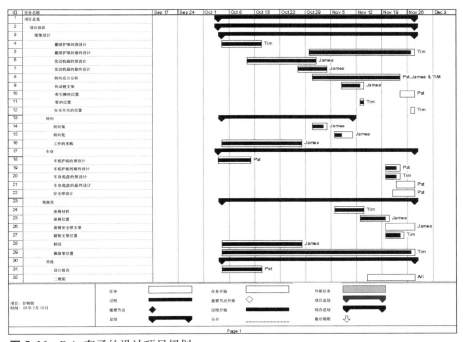

图 5.16　Baja 车子的设计项目规划

5.5.3　批量生产的新产品开发

新产品规划的范围可以从非常简单的到几乎不可能成功设计的产品。考虑这两个例子：一家玩具制造商要开发一款与该公司目前生产的玩具类似的新玩具（例如，在外形或功能上稍作修改的新的动漫人物和玩具汽车）。因此，产品开发计划与先前设计过的玩具类似。而另一家公司刚刚开发出一项新技术但从未生产过类似的产品。例如，当第一次生产 iPod 的时候，苹果的规划中包括了许多非常不确定的任务。在这种情况下，制订新产品计划的能力比玩具制造商更富有挑战性。

> 如果你不工作，制订再好再多的工作计划都是无用的。

设计大规模生产的产品，需要对生产和装配进行详细规划。这些项目给予了设计工程师在选材和制造工艺方面更多的灵活性，并提高了设计项目对制造工程师的依赖度。

5.6　设计过程中的沟通

在适当的时候传递正确的信息给适当的人，是一个成功设计项目的主要特点和产品寿命周期管理（PLM）存在的重要原因之一。所有的沟通都由非正式的、面对面的讨论或者在纸片上涂涂写写开始。工程设计中似是而非的论断是从这些非正式的沟通中产生的。首先，如果想要信息共享，并取得进展，这些沟通是必要的，必须是非正式的。其次，在大多数情况下，沟通的信息是不会被记录下来以供将来使用的。换句话说，用来达到很多决策的信息和参数是没有永久记录的，而且可能丢失或容易被曲解。

因此，将重要的讨论和决定记录下来是很重要的。正式沟通一般是指设计笔记、设计记录、向管理层的汇报，以及把最终设计传达到下面的沟通。

5.6.1　设计笔记本和记录

本书中讨论的每种技术都会形成文件成为产品设计文件的一部分。公司保存这样的文件作为产品开发的记录，以备将来参考，诸如申请专利时用以证明原创性，或在遇到诉讼的情况下用以展示专业的设计程序。然而，一项设计的完整记录并不仅限于这些正式文件。

解决任何设计问题，都有必要在设计笔记本上记录构想和所做出的决定。有些公司规定要这么做，并出于法律角度考虑要求在每项记录上签字并注明日期。在专利申请或侵权行为诉讼的情况下，就必须要有一套设计概念的诞生和发展的完整的记录文件。一个带有序号、签名和日期的设计笔记本就是一份好文档，它可以作为最有利的设计的凭据而帮一个设计师或一家公司在因使用其产品引起伤害招致诉讼时赢得官司。设计笔记还可以做为设计师本身工作的备忘录。即使是一个简单的设计，设计师们过后也常常想不起来当初他们为什么做出了某种决定。还有种情况也不少见，那就是，某位工程师想出了一个不错的想法，却发现它在早些时候的笔记里已经出现过了。

设计笔记本是一本设计日记。它不必很整洁，但应该包含该项设计的所有草图、笔记和计算过程。着手解决一项设计问题之前，最好准备一本分界式笔记本，一页是线形纸，另一页是图形纸。首先写下你的姓名、公司名称和设计标题，然后记下已知问题的陈述，给每一页编号，署名及注明日期。如果测试记录、计算机读数以及其他信息太多而无法剪切并粘贴到设计笔记本上，应进行注解，说明它是什么文件、存在什么地方。

有人试图利用计算机记录设计想法，但是计算机系统仍然很难处理草图和笔记，而且在法庭上也不具备很有效的说服力。

设计过程中的每一步骤都会产生更多正式的设计记录。本书引用了 20 多个模板来讲述有关的记录，内含的信息已经集成到 PLM 系统去管理。

5.6.2 与管理层沟通的文件

在设计过程中，设计人员会定期向经理、客户和团队的其他成员作介绍，这通常称为设计研讨会，并在图 5.1 中显示为"批准计划"的决策点。虽然设计研讨会目前还没有固定的形式，他们通常需要书面和口头沟通。无论是何种形式，下述指引对会前的材料准备还是很有帮助的。

让听众明了：清晰的沟通是信息发送者的责任。重要的是在解释一个概念时，你能清楚地把握关于正在讨论的概念和技术，哪些内容是听众已知的，哪些内容是他们未知的。

仔细考虑介绍的顺序：如何向一个从未见过自行车的人描述自行车呢？是先形容车轮，然后车架、车把、齿轮，最后整个装配吗？大概不会，因为这个听众根本不会明白所有这些部位是如何结合在一起的。有个三步骤的方法最好：①介绍整个概念或组装，并解释其整体功能；②描述主要部件，介绍它们的功能，以及在整体中所起的作用；③先描述零件，最后再说整体情况。这个方法同样适用于描述一个项目的进展情况，先介绍整个大概念，然后介绍关键的细节，最后再次勾画一次整个画面。这一方式的结果是：新的想法必须逐步展现出来，先从听众已知的着手，再向着未知的方面伸展。总之，不要使用术语或观众不熟悉的条款。如对一个概念或缩写有疑问，就给它下个定义。

要有充分的准备：提出一个观点和使任何会议能够圆满结束的最好的办法就是要准备充分。这意味着，①具有良好的视觉辅助工具和书面材料；②要有议程；③对所介绍内容以外的问题要有准备。

良好的视觉辅助工具包括为传达一个明确的论点而专门准备的示意图和草图。如果与会者熟悉设计，那么可能有机械图样就可以了，但如果有不熟悉产品的非工程师出身的人员出席，那么机械图样的沟通作用就很有限了。每次会议最好有份书面的议程，如果没有议程，会议往往失去焦点。如果有具体议题需要提出、有问题需要回答的话，这份议程会确保他们不被遗漏。

5.6.3 最终设计的沟通文件

体现一项设计成果最明显的文档就是介绍最终设计的材料了，包括直至产品制造所需的计算机模型、各个零部件(带详图)和组件的图样(或计算机数据文件),也包括用以指导生产,装配、检验、安装、维护和质量控制的书面文件。这些问题将在第 9、12 章中涵盖。

通常情况下,要有一份设计报告。可以参考以下的格式。

(1)扉页　设计项目的标题位于中心,具体包括以下内容。

a. 日期。

b. 课程/部门。

c. 设计负责人。

d. 设计组成员。

(2)内容提要

a. 撰写内容提要的目的是提供关键信息,让读者阅读这份报告时,有一个连贯性的预期。一份好提要的关键是第一句话,它必须包括你想要传达的最重要的信息。

b. 写提要时,应假设内容提要的读者对你的项目一无所知,而且并不会去看报告的具体内容。

c. 它必须包括项目、过程和结果的简短描述。

d. 提要以不超过一页,图表尽量以一项为宜。

(3)目录　包括章节标题和页码。

(4)设计问题和目标　对问题和预期目标提出一个清晰、简明的定义,列出设计上的局限和成本的影响。

a. 提供适当的项目背景,以便读者了解。

b. 项目的终极目标应以一系列工程技术规格来表示。

(5)详细的设计文件　应显示有关设计的所有因素,包括对以下问题进行解释:

a. 所作的假设,一定要证明你的设计决策。

b. 系统的功能。

c. 满足工程技术规格的能力。

d. 开发的原型及其比照工程技术规格的测试及结果。

e. 成本分析。

f. 采用的制造过程。

g. DFX 结果[DFX 是 Design for X(面向产品寿命周期各/某环节的设计)的缩写。其中,X 可以代表产品寿命周期或其中某一环节,如装配(M—制造,T—测试)、加工、使用、维修、回收、报废等,也可以代表产品竞争力或决定产品竞争力的因素,如质量、成本(C)、时间等]。

h. 考虑的人为因素。

i. 所有的图表、图形和表格应准确,清楚地标上有意义的名称和(或)标题。如果有大量的计算机生成的数据，最好把它放在附录中，并在报告中加注解释。报告中的每个数字都必须有文字的解释。

（6）**你构建和测试的系统的所有实验室测试计划和结果**　对测试计划进行叙述性描述，利用表格、图表和任何可能的工具来显示你的结果，还应描述你计划如何测试最终的系统，以及为方便测试而设置的功能。这部分构成了你的设计的性能规格的书面记录。

（7）**材料清单**　零件成本只包括那些在最终设计中使用的零件。如果可能的话，一份详细的材料清单应包括制造商、零件编号、品名、供货商、数量和成本价。

（8）**甘特图**　完整显示要执行的主要任务、时间表和完成每项任务负主要责任的团队成员。

（9）**道德考虑**　提供你所开发的产品，或潜在的营销活动中任何有关道德方面考虑的信息。

（10）**安全性**　提供一份与你的意向设计有关的考虑安全方面的声明。

（11）**结论**　提供一张合理的列表以显示最重要的结果。

（12）**致谢名单**　列出那些提供设备、建议、金钱、样品和其他支持的个人和公司。

（13）**参考文献**　包括书籍、科技期刊和专利。

（14）**附录**　包括以下所需的各类信息：

a. 详细的计算过程和计算机生成的数据。

b. 制造商的规格。

c. 原始实验室数据。

5.7　小结

1）规划是一项重要的工程活动。

2）在规划过程中样机和模型的使用是很重要的。

3）产品开发的五个阶段是：发现产品、制订规格、概念设计、产品开发和产品支持。制订计划以使每个阶段及时并划算地得到完成。

4）规划有五个步骤：确定任务、制订目标、预估所需的资源、编制开发顺序和估算成本。

5）项目计划有许多种类型。目标是设计一个计划，以满足项目的需求。

6）通过报告和图样进行有效沟通是任何项目成功的关键。

5.8   资料来源

Bashir, H., and V. Thompson: "Estimating Design Complexity," *Journal of Engineering Design,* Vol. 16, No. 3, 1999, pp. 247–256. Estimates on project time are based on this paper.

Boehm, B.: "The Spiral Model as a Tool for Evolutionary Acquisition," Software Engineering Institute, Pittsburgh, Pa. www.sei.cmu.edu/pub/documents/00.reports/pdf/00sr008.pdf

Boehm, B.: "The Spiral Model as a Tool for Evolutionary Acquisition," *Crosstalk,* May 2001. http://www.stsc.hill.af.mil/crosstalk/2001/may/boehm.asp

Cooper, Robert G.: *Winning at New Products: Accelerating the Process from Idea to Launch,* Third Edition, Perseus Books Group, 2001. The basic book on Stage-Gate methods.

Meredith, D. D., K. W. Wong, R. W. Woodhead, and R. H. Wortman: *Design Planning of Engineering Systems,* Prentice-Hall, Englewood Cliffs, N.J., 1985. Good basic coverage of mathematical modeling, optimization, and project planning, including CPM and PERT.

MicroSoft Project^{TM}. Software that supports the planning activity. There are many share-ware versions available.

For details on the Design Structure Matrix see *The DSM Website* at MIT, http://www.dsmweb.org/. A tutorial there is instructive.

The Design Report format is used, with permission, from the Electrical Engineering Program at The Milwaukee School of Engineering.

5.9   习题

5.1   根据习题 4.1 或 4.2 的情况，制订一个原创产品或改进设计产品的规划。

a. 确认设计团队的参与者。

b. 确定并叙述每项任务的工作目标。

c. 确定该提交的设计规划文件。

d. 评估样机。

e. 评估每项工作所需的人力、物力。

f. 为设计项目做一个时间表和成本核算表。

5.2   根据习题 4.2 重新设计产品的情况，参考习题 5.1 的答案，制订一个项目计划。

5.3   为早餐制作产品制订一个项目规划，这项产品的功能应该有：烤面包、煮咖啡、煎鸡蛋和饮料制作。要明确每项功能的设计目标，而不是直接把设计任务本身写在规划中。

5.4   制订一个能测试橙子成熟度的仪器的产品规划，在市场上，人们判断橙子是否新鲜，主要是通过捏捏它，当人们捏橙子的时候，多大范围的反馈弹力表明这个橙子是成熟的，然后凭经验判断橙子的成熟度和新鲜度。在水果食品行业里有一些这方面的判断技巧，而我们的目标是开发一个这样的橙子成熟测试仪，要求是低成本的产品，价钱不能太贵。

5.10　网络资源

在 www. mhhe. com/Ullman4e 上，有下列两份参考资料：

1）项目规划

2）设计报告

第6章

理解问题和制订工程任务书

关键问题

- 为什么要强调制订工程任务书?
- 对于一个产品如何识别它的"顾客"?
- 为什么要理解来自顾客的声音并把它们转化到工程任务书中是非常重要的?
- 你如何能最好地测试出理解问题和商业机会的竞争?
- 你如何证明在一个项目开始时不立刻发展概念而是发展工程条件是正确的?

6.1 概述

　　理解设计问题对于设计出一个高质量的产品是非常重要的基础。"理解设计问题"意味着将顾客的要求转化为一个需要设计什么的技术说明。或者如日本人所说的"倾听顾客的声音"。他的重要性可以通过图 6.1 所示的卡通画形象地说明。每个人对于顾客需要什么都有不同的观点,而且需要做一定的努力才能发现顾客真正的需要。

　　统计表明,造成产品投入市场延迟的原因中有 80% 是不完善的产品定义造成的。更进一步的,产品延迟投入市场对公司来讲要比超支或者有小的优化性能设计花费更多的成本。找出"正确"的问题去解决看起来可能是一个简单的任务,不幸的是,经常找不对。

　　除了找出"正确"的问题去解决外,对于大多数公司更困难和花费更高的是所谓的"迟到的任务书"。迟到的任务书在设计过程中是变化的。据统计,产品延迟上市的原因有 35% 是直接由这种变化造成的。影响"迟到的任

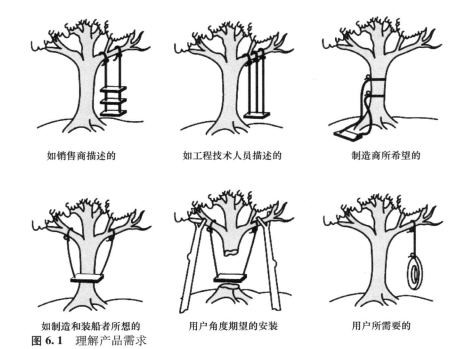

| 如销售商描述的 | 如工程技术人员描述的 | 制造商所希望的 |

| 如制造和装船者所想的 | 用户角度期望的安装 | 用户所需要的 |

图 6.1 理解产品需求

务书"的因素有三个。首先,随着产品设计过程的进行,对产品有了更多的了解,所以就增加了更多的特性。第二,因为设计是要花费时间的,在设计过程中,新技术和有竞争力的产品不断出现。这就难以决定是忽略这些,还是吸收一些(即改变一些技术要求),或者重新开始设计(即确定新的产品设计,忽略正在设计产品的市场)。第三,因为设计需要决策,任何技术要求上的变化都需要对以前依照旧的要求所做出的决定进行修订。甚至一个看似简单的技术要求变化,都会引起整个产品实质性的再设计。要点在于当任务书不得不改变时,必须采取可控制和明智的方式。

> 所有的设计问题都是定义不充分的。

设计过程中初级阶段的重要性在这里还要反复强调。如第 1 章中所指出的,谨慎地完善要求是有效设计过程的关键特征。本章重点在于理解需要解决的问题。有能力写出好的工程技术任务书是团队理解问题的体现。

一般的工程任务书的撰写应用了许多技术。一个最好也是最流行的方法是"质量功能展开"(QFD)。QFD 方法的好处在于,它是有组织地将必要的信息发展成主要的部分以便于理解问题:

1）倾听来自顾客的声音。

2）为产品编制任务书或目标。

3）找出如何使任务书能够满足顾客的意愿。

4）确定如何更好地竞争来达到目标。

5）发展量化的工作目标。

QFD方法是在20世纪70年代中期在日本发展起来的，并且在80年代后期被引入美国。通过采用此方法，丰田汽车公司使新型汽车从开发到推向市场的成本降低超过60%，而时间缩短1/3，在达到这些目标的同时产品质量也得到提高。近期对150家美国公司进行调查统计发现，有69%的公司使用了"QFD"方法，而且这其中的71%在1990年就开始使用该方法了。大多数公司用此方法时，组成了由10人或少于10个人的职能互补设计团队。据统计，83%的人感到使用此方法后，顾客的满意度提高了，76%的人表示此法容易得到合理的决策。

在说明这些用于理解设计问题的技术步骤之前，先要考虑以下重要问题：

1）无论设计团队认为多么好地理解了问题，都需要用QFD方法进行所有初步设计或项目的再设计。在设计过程中，设计团队将会意识到对问题理解上的欠缺。

2）顾客的需求必须被翻译成可定量分析的设计目标，以确定评判用参数。在没有明确什么是"容易"的概念时，就不能设计一个"容易打开"的汽车车门。"容易"是用力、时间还是其他量来度量？如果力是评定参数，那么是20N还是40N？答案需要在设计时花费时间多方查证，提前给出。

3）QFD方法可以用于整个问题和子问题的解决（注意，在第2）条中提到的汽车车门的设计就属于汽车设计的子问题）。

4）先考虑需要设计的目标非常重要，而且只有在完全明白了此问题后，才能够考虑设计的样式和如何设计。我们的认知能力一般都可以使我们把顾客的功能需求（要设计什么）消化成形态（它看起来的样子）；这些影像随后成为我们偏向的设计并锁定此方案。QFD方法帮助我们克服了这种认知局限。

5）这种方法需要时间去完成。有些设计项目中，整个项目时间的1/3都用在此行为上。福特汽车公司为一个新的特性用3~12个月的时间实施QFD方法。试验证明，在这阶段花费时间的工程师会得到一个更好的产品，而且和那些在此阶段仅做表面文章的人相比不会再花费更多的时间。这里花费的时间会节省以后的时间。此技术不仅帮助我们理解问题，还帮助我们建立概念设计的基础。

QFD方法帮助我们生成设计过程中产品定义阶段所需要的信息（图4.1）。这些方面在图6.2中重新加工了。图中的每一个方框都是本章中的一个主要章节，也是QFD方法的一个步骤。

可以将应用 QFD 方法的步骤构建成如图 6.3 所示的"质量屋"。这个房型图中包括许多房间，每间房子都包括有价值的信息。在描述图 6.3 中的每个步骤之前，有必要对结构图进行简单的描述。图中的数字表示了下面各节叙述中的步骤。信息的展开从确定"谁"是顾客(第一步)和他们希望产品有"什么"作用(第二步)开始。在拓展这些信息时，我们还要确定什么对顾客是重要的——"谁"对应"什么"(第三步)。然后，确定"当前"如何来解决这个问题(第四步)，换句话说，竞争对手是如何来设计"当前"这个产品的。把这个信息和顾客的需要进行比较——"当前"对应"什么"(仍然是第四步)，以发现在哪些方面可以进一步改进产品。下一步在建房中一个较难的步骤，就是要确定"如何"评定产品的功能

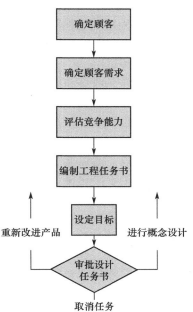

图 6.2 机械设计过程的产品定义阶级

以满足顾客要求(第五步)。这些评定方法包含着工程设计要求，它们与顾客需求之间的关系通过"什么"对应"怎样"来给出(第六步)。目标信息——

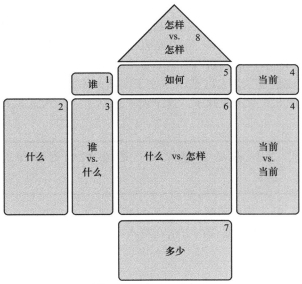

图 6.3 质量屋结构图(也称 QFD 图)

"多少"（第七步）——是这个大房子的基础。最后，工程任务书之间的相互关系"怎样"对应"怎样"（第八步）是此房子的顶楼。所有这些步骤的细节和它们的重要性将在 6.2 节~6.9 节中介绍。把 6.3 图缩小成邮票大小，贴在每一节标题的旁边。

QFD 方法是收集和细化功能要求的最好方法，所以在方法的名称中包含"F"。但是，在此呈现的材料其目的是用来帮助说明要收集的所有信息及其细化过程。每一个步骤都以"通道椅"为例。这个例子来自于一个关于"轮椅"的设计，它帮助乘客快速地从"梦幻 787 波音飞机"上下飞机。这个轮椅被放置在等候区，乘客从他们常规的轮椅上换乘到"通道椅"上，然后用"通道椅"登飞机并通过通道到达指定的座位，然后移到乘客的座位上。这个过程在下飞机时是一个逆过程。"通道椅"比常规的轮椅要窄，这样它们能够满足机舱内的通道空间。典型的通道椅如图 6.4 所示。

图 6.4　典型的通道椅（图片复印获得哥伦比亚医疗公司授权）

通道椅的设计工作其结果在图 6.5 中 QFD 方法中表示出来。这个质量屋在这个项目的机型过程中发展起来，它包括超过 60 个顾客的要求和超过 50 个工程条件。这个工作虽然花费了时间，但其结果是增强了对项目的理解，而这对于开发一个优于市场已有产品的新产品是非常重要的。

整体的"质量屋"太大以至于不便于阅读和不利于举例，因此，在使用时将其减小到图 6.6 所示的样子。这个例子包括了一个大规模和完整 QFD 的所有要点。

> 你的决定，不论好的或者坏的，都会影响到你下游的每个人。

"质量屋"除了顶部的部分外，可以很容易在电子表格中建立。一个简单的在电子表格中建立质量屋的方法在第八步中给出。

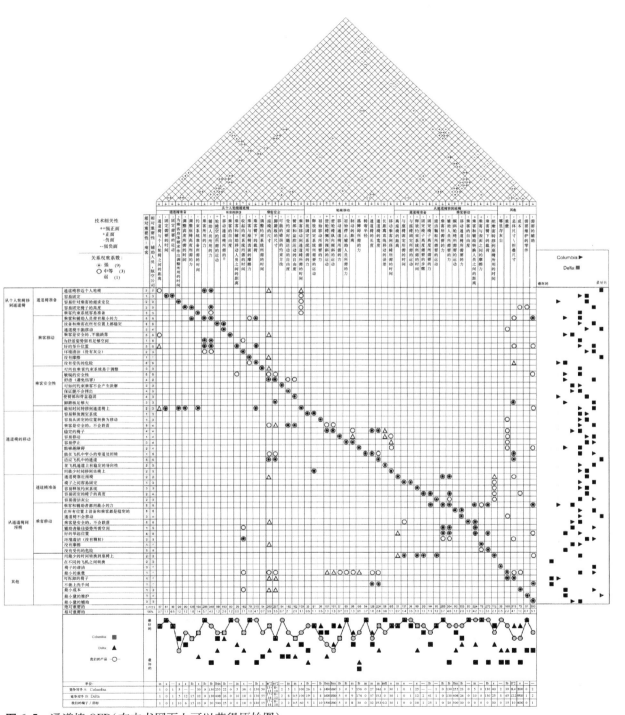

图 6.5 通道椅 QFD(在本书网页上可以获得原始图)

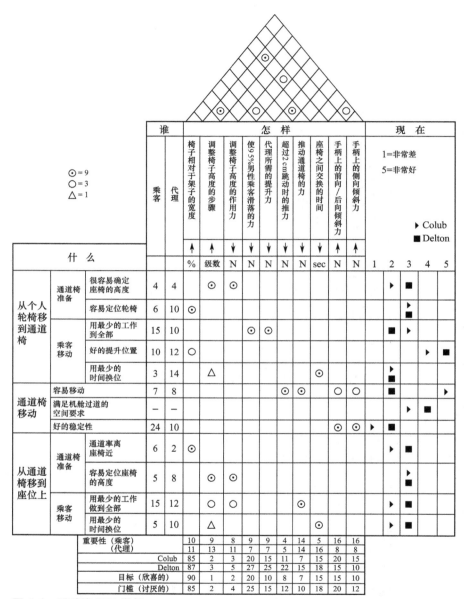

图 6.6 通道椅 QFD 举例

6.2 第一步，确定顾客：他们是谁？

对许多设计问题，顾客不止一人；对许多产品来讲，最重要的顾客就是那些将要购买产品和将要告诉其他消费者产品质量（或缺陷）的顾客。有时候，购买产品的人和使用它们的人不是同一个人（如体育用品、书桌和办公桌）。一些产品——航天飞机或油井钻头虽然不是消费产品，但也有广泛的顾客基础。

对于所有的产品，既要考虑组织外部的设计、制造和发售这些产品的人，即外部的顾客，也要考虑内部的顾客，即组织内部的顾客是非常重要的。例如，除了消费者以外，设计的管理者、制造商的人事部门、销售人员和服务部门也必须都被看作是顾客。另外，标准化组织应该被看作顾客，因为他们对产品有更多的要求。对于多数产品来讲，有五类顾客的声音一定要倾听。

一种使你确认你识别了所有顾客的方法就是考虑产品的整个寿命周期（图1.7）。假设你是产品，想象当你进入全寿命周期图中每一个内部和外部方面时你遇到的每一个人。

对于通道椅，主要的顾客是正在运送的乘客和航空公司的代理，他协助乘客上下飞机。注意，这两个顾客都不是购买通道椅的人。而且也不是他们去维护、清洁或者拆卸通道椅。在图6.6中顾客仅以乘客和代理人作为是"谁"的举例。在"乘客"和"代理"下面的内容将通过第三步来填写。

6.3 第二步，确定顾客的需求：顾客想要什么？

一旦确认了顾客，QFD方法的下一个任务就是要确定设计目标，即顾客需要什么。

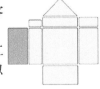

1）表1.1中对顾客的统计，典型地显示出顾客希望产品能按预期正常工作，有长的使用寿命，容易维护，看起来有吸引力，具有最新的科技含量，以及其他许多特点。

> 你认为只有你知道顾客需要什么。

2）一般的，对于制造型客户，他们希望产品容易生产（包括生产和装配），采用可获取的资源（人的技能、仪器和原材料），采用标准的零件和方法，用现有的设备，产生的不规范和不合格零件最少。

3）一般的，对于市场/销售人员，希望产品能够满足顾客的需要；容易包装、储存和运输；有吸引力；适于陈列。

QFD这个步骤的关键是从顾客那里收集信息。有三种常用的重要方法：

观察、调查问卷和中心小组。

幸运的是，大部分新产品都是对现有产品的再改良，因此许多需求可以通过观察顾客在使用现有产品时获得。例如，汽车制造商派工程师到销售中心的停车坪来观察顾客购买汽车的情况，以更好地了解汽车车门方面的需求。

统计方法一般用于收集特定的信息或者征求人们对定义明确的课题的意见。统计采用经过精心设计的调查问卷，通过邮件、电话或者面对面的座谈进行。统计特别适用于对再设计或者新产品、熟知的产品范围内收集顾客的需求。对于原创型产品或者改进产品设计而征求顾客意见则最好采用中心小组的方法。

中心小组技法是在 20 世纪 80 年代发展起来的，用于帮助人们从精心挑选的潜在消费群体中捕获顾客需求。此方法先要确定 7 ~ 10 个潜在的顾客，并且询问他们是否愿意参加关于新产品的讨论会。设计团队中一个人做主持人，再有一个人做记录员。最好能够将场景用录音设备记录下来。会议的目的在于找出需要设计哪些产品中还不具有的特性，因此就需要顾客的想象力。首先是与会者使用相似产品的一些问题，然后询问已设计好的有关产品性能和令人兴奋的需求问题。主持人的职责就是要通过提问引导讨论进行，而不是控制它。小组讨论需要主持人的少量干涉，因为与会者之间总指望别人的评论。在座谈过程中有助于得到有用需求的一种技巧是请主持人不断问"为什么"，直到顾客用时间、成本、质量等形式表达出相关的信息。为了得到好的信息需要经验、训练和与不同与会者的多次交谈。经常是第一组提出的问题需要第二组来解决。要得到可靠的信息一般需经过六次会议。

在设计过程的后期，统计方法还可以用来收集对不同可选方案相对优势的意见。观察和中心小组的方法都可以用来提出设想，这些设想可能会成为供选择的方案，也可以用于对候选方案进行评价。所有这些信息收集的方式都需要事先规划问题。用于统计的问题和答案都要正规化。统计和观察方法一般采用闭式问题(即预知答案的问题)；中心小组方法采用开放式问题。

不论采用哪种方法，下面的步骤将会有助于设计团队获得有用的数据。

第 2.1 步：确定需要的信息 将问题简化成一句描述所需信息的话。如果不能用一句话表述所需的信息，至少保证有多于一组的收集数据。

第 2.2 步：确定要用的数据收集方式 以中心小组、观察或统计等信息收集方法为基础。

第 2.3 步：确定每个问题的内容 必须写出从每个问题中期望得到的答案的目标。每个问题应该有一个独立的目标。对于中心小组和观察方法不是所有问题都能做到这点，但是对于独特的和关键的问题一定要做到。

第 2.4 步：设计问题 每个问题都应该寻求没有偏见、不含糊、明确和简洁的信息。关键点在于：

不要假设顾客具有很多的常识。

不要使用行业用语。

不要引导顾客趋向给出你想要的答案。

不要将两个问题混在一起。

使用完整的句子。

问题可以采用下列四种形式之一：

① 是——不是——不知道（对中心小组不适用）。

② 列出选择顺序（1,2,3,4,5 分别表示非常同意,同意,可同意可不同意,不同意,完全不同意;或者 A＝绝对重要,E＝特别重要,I＝重要,O＝一般,U＝不重要（AEIOU））。要保证每一种选择方式都全面（即要包含整个可能的范围,而且这些选择不能用含混的词）。这里举出的五个等级的例子已经证明很好用。

③ 没有顺序的选择（a、b 或 c）。

④ 分等级（a 比 b 好,b 比 c 好）。

好的问题是征询特性，而不是影响。特性表示出什么、哪里、怎样或何时。"为什么"之类的问题只有当用"什么""哪里""怎样"或"何时"来描述时间、质量和成本时才引入。

第 2.5 步：将问题排序 将问题排序成上下文。这有助于中心小组的与会者或参加统计的人有逻辑性。

第 2.6 步：获取资料 为生成有用的信息常常需要重复使用这些问题。任何一组问题在第一次使用时都应该被认为是一个试验或验证性实验。

第 2.7 步：简化资料 一个顾客需求列表应该是用顾客的语言来表达的，如"容易"、"快"、"自然"或其他绝对性的词语。设计过程的后期要将这些语言转化成工程参数。表中的表达应该是正面的——顾客需要什么，而不要用顾客不需要什么。我们不是要得到一个坏的设计；我们需要一个好的设计。

为了收集通道椅的信息，采用了乘客中心小组的方法。这个活动开始于人们乘坐飞机的经历的自由讨论。这里对健全人来讲是完全不可能理解坐在轮椅上给乘机带来的种种挑战；然而，一旦由一些被束缚在轮椅上的乘客组成小组谈论他们的故事时，就会获得许多关于如何使他们的旅行更容易些的需求。旅行必须是使人发出"尖叫"的精彩旅行而不应是仅仅能够容忍而已，如我们在 4.4.2 节中讨论的 Kano 模型一样。类似的中心小组会也在代理人中召开。最后，一个研究者上到飞机去观察超过 20 个人用轮椅上下飞机。

一个中心小组方法和观察法获得的结果取样为（没有特别的顺序）：

① 容易定位通道椅的高度，因而它们适合于与轮椅和机舱座椅相配合，方便乘客从一个地方滑到另一个地方。

② 一旦坐到通道椅上，就应该容易移动和固定。

③ 通道椅应该适合所有的机舱过道。

④ 当在椅子之间进行换位时，乘客应有可能借助代理人的帮助有足够的举起力，从一个椅子移动身体到另一个椅子。因此，对两个人都需要有一个好的举起的位置，以使他们能够只需要最小的力气。

⑤ 所有椅子之间的移动都应该尽可能地快速。

⑥ 应该容易一个挨一个地码放这些椅子，而且不能滑倒。

为了搞清楚这些结果，最好的方法是把它们组织成一个等级体系的结构。回顾观察的结果，证明对于通道椅的使用有三个主要的方面：①把乘客从自己的轮椅移到通道椅上；②把通道椅从等待区移到指定的座椅边；③把乘客从通道椅移到指定的座椅上。下飞机时，具有同样基本的功能。这是功能模型的简单形式，将在第 7 章中进行详细讲述。进一步地，通道椅之间的交替动作需要两个步骤，即准备椅子和移动乘客。这样的功能分解可得到一个为组织倾听到的顾客的意见所需的结构。它可以组织成一个大纲（下面），而且也可以填入到图 6.6 所示的 QFD 中。

从个人轮椅转移到通道椅中：

1）通道椅准备

   a. 容易定位椅子的高度。

   b. 容易固定椅子。

2）乘客移动

   a. 对所有人都只需最小的力量。

   b. 好的举升位置。

   c. 用最少的时间进行转移。

建立这样一个层次有助于帮助你寻求完整性。如果这个结构是不连续的，可能意味着还需要一些信息。这个通道椅只有一个主要功能，因此这个层次是相当简单的。具有多种功能的产品具有更复杂的层次。

可以获得最好的顾客潜在需求的一些建议：

1）不要假设你知道顾客想要什么。

2）如果顾客的需求是非常模糊的（例如：产品必须耐用），就需要再回访顾客并把这些模糊的需求进一步用顾客的语言进行充实。什么是"耐用"？是否是你在上面跳来跳去？是否是它需要持续 1min 以上？

3）经常地，顾客会用"怎样"这类词来表达他们的需求而不是用"什么"这样的词语。这就会限制你考虑替代的方案。你应该问"为什么"直到你确实搞明白他们的根本需求。要记住顾客用来表达顾客需要什么的唯一途径就是和其他产品进行类比和比较。

4）使用 Kano 模型有助于远离对于性能的基本需求而获得令人兴奋的需求。

5）通过探查需要什么将一般需求分解成更加特定的需求。

6）怀疑、提问和阐明需求，直到你找到感觉，然后你可以把它们理出一个提纲——层次。这有助于理解功能并且获得完整的方案。

7）将情况撰写成文档来说明顾客的需求。

6.4　第三步，确定各需求的相对重要性：谁对应什么？

QFD 技术的下一步是评价每个顾客需求的重要性，可以通过给每个需求加权重并加入到图 6.6 中的方法进行。权重大小反映了要实现每个需求所要花费的精力、时间和金钱。这里要解决两个问题：①需求对谁更重要？②对众多不同的需求如何度量其重要性？

因为一个产品只有顾客说好才是好，所以第一个问题的答案显然是顾客。然而，我们知道顾客不仅只有一位。例如一台生产用机床，将要使用它的工人和管理机床的人可能不是同一个。这种矛盾必须在设计过程开始就考虑到，否则设计需求在工作中途就可能改变。有时，设计师最困难的工作就是确定要使谁满意。

图 6.3 中属性结构中"谁对应什么"一栏用于输入每个需求的重要性。了解各类顾客认为什么需求是很重要的。要注意到许多情况下，最重要的需求不超过总需求的一半。描述重要性的最好方法是用数字，即与其他需求相对的权重表示。

传统的做法是请顾客对需求打分，从 1 到 10，10 最重要，1 是不重要的。不幸的是，此种方法得到的结果往往是所有需求都被打成 8、9 或者 10 分，即所有需求都是重要的。

一个较好的方法是采用固定和的方法，即告诉每位顾客，他们总共有 100 个点用来给需求打分。用固定的 100 个点使得顾客如果想要给其他一些需求打高分，则有一些需求就必须给低分。这种方法的效果比让顾客仅仅给需求标出 1~10 分要好。

为了帮助给出权重，可以将每个需求写在一张不干胶字条上，并贴在墙上，请顾客根据需求的重要性排序。如果有两个或更多的需求看起来好像同样重要，也要保证有不同样的评价，必须做出不同的级别判断。一旦将记录按顺序排列好，就容易分派 100 个点了。

如果有超过 30 条的需求，要分派权重就会非常困难。此时建议将需求根据层次分成小一些的组，分别给出权重，然后将所有需求重新正规化。

如果你收集到不止一组的顾客代表给出的权重，而且他们相当的一致，你就可以仅做一个平均值即可。如果你获得的权重彼此完全不同，就意味着你有两类不同的顾客，而且你需要重访第一步。

乘客和代理人对通道椅进行权重评估的结果如图 6.6 所示。采用固定和的方法进行权重的评价。要注意，关于"适合机舱过道"这一条没有进行权重评价。因为它被认为是一条基本的需求（源自卡诺方法中的术语），通道椅如果不能适合通道就是一个不可用的产品。要求对基本需求进行评价是无益的。然而，在你删除这些基本需求之前，重新审视一下这些需求是否可以重写，以使他们表达出性能或者令人兴奋的需求。另外，要注意到，乘客更关注它是否容易使用，同时代理人更关心时间。这和预期相一致。

> 一个人的珠宝可能是另外一个人的垃圾。但这二者都将对你的工作做出判断。

6.5　第四步，辨别并评价竞争力：当前是如何满足顾客要求的？

这一步骤的目标就是要确定顾客从竞争对手那里获得需求上满足的程度。即使你设计的是一个全新的设计，它也存在竞争；或者至少你的产品可以最接近满足同样的需求。研究已有产品的目的有两层：首先，它能让你意识到什么是已经存在的（即现在）；其次，它也显示出一个对现有产品进行改进的机会。在一些公司中，这个过程被称作是竞争标杆管理，是理解设计问题的一个重要方面。在标杆管理中，每个竞争者的产品都应该与顾客的需求相比较（当前对应什么）。这里我们基于顾客观点仅关注一个主观的比较。在后面的第 8 章中，我们会讨论更多的客观性比较。对应顾客的每个需求，我们给已有的设计按照从 1 至 5 的等级划分如下：

1）产品根本没有满足需求。

2）产品满足了一点儿需求。

3）产品某种程度上满足了需求。

4）产品满足了大部分需求。

5）产品完全满足需求。

虽然上面的分级不是很细致，但它能显示出顾客从需求竞争中得到满足的程度。

> 从别人那里偷是剽窃，而受许多产品启发是一个好的设计。

因为它提供了一个对现有产品进行改进的机会，所以这个步骤很重要。如果所有的竞争者对某一个需求的满足都在一个低值的范围，那这显然就是一个机会。如果在第三步中，此需求被顾客认为非常重要时，这点就特别重要。如果有一个竞争者已经完全满足了此需求，那么就要对该产品和其中好的设想进行研究（注意其中具有的专利，参见 7.5 节）。

如果你的公司已经有一个产品，而且你们正在进行产品的重新设计，那么你们现在的产品就是比较基准。如果在重要的需求中获得高分，不要改变那些满足需求的特点。换句话说，不要修理那些还没有坏的东西。这一步在 QFD 方法中可以帮助你避免做无用功和削弱你的产品。

此步骤的最后结果如图 6.6 所示。这里有两个竞争者的产品（注意名字被改变了）被进行评价。为了确定竞争产品是如何满足需求的，设计团队采用调查问卷的方法来评价它们。从乘客那里得到的平均结果在图 6.6 中的"现在"对"什么"中表示出来。

需要注意的重点是：

1) 当把乘客从个人轮椅移到通道椅时，两个竞争产品都具有好的举升位置——要研究是什么使他们做得如此好。

2) 两个产品的稳定性都不好。显然，这是市场机会。

3) Colub 容易移动而 Delton 不容易，需要确定 Colub 做了什么或为什么做得更好。

4) 对许多调整的需求，两个竞争产品均不高于 3 分，在此方面为做出更好的产品留出了空间。

曾经有一个为家庭轿车安装的商用电视，制造商鼓吹他的产品如何的好，以至于竞争对手买来进行研究。广告显示竞争者的技术人员穿着白大褂正在拆解箱式汽车。广告中没有表达出的是登广告的制造商也购买过竞争对手的产品并研究过，而且这是好的设计实践。

6.6　第五步，生成工程任务书：如何使顾客的需求得到满足？

这一步的目标就是要根据顾客的需求形成一套工程设计任务书。这些要求是使用参数形式重新表达设计问题，这些参数能够被测定，而且有指标。如果没有这些信息，设计师就不能了解正在完善的系统是否能够满足顾客的需求。工程任务书包括感兴趣的参数和目标参数。本步骤给出的这些参数及他们的目标值在第八步中再给出。在实际中，这步和下面将要讲清楚的步骤是同时进行的。

> *在你放空箭袋中的箭之前，请先找准目标。*

这些参数是将顾客的声音翻译成工程师的声音。它们是一个理想产品的显像，也作为设计决策的依据。相反地，QFD 中的这个部分也建造出一幅设计决策如何影响顾客对于他们产品的可接受度的景像。我们在第 10 章中会用到，那里将会阐述因为没有能力满足一个设计要求而权衡去满足另一个规格要求所产生的影响。

本步骤中得到的参数告诉我们如何了解顾客的需求是否已经满足。首先，要尽可能多地找到表示达到顾客需求水平的工程参数。例如，"容易连接"这个需求我们可以用：①连接需要的步骤数；②连接需要的时间；③零件的数量；④使用标准工具的数量等来定量。注意，每个度量都需要一系列的单位——步骤数、时间、零件数量及工具数量。如果一个工程参数的单位不能确定，这个参数就是不可测定的，而且必须重新提出。每个工程参数都必须是可测定的，因此必须有度量单位。然而"连接所用时间"是一个不可靠的测定，因为它依赖于使用者的技巧和熟练程度。可以对顾客的技能水平进行定义或者去掉这个参数。

这里的一个重点是应该努力地尽可能多地发现顾客需求的定量方法。如果没有找到一个可给顾客需求定量的工程参数，那就表明没有很好地理解顾客的需求。可能的解决方法就是将需求再细分成相互独立的部分，或者对特定的问题再特别地重复第二步。

在得到工程设计要求后，仔细阅读每个条目，看看采用了什么样的名词或名词短语。每个名词都指向产品某部分或者其环境，而且应该考虑是否设想了新的目标。例如，如果在通道椅问题中有一个规格是"容易调整高度"，那么一个可调整高度的椅子(一个名词词组)就应该被认为是解决方案的一部分。如果设计团队已经做了一个决策是一个可调整高度的椅子，这就是可以接受的。然而，如果没有这个设想，则问题的答案就不知不觉地被限制了。在概念产生阶段，注意产品的每部分目标是主要的课题。

图6.6中还表示出每一个规格和改进的方向，此项"感觉"是多比较好(↑)，还是少更好(↓)。这些箭头告诉我们测量特色或者参数结果"较多"是较好还是不好。例如："代理人所需的力""小"就是好(↓)。"侧向倾斜力"是需要的，越大越好(↑)。第三个选项，在举例中没有显示出一个特定的目标是否是最好的。目标将在第7步骤中讨论。

为便于找出规格，一个主要类型清单见表6.1。将此表与产品的需求表相比较，可以得到丢失的信息。列表中的各种需求将在下面详细介绍。

表 6.1 工程条件的类型

功能性能	产品寿命周期(续)
能量流	诊断性
信息流	可监测性能
物质流	可维修性能
操作步骤	可清洁性能

（续）

功能性能	产品寿命周期（续）
运行程序	安装性能
人的因素	报废
外表形态	资源
力和运动的控制	时间
控制的难易程度和感觉状态	成本
物理需求	资金
可用的安装空间	单位
物理性质	仪器
可靠性	标准
失效的平均时间	环境
安全性（伤害性的评估）	加工/装配需求
产品寿命周期	材料
销售（运输）	数量
维护	公司的生产能力

　　工作性能需求指那些描述产品期望功能的性能元素。虽然顾客不会用术语来表述功能，但他们常常通过能量流、信息流和物质流或操作步骤和顺序来描述。第7章中通过建立一个基于能量流、信息流和物质流的功能模型，介绍一些概念。我们可以了解到，采用QFD方法建立的功能需求和建立产品的功能模型是相互交替的。你对功能了解得越多，提出的需求就越完整。

　　任何看到、接触到、听到、品尝到、闻到或由人控制的产品都有人机学的需求（参见附录D设计中的人机学）。它几乎包括在所有的产品中。一个常见的顾客需求就是产品"看起来要好"，或者看起来它具有特定的功能。团队成员在这些方面具有工业设计知识是十分重要的。另外的需求是有关能量流和产品与人之间的信息流。能量流主要是指力和运动，但也可能是其他形式。信息流需求用于轻松控制和感觉产品的状态。因此，人机学的需求也常是工作性能需求。

　　物理需求包括所需的物理性质和空间约束。一些物理性质常用质量、密度和光、热或电的传导性能（即能量流）的需求来表示。空间约束，即产品和其他已有物体之间如何适应。几乎所有新的设计工作都要受到其他不能改变的事物对它的物理干涉的影响。

　　在第1章中引用的《时代》杂志对质量的统计中，顾客关心的第二个重要问题就是"寿命"，或者产品的可靠性。理解什么是顾客可接受的可靠性概念非常重要。在一些接近绝对的特定情况下，产品可能只使用一次（如火箭），或者是一次性产品，不需要太多的可靠性。第 11 章中我们给出了一种可靠性的判据，即失效之前的平均时间。

可靠性还包括以下问题：当产品失效时会发生什么？安全性含义是什么？产品安全性和伤害评估对了解产品十分重要，此部分内容见第 8 章。

与对产品使用方面的关注不同，一个经常被忽略的需求就是有关产品寿命周期的需求。所有列于表 6.1 中寿命周期的内容取自图 1.7。在首次设计 BikeE 自行车时，其中一个由销售者提出的设计需求是自行车必须通过一个商业包装公司运输。这个公司对商品重量和尺寸有限制，它对产品的设计有很大的影响。如果通过商业包装公司推广产品的优势没能早些知道，额外的再设计就在所难免。对于全寿命周期其他内容列于表 6.1 和图 1.7 中。

对每一个设计项目，有限的资源就是时间。时间需求可能来自顾客；更经常的是来源于市场或生产的需要。有些市场是限定了时间的。例如，玩具必须在夏季的展示会上展出才能保证圣诞节时有订单；传统上新款汽车模型应该在秋天时展示。与其他公司签订的合同也有确定的时间限制。即使一个公司没有年度或合同承诺，时间需求也是重要的。如前所述，在 20 世纪 60~70 年代，施乐公司占据着复印机市场，但是到了 80 年代，其位置已经被国内和日本的竞争者取代了。施乐公司发现其中的问题之一就是其产品推向市场的时间是其有些竞争者的两倍。幸运的是，施乐公司通过运用我们这里介绍的一些技巧，让它的工程师们不仅更快，而且更聪明地工作。

成本需求包括资金成本和单位产品的成本。资金成本中包含了产品设计的花费。例如一辆福特汽车的设计成本占制造成本的 5%（图 1.2）。许多产品设想在开发过程中都没有走得太远，因为最初的资金需求往往比给定的资金多一些（成本统计的详细内容见第 11.2 节）。

标准表明了当下一般设计情况中的工程经验。规范一词也常用来代替标准使用。一些标准是很好的信息来源。另外一些标准属于法律约束，而且必须遵守，如 ASME 关于压力容器的规范。虽然在设计的前期，标准中的这些信息还没有引入到设计过程，但是适用于当下情况的有关标准的知识对确定需求是重要的，而且在项目开始阶段就必须注意。

标准对于设计项目的重要性包括三个方面：性能、测试方法和实践规范。对许多产品都有性能指标，如安全带的强度、安全帽的耐用性和录音带的速度。产品标准索引中列出了用于各种产品的美国国家标准；其中大部分的参考数据也可以在 ANSI（美国国家标准协会）中查到，虽然它没写成标准的形式，但它是其他组织制定标准的数据来源。

测试方法标准用于对性能的测定，如硬度、强度、冲击韧度这些机械工程中常用的性能。许多测试方法是由美国材料实验协会（ASTM）制定和修订的。

该协会颁布了超过 4000 种包括材料性能、检测性能的相关仪器和检测步骤的标准。另外一些对产品设计十分重要的检测标准是由美国保险商实验所（UL）制定的，该组织制定的标准主要是预防由于火灾、犯罪和伤亡造成的生命和财产损失，大约有 350 余条 UL 标准。经过 UL 标准检测并达到标准的产品可以注明"Listed UL"和标准号。生产厂商必须为此检测付费。消费产品没有 UL 认定标志一般是不允许上市的，因为没有安全设计的证明，其风险性太高了。

实践标准给出一些标准机械零件的参数化设计方法，如压力容器、焊接件、电梯、管道和热交换器。

对设计团队来讲，保证一些已经确定的环境要求在需求中体现是非常重要的。因为设计过程必须要考虑产品的全寿命周期，所以设计师有责任考虑产品在生产过程中、使用中和报废后对环境的影响。因此设计师不仅要考虑产品最后的处理，也要考虑在生产过程中产生的废物（无论是否有害）的处置。这个问题将在第 11 章中讨论。

一些生产或安装需求是用产品的设计数量和公司产品生产特点表述的。产品的生产数量往往决定了采用的制造工艺。如果只是单件生产，采用定制工具的费用在许多方面都无法承担，应该尽可能选择通用零件（参见第 9 章）。另外，每个公司都有其内部的加工资源，采用现有资源比到外面的公司加工更合算。这些因素必须从最开始就考虑。

一个好的任务书的一些指导建议是：

1）每一个技术参数都应该用至少一个顾客需求去衡量，且具有较强的关联性。理想化的，每个技术参数应该用多条需求来评价。如果在第七步，你获得了一条分数的对角线，需要重新写技术参数要求。

2）每一个技术参数都应该是可以评估的。假如你需要有人去到实验室并且去测试它们，那么每一个技术参数都应该写出来。应该明确什么技术参数是要测量的。例如，技术参数"前向倾斜力"是一个好的技术参数名字，但是如果要测量，还需要更多的描述。因此，对于每一个技术参数表，对于如何测量也要做一个全面的描述。例如：前向倾斜力 = 当以 1km/hr 速度推动一个重 78.5kg 的乘客（参见附件 D，约 50%的男性体重在此范围）时，作用在手柄上使通道椅产生倾斜的力。

如果不能像上面这样完整地表述，则技术参数就不清楚，需要重新定义。

3）如果单位不清楚，技术参数也是不清楚的。

4）如果感觉（↑或↓）不是很明显，那么技术参数也是不明确的。

5）如果需要评价类似于"看起来好"这类的指标，试着把它转化为可以检测的指标，像">65%的乘客感到有吸引力就用高分 5 个点表示"。这就意味着，将 5 个点设计成吸引力的尺度（单位 = "点"），则 1 = 丑陋，2 = 可容忍，3 = 可接受，4 = 有吸引，5 = 有魅力的。显然，感觉是（↑）。而且目标（在第七步中设置的)将会≥4。

通道椅的任务书如图 6.6 所示。根据指南对它的一些建议有:

1) 第一条技术参数"椅子相对于框架的宽度"就不是很清楚。这里需要测量什么?

2) 有关"步骤数量"的两个技术参数点:①步骤数比时间更适合,因为时间会依据每个人的不同而不同。而且②你需要确定清楚一个步骤代表什么。关于定义步骤的好的指导见第 11.5 节。

3) "椅子尺寸"不清楚。什么是真正需要测量的?

6.7 第六步,工程任务书与顾客需求的关系:如何测定顾客需求?

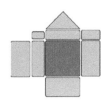

为完成这个步骤,我们将添补质量结构框架的中心部分。这个关系矩阵和第五步平行进行,而且它会产生另外的知识。每个单元代表一个工程任务书如何对应顾客需求。许多任务书用来测定不止一个顾客需求。这种联系的效力可以变化,一些参数能强烈地表示出顾客的需求,而另一些根本不能用来测定顾客需求。这种关系的转换采用特定的符号或数字表示:

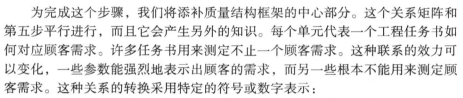

$$◉ = 9 = 紧密相关$$
$$○ = 3 = 中等相关$$
$$△ = 1 = 弱相关$$
$$空 = 0 = 根本不相关$$

0-1-3-9 这些值表示了关系密切程度的范围。符号在举例(见图 6.6)中用到而且数字在下面关于通道椅的公式中用到。

关于这个步骤的一些准则列举如下:

1) 每一个顾客的需求都应该有至少一个具有较强关联的技术参数相对应。

2) 这里有错觉,即使这个矩阵成为◉或者 9——一个工程技术参数对应一个顾客需求。这是对此方法的一种非常差的使用。理想的情况是,每一个技术参数应该度量多于一个顾客要求。

3) 如果顾客的需求是一个弱的或者中等的关系(如"适应机舱通道"或者"好的举升位置"),则这就不容易被理解或者没有好好去想技术参数。显然"适合机舱通道"意味着什么?这个技术参数需要进一步明确。"好的举升位置"的意义是不明显的,因此顾客的需求还需要进一步明确。

6.8 第七步,设置工程目标和重点:多少就足够好?

在这一步中,我们需要填写质量结构框架的底部。这里我们要设定目标而且要知道实现它们有多重要。这包括三个方面的工作，如图 6.6 所示，计算技术参数指标的重要性，评价竞争对手如何适宜地实现这些技术参数，并且为你的工作设定目标。

6.8.1 技术参数的重要性

这个步骤的首要目标就是要确定每一个技术参数的重要性。如果一个目标是重要的，那么为达到目标就要付出努力。如果目标不重要，那么就可以更轻松地达到目标。在产品开发过程中，在可用的时间内，极少有达到全部目标的情况，因此这有助于帮助指导我们如何将工作进行下去。发现重要性的方法是：

步骤 2.1 让每个顾客用第三步中的重要性权重乘以第六步中的 0-1-3-9 相关值，得到权重值。

步骤 2.2 把每个技术参数指标的权重值相加。如图 6.6 中的技术参数"调整椅子高度的步骤"，乘客的分数是：

$4×9+6×0+15×0+10×0+3×1+7×0+24×0+6×0+5×9+15×3+5×1=134$。

步骤 2.3 在所有技术参数中将这些和归一化。所有技术参数的分数和是 1475，则这个技术参数的重要性是 $134/1475=9\%$。

表 6.6 中表示出了所有来自乘客和代理人的观点的重要性。注意到，从乘客的角度围绕着从他们的轮椅移到通道椅的技术参数是重要的。而从代理人的角度看，所有这些技术参数包括与时间测量有关的技术参数都是重要的。

6.8.2 评估竞争对象是如何较好地满足这些技术参数的

在第四步中，将竞争者的产品与顾客的需求进行比较。这步中，他们将和工程技术参数进行比较。这就保证对于一个新产品评估，现有的知识和仪器在项目中都成熟起来。而且，通过评估竞争者获得的评估值为建立目标提供了基础。这常常意味着，获得竞争者产品的真实样本，用你将要用于被设计产品的同样的测量方法去评价它们。有时候这是不可能的，那么就通过文献或者仿真的方法去获得需要的评估值。

竞争产品的评估值在图 6.6 中给出。

6.8.3 设置技术参数的目标

在设计过程中早些确定目标是重要的。在设计过程的后期确定目标容易实现，但是没有什么意义，因为它总是满足已经设计好的部分。然而，如果目标太严格，又会阻碍新想法。一些公司在概念形成过程中重新修订目标，然后确定下来。这里与初始目标的误差是±30%。

许多 QFD 讲义建议目标用一个数值表示。然而在设计进程中，经常不能精确地达到这个值。事实上，工程设计的主要部分是关于如何设置目标并且折中地达到它们的决策过程。这里有两点，我们将举一个简单的例子加以说明。

比如，你想购买一架照相机。你想花费不超过 300 美元，而且希望至少7.2 兆的像素(你只有 2 个规格指标)。你在网上查找，找到一个你想要的分辨率的产品，但是它需要 305 美元。你买吗？很可能你会购买。如果是 315 美元呢？——可能购买。400 美元——可能就不买了。这里的关键是大多数的目标都是柔性的而且这些目标在设计过程中可能不一定总满足。这点不是对所有目标都成立。你肯定需要实现 7m/s 的速度才能够逃离地球的引力。你不能说6.5m/s 就足够了。对于那些有柔性的目标，一个更加稳健的确定目标的方法就是建立一些令顾客感到满意的水平以及那些令他们厌恶的目标。使顾客感到满意的值是实际的目标，而那些令人厌恶的指标是界限，超过它产品就不能够被接受。如购买相机的例子，目标价格(令人满意的)是 300 美元，不能接受的价格界限是 315 美元到 400 美元之间，即 350 美元。对于分辨率满意的指标可能是 7.3 兆像素，而不能令人满意的是 6.3 兆像素。注意到价格是越低越好，而像素是越高越好。

第二点，作为一个设计工程师你需要经常在技术参数之间进行交互。继续以购买相机为例，假设有两个相机可供选择，一个具有 6.3 兆像素，价格是305 美元；而另一个相机具有 7.2 兆像素，价格是 330 美元。问题是在价格和像素之间我如何进行平衡？如果目标值是单值，300 美元且 7.2 兆像素，那么这两个相机都不符合要求。但是，通过设立两个目标，满意的和不满意的，你就能够判断哪个相机是好的。

对确定目标的最后建议是，如果设立的目标与竞争者所具有的值完全不同，就要提出质疑。特别地，你如何知道那些竞争者不知道的？你是否具有新的技术和新的概念？或者你是否就比竞争对手更聪明？什么是你满足满意和不满意目标的可能性？

图 6.6 表示出了通道椅满意和不满意的具体指标。

6.9　第八步，确定工程需求之间的关系：它们之间是怎样相互依赖的？

工程技术参数之间是相互关联的。最好在设计之初就能认识到这点。因此增加一个"房顶"表示，当一个技术参数得到满足时，它可能会对其他要求产生正面或负面影响。

在图 6.6 通道椅的 QFD 中房顶上的对角线表示工程技术参数之间的联系。如果两个技术参数相互联系，则在交叉处用符号表示。这里有多种不同形式的符号来使用。一种符号是如第六步中使用的一样的符号。简单的方法就是使用一个"+"表示在满足其中一个技术参数的同时，将会提高其他技术参数（它们是协作的），用"−"来表示为满足技术参数之一进行的改进同时可能会损害到其他方面（可能需要被迫妥协）。有些人还用"++"及"−−"来表示相互依赖关系的强度。

在纸上构建质量结构时，一个好的仿真"屋顶"方法如图6.7所示。这里列出行列和对角线矩阵来表示出图6.6中已表示过的相互关系。

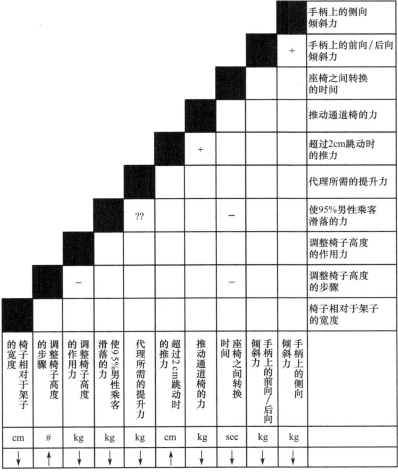

图6.7 QFD顶部由电子表格替代

建设屋顶的一些指南是：

1）在理想情况下，所有的技术参数应该是独立的。然而，现实中有时候当你改进一件事时，你可能同时改进或者伤害到其他事情。这些关系给出了一些平衡方面的指导。

2）如果屋顶有许多填满的单元，那么技术参数的相互依赖型就太强了，应该重新考虑。

3）如果关系不是很清楚，那么至少其中有一个技术参数是不清楚的。例如，在"乘客滑动所需的力"和"代理人所需要的力"之间的一种情况。由于对代理人应用的是什么力理解不够，所以导致表达的不清楚。

6.10 对 QFD 方法的进一步建议

QFD 技术保证能够很好地理解问题。它对于所有的设计问题都适用，而且其结果是明确的一系列顾客的需求并与工程定量相联系。它看来好像减慢了设计进程，但事实上并没有，因为现在花费在信息处理上的时间会在后面的过程中得到补偿。

即使这个技术是为了理解设计需求而提出的，但是它强迫你深入地思考问题，而且许多好的设计思想都是由此而获得的。无论我们多么努力地去探求对产品的需求，产品概念的生成是不变的。在这时，设计笔记很重要。在理解问题过程中做的简短笔记和画出的草图可能在后面就有用；然而，不要忘掉技术的目标并渐渐得到一个好的设计设想也是十分重要的。

QFD 方法自动记录了设计过程中的这一方面。像图 6.5 和图 6.6 就是一个设计记录，而且是一个很好的交流手段。特别是质量结构框架向别人介绍起来非常方便。在一个项目中发起组织者是盲目的，对于结构的动词性描述有助于帮助他们了解项目和向其他显著的合作者介绍。

经常地，在努力地理解问题和获得对问题的一系列清晰的需求时，设计团队会意识到问题可以分解成一系列松弛相关的子问题，每个子问题都可以被看作一个独立的设计问题。因此，可能会得到几个独立的"房子"。

QFD 方法也可以用于设计过程的后部分。可以用此方法对功能、部件或零件的成本、失效方式或其他特性进行较好的评定，而不是用于完善顾客需求。为了完成此任务，要重温一些步骤，用将要测定什么和带有其他测量标准的工程需求代替顾客需求。

虽然 QFD 方法看起来像瀑布式的发展计划，但是在设计过程中能学到更多的东西。QFD 被认为是一个工作文件，在需要的时候要进行回顾和更新。因此，它对产品螺旋式开发进程中也是非常重要的。技术上的正规性和复杂性要求任何的变化都需要谨慎地考虑从而保持项目面向竞争进行。没有类似于 QFD 的系统，对于技术参数的改变会在管理者的突发奇想或者设计团队的无意识下进行。这些变化可能导致失败而不能达到计划目标而且产生潜在的坏产品。

6.11 小结

1）理解设计问题最好通过质量功能展开技法（QFD）来完成。这种方法帮助我们将顾客的需求转化为定量的工程需求指标。

2）在问题的开始阶段必须获得一些重要的信息，包括顾客需求、竞争性基准和具有可量化的基准的工程任务书。

3）花在完成 QFD 方法上的时间完全可以在设计后期得到补偿。

4）对许多设计问题都对应有许多顾客。

5）在理解问题阶段研究竞争对象对于寻找市场机遇和合理的目标都是有价值的。

6.12 资料来源

ANSI standards are available at www.ansi.org

ASTM standards are available at www.astm.org

Cristiano, J. J., J. K. Liker, and C. C. White: "An Investigation into Quality Function Deployment (QFD) Usage in the U.S.," in *Transactions for the 7th Symposium on Quality Function Deployment,* June 1995, American Supplier Institute, Detroit. Statistics on QFD usage were taken from the study in this paper.

Hauser, J. R., and D. Clausing: "The House of Quality," *Harvard Business Review,* May–June 1988, pp. 63–73. A basic paper on the QFD technique.

Index of Federal Specifications and Standards, U.S. Government Printing Office, Washington, D.C. A sourcebook for federal standards.

Krueger, R. A.: *Focus Groups: A Practical Guide for Applied Research,* Sage Publishing, Newbury Park, Calif. 1988. A small book with direct help for getting good information from focus groups.

Roberts, V. L.: *Products Standards Index,* Pergamon, New York, 1986. A sourcebook for standards.

Salant, P., and D. Dillman: *How to Conduct Your Own Survey,* John Wiley & Sons, New York, 1994. A very complete book on how to do surveys to collect opinions.

Software packages

QFD/CAPTURE, http://www.qfdcapture.com/default.asp

QFD Designer, IDEACore, http://www.ideacore.com/v1/Products/QFDDesigner/

Templates for Excel are at http://www.qfdonline.com/templates/

6.13 习题

6.1 针对前面的问题（习题 4.1）构建质量结构框架和完善支持它的信息。其中必须包括本章介绍的各步骤的结果。确定至少三种类型的顾客和三个基准。另外，列出在练习过程中产生的有关产品的设想。

6.2 因为再设计问题的特征改变了(习题 4.2),利用 QFD 矩阵来帮助你生成一个工程设计要求。用通用的设计作为基准。有没有其他基准?在花费太多的时间之前,仔细确认需要改变的特征。可以反复采用第 7 章中的方法帮助你细化问题。

6.3 为下面的事物建立质量结构框架:

a. 电动搅拌器的控制器。

b. 全地形自行车的座椅。

c. 能够在木板上打出等边三角形孔的电钻的附件。木板最大厚度是 50mm,等边三角形的边长从 20~60mm 之间变化。

d. 用于公共厕所的门闩。

6.14 网络资源

下面文档的模板可以在本书的网站:www. mhhe. com/Ullman4e 上下载。

■ 顾客的声音

第 7 章

产 生 概 念

关键问题

- ■ 如何理解功能有助于结构开发?
- ■ 流程与功能有什么关系?
- ■ 专利是如何有助于想法产生的?
- ■ 如何最有效地使用头脑风暴法和脑力书写法?
- ■ 矛盾如何引起新想法?
- ■ 什么是形态学及形态学能做什么?

7.1 概述

在第 6 章中,我们已尽力理解了设计问题,确定了设计任务和需求。现在我们的目的是在这种理解的基础上产生设计概念,这些设计概念将能引导我们做出高水平的产品。在这个过程中我们应用一个简单的原则:结构服从于功能。因此在设计装置的结构之前,我们必须首先理解装置的功能,概念设计要集中于功能。

概念是一种用于评价产品性能物理原理的想法。概念设计的主要任务是确保规划中的产品可以按预期的要求工作,随着进一步合理的发展,它将符合设计的目标体系。概念也必须要精确到足以评价实现产品所需技术、基本体系结构(构造)、局限性及其加工工艺性。概念可以采用草图或流程图、概念验证原型、一组计算或文字描述(想象有朝一日产品会是什么样的)来表达。但是概念表达的关键在于必须把塑造性能的细节表达得足够清楚以保证设计者的想法具有要求的功能。

一般来讲,企业需花费大约 15% 的设计时间形成概念。根据对图 1.5 所示公司的对比，这个时间将要提高到 20%～25%，以最大限度地减少后续工作的更改。但在有些公司，设计从一个已经形成产品的概念开始而不是去理解需求，这是一种不好的理念，一般不会出现高水平的产品。

有些概念是在工程要求开发阶段自然产生的，为了理解设计问题，我们必须将其与已知的事务相联系（见第 3 章）。设计者经常会偏爱自己的第一个想法，并在此基础上进行产品设计。这也是一个不好的方法，下面的格言是最好的表述。这种表述及本章介绍的方法支持工程设计诸多特征之一，即产生多个概念。本章的主要目的是介绍产生多个概念的方法。

概念设计过程如图 7.1 所示，像解决所有问题一样，概念产生是伴随着不断评价的一个反复过程。如图 7.1 所示概念设计部分是设计信息的交流与方案的更新。

> *如果你产生了一个想法，它可能是不好的。如果你产生了 20 个想法，其中可能有一个好的想法。或者换句话说，对一个花费太多时间去完善唯一想法的人，他所能实现的只能是这个想法。*

我们在这里考虑的产生概念设计的方法支持考虑所设计装置的功能，这是我们的设计理念。这些方法有助于对问题的分解，提供对问题最好的理解，并提供录求对问题的创造性解答的最好机会。

我们将集中考虑有助于功能分解和概念多样性产生的方法。因为消费者重要的需求是产品具有的使用性能，这些需求是概念产生方法的基础，功能分解的目的是进一步提炼功能需求，不同概念的产生有助于将功能转变为概念。

一旦理解了功能就有很多方法能让所产生的概念满足功能，概念是提供功能的一种手段。概念可以用语言或文字描述、草图、纸模型、框图或任何其他形式表达，以表示如何获得功能。

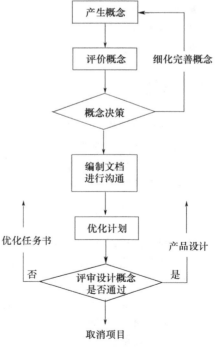

图 7.1 设计过程的概念设计阶段

这种方法支持发散-收敛的设计原理。这种原理将一个设计问题展开成许多解决方案而非缩减为一个解决方案。在继续开展后续工作前,需要注意这里所讲的方法对整个系统及子系统、组成和特性开发都有用。这也并不是说在法兰、肋板及其他细节设计中都需要经历这里所讲到的详细设计程度,但是这有助于对特殊用途的特征难点进行分析思考。

本章所用案例是欧文公司(Irwin corporation)的单手用杆式夹持器的新设计,这款夹钳在第 2 章中介绍过。截止到 2004 年欧文公司已出售价值超过25000000美元的快速夹紧单手用杆式夹持器。那时候,公司决定开发一款新型号。单手用杆式夹持器是一个简单的机械设备,虽然简单,但弄懂其演变过程非常有启发。以下段落叙述其早期开发和基本操作原理,2004 年快速夹紧的新设计是本章其余部分案例的基础。

1986 年 11 月自由艺术家在设计一艘运行于内布拉斯加州普拉特河上的汽船,他发现在粘合部件时需要第三只手来保持部件在一起,因为他需要一只手把部件固定在一起,需要两只手操作夹钳,于是他想到了普通的填缝枪,如图7.2 所示,填缝枪只需一只手就可以操作。每次挤压扳机,杆就往机内移动(能量如何从扳机传给杆将会在后面介绍)。在杆的末端有一个扁平的盘推着一个塑料活塞进入填缝管,把填缝料从填缝枪的喷嘴推出。这里重要的是当完全压缩扳机后,手柄就松开了,弹簧会带着扳机回到完全张开的状态,但是杆却留在先前被挤压到的位置。让杆保持其位置的是一个挤压板,它锁住了杆,防止杆往回移动(随后我们会解释它是怎么工作的)。在图 7.3 中可以清楚地看见挤压板,该图是艺术家单手用杆式夹持器的最初原型。该原型由一些铝碎片、空心铆钉和部分填缝枪组成。他的这个想法很奏效,于是他向美国工具公司提出了这个想法,美国工具公司与发明家签订了协议,雇用他,到 1989 年3 月,与产品很像的第六个原型如图 7.4 所示。在 2002 年纽威尔乐柏美进入美国工具公司,并更名为欧文。

图 7.2 普通填缝枪(Courtesy Arthur S. Aubry/Getty Images)

你绝大多数最好的想法在最终设计中以无用结束。学习接受失望和享受成功。

所有单手柄夹钳的操作依赖于挤压板的使用，图 7.5 所示的是带矩形杆的挤压板的简单原理，图中详细表示了最初原型中使用的挤压板。原型中杆上弹簧的作用是在不受载荷时保持盘的位置，从图中可以清楚地看到。操作原理是由于板上孔的高度 h_p 比杆的高度 h_b 略微大些，在挤压杆向左移动时，允许板有倾斜，角度 $\theta = 5° \sim 10°$。

许多填缝枪和单手柄夹钳有两个挤压板，如图 7.5 所示，一个用来锁定杆的位置，第二个与附着于扳机的枢轴倾斜成另一个方向。每一次挤压扳机，第二个板就随扳机移动挤压杆，在运动过程中锁定挤压板不会倾斜，这足以让杆自由移动，当扳机松开时压紧。

单手柄夹钳来历和操作的基本介绍会在后面章节用到。

在继续后面内容前，注意本章鼓励生成多个想法，意识到一方面生成想法很令人满意，另一方面也会失望。一个想法的产生因其是你自己独特的而值得重视，作为一系列设计的一部分你会感觉骄傲和高兴。但是很多想法并不能到达产品阶段，实际上他们因为太复杂而不能实现或是没有足够的时间或资金开发这些想法。

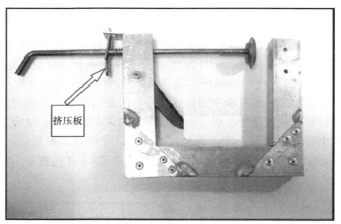

图 7.3 单手柄杆式夹持器的最初原型（经欧文工业工具许可后转印）

7.2 理解已有装置的功能

本节从"功能"这个术语展开综合讨论，接着集中于如何通过分解已有装置发现其功能。然后注意力会转移到理解推荐的专利中所描述的装置的功能。

图 7.4 1989 年 3 月推出的欧文快速夹钳（经欧文工业工具许可后转印）

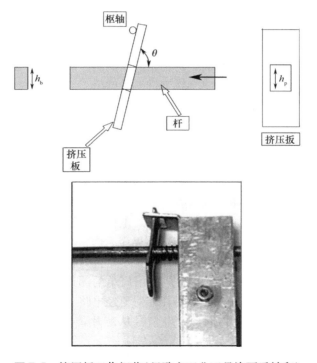

图 7.5 挤压板工作细节（经欧文工业工具许可后转印）

7.2.1 定义"功能"

在阅读本节时，记住下面一点很重要：功能告诉我们产品必须做什么，而其构造或结构则展示产品是怎么做的。本章的任务是首先确定"是什么"，然后再规划"怎么办"。这与第 6 章介绍的质量功能展开方法相似，即首先确定客户需求的是什么，然后再规划如何度量这种需求。这里我们集中于产品必须有的功能，然后再分析实现这些功能的结构。

功能是能量(包括静力)、物质或信息在物体间的合理流动，或由于一种或几种流动所引起的物体状态的改变。例如，为了将某个零件固定在另一个零件上，首先必须抓住这个零件，确定它的位置，然后固定它的位置。这些功能必须按合理的顺序进行，即抓住、定位和固定。在实施这些动作时，必须提供信息和能量以控制零件的运动，并对其施加作用力。这三种流动——能量、物质和信息——不是互相独立的。例如，所施加的控制和能量是不可分的，重要的是要注意到这二者同时发生并都由人同时施加到零件上。

与能量流有关的功能可以按照能量的类型和能量在系统中的作用进行分类。通常所说的机电系统的能量类型有：机械能、电能、流体能量和热能。在这些类型的能量流经系统时，它们被转换、存储、传递(引导)、输送和耗散。这些就是零件或组件在系统中的"动作"。所有用来描述能量流动的术语都是动词，这是所有功能描述的特征。力流是能量流的一部分，甚至包括不引起运动的力。有关力流的问题将在 9.3.4 节进一步讨论。

与物质流有关的功能可以分为三种主要类型：第一种是通过式流动，或称为物质守恒过程，物质的位置或形状发生变化，通常与通过式流动有关的术语有：定位、抬高、保持、支撑、移动、转化、旋转和引导；第二种是分叉流动，将物质分为两个或更多的部分，描述分叉流动常用的术语有：拆卸和分解；第三种是汇聚式流动，或称为物质组装、物质连接，用来描述汇聚式流动的术语有：结合、固定、相互定位。

与信息流有关的功能形式有机械信号、电信号或软件。通常，信息流用来作自动控制系统的一部分或用于人机交互界面。例如，如果安装一个有螺纹的零件，当拧紧螺纹后要晃动零件，看看它是不是真的联接好了。实际上你是在问这样的问题："零件联接好了吗？"并用简单的测试确认它已经被联接了。这就是一种常见的信息流类型。软件用于对流经电路、计算机芯片、编码控制的设计的信息流进行修改，因此，电信号从芯片传入传出，软件进行信号变换。

功能也可以与物体状态的改变相联系。如果我说一个弹簧存储了能量，那么弹簧内部的应力状态已经从原始状态发生了变化，被存储的能量从其他物体传递到(或流入)弹簧。状态变化在机械设计中是很重要的。典型的有势能或动能的转化、材料属性变化、构成(如形状、结构、相对位置)变化或信息容量变化。

应用这种对功能的基本理解，我们可以描述一种有用的方法用于已有装置的逆向工程。

7.2.2 使用逆向工程理解已有装置的功能

逆向工程是用于理解产品如何工作的一种方法。但是在第 2 章我们通过分解产品来理解产品的部件和装配，而这里我们将集中于它们的功能。在第 2 章我们拆解了一件欧文快速夹钳（见图 7.4），列出了它的部件和装配关系。这里我们将分解进一步扩展，以理解夹钳的功能——对它进行逆向工程。这不仅仅是把东西拆开，关键部分是理解别人是如何解决问题的。

逆向工程、功能分解或标记基准是有效的工程实践，因为人们花费了数百小时的工程时间分析已有装置的特征，忽视装置如何工作是愚蠢的。第 6 章的主体是质量功能展开（QFD）法，它鼓励研究现有产品，以此作为寻求市场机会并设定规格目标的基础。一些组织不重视产品、不进行开发，这是很没有竞争力的政策。人们称这些公司有"NIH"案例（这里，NIH 即不发明）。对其他产品进行解剖和采用逆向工程有助于克服上述政策。

想知道装置是如何工作的是自然趋势，有些装置的工作原理很明显而有时却很模糊。下面描述的方法用于帮助理解现有的产品，主要目标是发现装置怎样工作和它的功能是什么。

建议采用以下步骤来了解一个装置的功能，它们可以与分解结合在一起或从分解继续往下开展。这里假设夹钳已经分解，各部件已命名，如图 2.11 所示。

步骤 1：检查整体装置与其他对象的界面 由于装置的功能是通过装置对能量流、信息流和物质流的作用定义的，对装置检查的出发点应是检查流入与流出装置的流动。分析图 7.4 所示的欧文快速夹钳，首先确定流入流出夹钳的能量流、信息流和物质流。

能量流、信息流和物质流流过夹钳。使用者用手挤压手柄产生能量流入夹钳，把主体、扳机和要夹紧的部件调整到位，把夹钳口衬板推回，使夹钳呈鳄嘴型。信息流返回使用者，告诉使用者什么时候要停止挤压。换句话说，使用者会不断地问夹钳的力足够大吗？并增加手柄上的力以提供夹紧部件需要的挤压力，同时在夹紧过程中观察或倾听有何变化来回答上面的问题。最后，即使没有看起来像的任何物质流，考虑将被夹部件视为物质流入夹钳并返回也是有帮助的。这迫使你考虑夹紧时钳口的调整、夹紧以及工作结束后把部件从钳口移开的过程。

当使用者松开夹钳时，出现了第二种能量流，我们就不在这里展开了。

步骤 2：拆下一个零件详细研究 从装置中拆下一个零件或组件，要认真记录它原来是怎么与装置上的其他部分固定的。同时也要注意它和其他可能不接触的部件的关系。例如，由于功能的需要，它也许与其他部件之间留有间隙。它也许用于为其他零件遮挡视线、遮光或辐射，它也许要引导流体的流动。实际上，从装配体上拆下的零件可能就是流体，例如，分析流过阀门的水以研究阀门对水的作用。这一步和产品拆解过程相似。

在夹钳中我们将集中于扳机，移开面板后你可以看见扳机和其他内部部件（见图 7.6），拆开后把各部分的名字加到图片中，现在移开扳机以供详细分析。总之，为了功能分析，每移开一个要分析的零件就要记住其他每一件与它接触或不得不清理的部件（即界面）。扳机与使用者、装置主体和第一个挤压板间有界面，不得不清理杆和移开的面板。

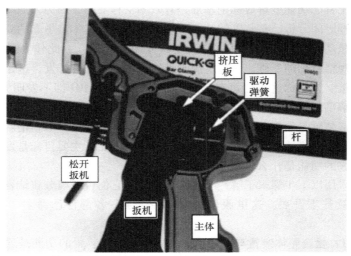

图 7.6　快速夹钳的内部部件（经欧文工业工具许可后转印）

步骤 3：检查零件的每一个界面，寻找能量流、信息流或物质流　这里的目的是真正理解在步骤 1 中所确定的功能是怎样通过装置进行转换的。另外，我们希望理解部件之间是如何固定在一起的，力是如何从一个部件传递到另一个部件的，以及每一个零件特征的用途。

在观察每一处连接时要牢记在零件间可能传递三个方向 (x, y, z) 的力和绕三个轴的转矩。进一步讲，每个界面上有的特征对于作用于它的力或力矩既提供自由度，又对其有约束。

夹钳上的扳机与其他零件及外部世界有三个界面，如图 7.7 所示，逆向工程模板如图 7.8 所示。

1）使用者的手与手柄间的界面，如图 7.7 中 1a 所示。该力与作用于主体的力平衡，这里的能量流如步骤 1 所述。

2）枢轴界面限制了扳机的一个自由度的运动——绕着圆形枢轴表面的转动。这里的能量流作为条目 3）所描述的夹紧力的反作用力，在图 7.7 中该夹紧力标为"3"。

3）与挤压板的界面。扳机和挤压板间的能量流（图 7.7 中 2）。移动挤压板继续拉动杆，使钳口靠近，将力作用于被夹物料。

图 7.7 中也示出了主体，没有包括释放扳机的力，图中表示出六个界面。通过分析每一个界面，可以理解操作主体及其设计细节 。

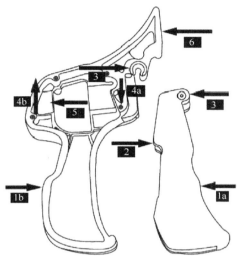

图 7.7　作用于快速夹紧主体及扳机上的力

7.3　一种功能设计方法

功能建模的目的是根据能量流、物质流和信息流将问题分解，这样在设计任务一开始就促使人们详细地了解所设计的装置将要干什么。在开发一个新产品时，功能分解方法是非常有效的。逆向工程模板样例如图 7.8 所示（注：译者加）。

在实施这种方法时有 4 个基本步骤，为成功地进行功能分解还需要遵循几项原则。这些步骤要反复使用，可以根据需要重新调整顺序。这种方法可以和 QFD 方法一起循环使用有助于对设计问题的理解。在讨论中，将通过单手用杆式夹持器和在第 4 章介绍的美国通用电气公司的 X 光 CT 扫描仪来证明这种技法的有效性。

7.3.1　步骤 1：发现需要实现的全部功能

这是朝着理解功能的目标前进的良好开端。它的目的是对建立在用户需求基础上的总功能做出简单的表述。所有的设计问题都有一个或两个"最重要的"功能，这些功能必须要简化成简单的条款并放入黑箱中，这个黑箱的输入为流入系统边界的全部能量流、物质流和信息流，其输出为流出系统的能量流、物质流和信息流。步骤 1 的几个原则是：

原则：能量必须守恒。任何流入的能量必须流出或储存在系统内。

原则：物质必须守恒。任何流入系统边界的物质像能量一样必须守恒。

原则：所有的界面对象和系统已知的、固定的系统部件都必须确定。列举出所有与系统相互作用的对象或系统的界面是非常重要的。对象包括所有的特征、零件、装配组件、人或与所设计系统有能量、物质、信息交换的自然要素。这些对象可能也对系统的尺寸、形状、重量、颜色等构成约束。而且有些对象构成所设计系统中的不可改变的部分。这些都必须在设计过程的开始阶段列出。

原则：问这样的问题：用户怎样知道系统是否在工作？对这个问题的回答有助于确定重要的信息流。

原则：使用动作动词表达流。动作动词见表 7.1，可以用来描述功能。显然，有很多其他动词未列入，它们表示预期的动作。

发现全部功能：单手用杆式夹持器

单手用杆式夹持器"最重要的"功能是非常简单地能"把手的握力转换成把普通物体夹紧在一起"的可控力（见图 7.9）。这个表述简洁，它表明目标是当感觉到作用力时改变能量，系统的边界是一只手和被夹物体。

发现全部功能：X 光 CT 扫描仪

图 7.10 所示为 CT 扫描仪（取自图 4.2），顶层功能是"把电能转换为病人器官的图像"。

表 7.1 典型的机械设计功能

吸收/放出	驱　散	释　放
开动	驱动	调整
扩大	保持或固定	旋转
装配/拆卸	增加/减少	关紧
改变	阻碍	屏蔽
引导或导向	结合/分离	开始/停止
清除或避免	抬高	指向
收集	限制	存储
传导	定位	供给
控制	移动	支撑
转换	定向	变换
连接/中断	定位	转化
指导	保护	核实

这个陈述假定整个 CT 扫描仪是考虑的界面，计算机和软件进行图像处

面向功能理解的逆向工程	
设计组织：机械设计过程举例	时间：2007 年 12 月 20 日
产品分解：欧文快速夹钳—— 2007 前	
描述：这是一件已经在市场上销售很多年的快速夹紧产品	
如何工作的：反复挤压手枪式手柄，让钳口靠近，增加夹紧力。挤压释放扳机，消除夹紧力。下部 (图中最左边部分支撑着抵抗夹紧作用的面)可以反向动作，所以夹紧力能起推开而不仅是压紧在一起的作用。	

与其他对象的界面

部件号	部件名称	其他对象	能量流	信息流	物质流
1 ~ 2	主体和扳机	使用者的手	使用者挤压扳机让夹口更靠近	挤压力成比例地转化为夹口的力	使用者的手抓紧和释放
8	垫板	被夹紧的部件	夹紧力和挤压板相夹的压紧运动	无	部件放入和取出夹口
等等					

能量流、信息流和物质流

部件号	部件名称	界面部件 #	能量流、信息流和物质流	图 像
1	扳机	使用者	握紧扳机和主体提供力 1a，使用者感觉到的与夹紧力成比例的助力	
2	扳机	1—主体	枢轴上的力 3— 反作用力	
3	扳机	14—夹紧板	力 2 推动夹紧板到极限使杆移动并施加夹紧力	
4	等等			

链接和图文件：

团队成员	制表：
团队成员	审核：
团队成员	批准：
团队成员	

机械设计过程	由大卫 G. 乌尔曼教授设计
Copyright 2008， McGraw-Hill	Form#1.0

图 7.8 逆向工程模板样例

图 7.9 单手用杆式夹持器的顶层杠杆功能

理。我们会把界面范围缩小，仅把附件的装置显示在图中，指明"把电能转

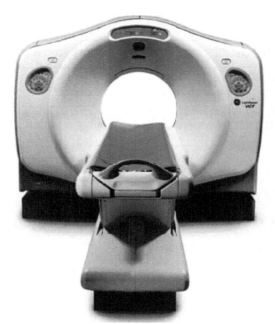

图 7.10 GE CT 扫描仪（经 GE 医疗许可后转印）

化为信号，信号包含着病人的器官信息"。几乎没有差异，但表明边界变化了。

7.3.2 步骤 2：产生子功能描述

这一步和步骤 3 的目标是分解总功能。这一步集中于确定需要的子功能，下一步骤涉及它们的组成方式。

对总功能进行分解有 3 个原因：首先，功能分解的结果支配着设计问题的求解方法。由于概念由功能产生，产品由概念产生，为防止浪费时间去设计解决错误问题的产品，我们必须对功能进行彻底地理解。

其次，将功能分割成更精炼的功能细节会有利于对设计问题更好的理解。尽管所有这些细节工作听起来与创造性相对立，但是绝大多数好的想法都来源于对设计问题功能需求的充分理解。由于功能分割有助于改善对功能的理解，所以在第 6 章所介绍的质量功能展开过程完成之前进行功能分解是有益的，并用功能开发帮助确定工程规范。

最后，对设计功能的分解可能促使应用一些已有的、可以满足功能需求的零部件。

每一项设定的分功能都表明：

1）一个实体，它的状态发生变化。

2）一个实体，有通过其他实体传入的能量流、物质流和信息流。

下面的原则对于完成功能分解是很重要的。为了最终确定所有信息需要经过多次反复，但是这里所花费的时间将会为后面寻求预期功能解的工作节省更多的时间。在第 3 步骤结尾的实例中将示范如何使用这条原则。

原则：考虑"是什么"，而不是"怎么办"。只需考虑"功能是什么"的问题。详细的以结构为导向的"怎么办"会在稍后备有文件证明，因为这**会过早地**引入细节问题。即使我们记得功能具体的物质形式，我们也应试图将这些信息抽象化，这是非常重要的。如果在特定问题中，只有当装置的形状或结构具备某些基本假定条件时功能才有可能实现，然后用文件证明这些假定条件。

原则：使用唯一的实体进行问题描述或总功能描述。为确保不会有新的成分无意间进入产品，仅使用前面用过的（如：在质量功能展开方法中以及在步骤 1 中）名词描述物质流或界面实体。如果在这一步骤中使用了任何的其他名词，那么或者是在步骤 1 中丢失了某些信息（应返回第 1 步，重新明确表述总功能），表述不完全，或者是设计决策向已完成的系统中添加了某些信息（要非常仔细地考虑）。只要是有意识做的，添加实体也不是坏事。

原则：尽可能细致地将功能分解。设计工作最好从总功能开始，将总功能分解为分功能，使每一项分功能表示一种变化或对物质流、能量流或信息流的变换。在这项活动中常使用表 7.1 所给出的动作动词。

原则：考虑所有的操作顺序。一个产品在使用中可能有不止一种操作顺序（图 1.7），装置的功能在不同的操作顺序中可能是不同的。另外，在实际使用之前，可能必须考虑到一些准备工作；同样，在使用以后，可能有一些结果。根据准备、使用和结果中的每一项功能进行思考是有效的。

原则：尽可能采用标准符号。对于某些类型的系统，有非常成熟的方法建立功能框图，对于电路图和管道图等都有通用的图形符号表达方法，对于系统动力学和控制用框图表示转移函数。应尽量采用这些符号，但是没有标准符号来表达一般的机械产品设计。

7.3.3　步骤 3：子功能排序

这一步的目的是为前一步产生的功能排序。对于很多重新设计问题，这一步骤是与步骤 2 同步进行的，但是对于一些材料加工系统来说这步是一个主要的步骤。其目的是把在步骤 2 发现的功能排序以完成步骤 1 的整体功能。下面的原则和实例将有助于理解这一步的内容。

原则：流动必须按逻辑或时间顺序进行。所设定的系统操作必须按照逻辑结构或时间顺序进行，这种顺序可以通过重新安排子功能来确定。首先将子功能分成独立的组（准备、使用和结果），然后在各组内排序，实现一个功能的输出就是另一个功能的输入的顺序。这有助于对流的理解，并有助于发现丢失的功能。

原则：**必须识别和合并多余的功能**。通常有很多方式表达同样的功能。如果设计小组的每一个成员已经把他或她的子功能用活页纸写出，可以把这些贴在墙上，并按相似性进行分组。所有相似的功能被合并成一个子功能。

原则：**必须排除不在系统边界内的功能**。这步帮助团队对准确的系统边界达成共识，这通常不像听起来那么简单。

原则：**能量流和物质流在流经系统时必须守恒**。在功能分解中，输入与输出要匹配。每一项功能的输入必须与前一项功能的输出相匹配，输入与输出表现为能量、物质和信息。因此，能量、物质和信息在功能间无变化或转化地流动。

创建一个子功能描述：欧文快速夹紧实例

图 7.11 所示为单手用杆式夹持器功能分解。请记住：当我们分析的对象不存在一种正确方式来进行功能分解时，进行功能分解的主要目的是让所开发的装置的功能易于理解。注意每个功能的描述从表 7.1 所列出的动作动词开始，然后跟着一个名词。每个方框按逻辑模式排列，也要注意本例中，能量是主要流量，但是有信息反馈给使用者。若没有反馈存在，夹持器还有用吗？

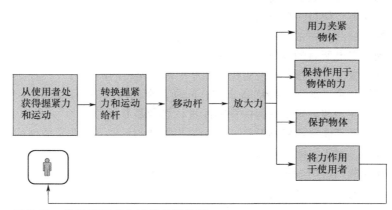

图 7.11　单手用杆式夹持器功能分解

图解的许多功能可以进一步完善。松开任何定位装置，对象保持力的功能框图可进一步完善（没有表示在图中）。

创建子功能描述：CT 扫描仪

CT 扫描仪是一个复杂的装置，功能框图填满很多页，分割一部分出来，关注 X 射线管，如图 7.12 所示。"把电能转换为 X 射线"的功能就有很多子功能需要组织，其中之一即"去除废热"就非常困难，因为实际上仅有大约 1% 的能量转化为 X 射线，其他 60 多千瓦的能量成为废热。在第 10 章会再讨论除去这些废热的内容。

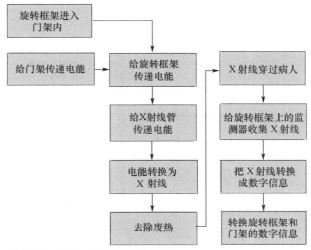

图 7.12 CT 扫描仪的功能分解

7.3.4 步骤 4：细化子功能

这一步的目的是尽可能细致地分解子功能结构。这意味着要检查每一项子功能，看它是否可以被进一步分解为子子功能。功能分解要持续进行一直到有以下两者之一出现，已分解到"元功能"或为进一步细化需要新对象。元功能这一术语隐含可以被已有的对象实现。但如果需要引入新的对象，就要停止细分，因为新的对象需要解决如何实现功能的问题，而不是细化功能是什么的问题。使用的每一个名词表示一个对象或对象的一个特征。

进一步将 CT 扫描仪分功能细分。

"电能转换为 X 射线"的功能可以进一步分解，如图 7.13 所示，图中表示"保持真空"的功能围绕所有其他功能，因为这些功能需要在此条件下完成，框图中的能量流包括电、离子、X 射线、热、力和力矩。

必须认识到，功能分解不可能一次通过，提出的功能分解框图要经过反复斟酌才能完成。但事实是，只有对设计问题的功能要求有充分的理解才有可能做出好的设计。本章习题既包括步骤 1 确定解决问题的想法的内容，也包括另一步理解问题的内容。随着设计过程的深入，会更新和细化功能分解框图。

细化功能的第 2 个目标是使功能成组，通过功能成组，隔离系统逻辑中的组块，作为构建不同产品的模块。

这四步功能分解的重要性在于产生概念满足所有认定的功能需求。在阅读本章余下内容时请注意，这里描述的方法可以用于整个装置、收集子功能或一个单独子功能的研究。

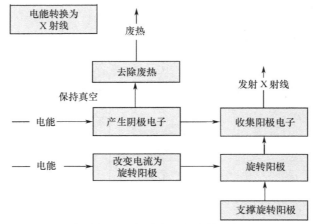

图 7.13   电能转换为 X 射线的细化功能分解

7.4   产生概念的基本方法

本节所介绍的方法是提出概念的常用方法。我们会发现，这些方法是以关于功能的知识为基础的。这些方法没有严格的顺序，可以一起使用。有经验的设计人员为解决一个特殊的问题可以从一种方法跳到另一种方法。

7.4.1   头脑风暴法是产生概念的源泉

最初提出头脑风暴法是作为基于小组讨论的方法，这种方法也可以应用于个体设计人员。使这种方法在小组讨论中特别有效的原因在于每一个小组成员都根据自己的观点贡献出自己的想法。头脑风暴法的规则相当简单：

1）记录产生的所有想法。讨论开始时指定一名秘书，他也会是一名贡献者。

2）尽可能多地提出想法，然后用语言描述这些想法。

3）疯狂思考。愚蠢的、不可能实现的想法可能会引出有用的想法。

4）只提出想法，不要对这些想法进行评价。这是非常重要的，不理睬关于所提想法价值的任何评价、判断或其他意见。

在使用这种方法时，通常在开始时有一个明显的想法的急流，然后接着是一段周期性的想法的慢流。在小组中，一个成员的想法会触发其他成员的想法。一个头脑风暴法会议应聚焦于一项专门的功能，会议的进行应允许至少经过 3 个没有想法涌现的阶段。在头脑风暴法会议中鼓励幽默是很重要的，因为疯狂的、古怪的想法都可能激发出有用的概念。这是一个已经被验证的方法，当需要新想法时它是非常有效的。

7.4.2 使用 6-3-5 方法作为产生概念的源泉

头脑风暴法的一个缺点是它可能会被一个或几个团队成员所控制（见3.3.6 节）。6-3-5 方法使得所有成员平等地参与。这种方法是头脑风暴法的一种有效的纸面形式，有人也称这种方法为默写式头脑风暴法。这种方法与图7.14 所示的方法相似。

"这是我们的装配线。如果坐在装配线端部的人有了想法，就把它放在传送带上，当它从我们每一人面前通过时，我们琢磨它，想给它再增加点什么。"

图 7.14 自动的头脑风暴法（© 2002 by Sidney Harris. 经 CartoonStock 许可后转印 ）

应用 6-3-5 法时，让所有成员围坐在一个桌子周围，参与成员的最佳数量是方法名称中的"6"。在实践中最少不要少于 3 人，最多不要多过 8 人。每个人带几张白纸，沿着纸的长度方向在纸上划线，将纸面划分为 3 栏。然后每个成员写出 3 个如何实现给定功能的想法，每个想法写在一个栏的顶部。想法的个数是方法名称中的"3"。这些想法可以用草图或文字表示，表达要清楚得足以使其他成员理解概念的要点。

工作 5min 之后将这张纸传给右边的成员。方法名称中的"5"就是时间长度。这时每个成员再用 5min 时间在纸上添加 3 个想法，这要在研究了前面的想法后作出。新的想法可以是在所看到的想法的基础上提出的，也可以忽略所看到的想法。当这些纸张经过每间隔 5min 一次的传递后，每一个成员都看到了其他成员的想法，形成的想法已经在一定程度上是最好想法的混合。在这些纸被所有成员传递后，团队可以讨论这些结果并找出最好的可能性。

这种方法在结束之前一直没有口头交流。这条规则使得每个成员独自在纸面上阐述他的想法，这可能会激发新的洞察力并避免评价。

7.4.3　在设计中使用类推方法

使用类推方法可以有效地促进概念的产生。使用类推的最好的方法是先考虑一项需要的功能，然后提问：还有别的什么可以提供类似功能？一个能够提供相似功能的对象可以触发关于新概念的想法。例如从填缝枪（见图 7.2）产生的单手用杆式夹持器的想法。

很多类推始于本性，例如，工程师研究鲨鱼的皮肤用于降低船的牵引助力；蚂蚁是如何协调交通减少阻塞的，飞蛾、蛇和狗是如何感觉气味进行炸弹检测的。

类推也可能会引发不好的想法。几百年来，人们看到鸟类通过扇动翅膀实现飞行。通过类推，扇动翅膀可以使鸟升空，所以扇动翅膀也一定可以使人升空。这个设想一直没能实现，直到人类开始试验使用固定的翅膀，并将有人驾驶飞行的可能变为现实。实际上，这是由莱特兄弟在 20 世纪初实现的，有人驾驶飞行的问题被分解为 4 个主要功能，每一项功能都被相对独立地解决了：升空、稳定、控制和推进。莱特兄弟真的逐个实现了这些功能，并最终实现了可控的连续飞行。

7.4.4　从参考书或行业杂志和网络上发现想法

很多参考书上介绍的分析方法在设计的初期不是很有用。在有些参考书中，你会发现一些抽象的概念，它们对于这个设计阶段是有用的，通常应用于某些非常成熟的设计领域，这些概念经分解后其结构具备特殊的功能。一个很好的实例是关于连杆机构设计领域。虽然连杆机构实质上主要是几何参数设计，很多连杆机构可以根据其所具有的功能进行分类。例如，可以根据连杆机构在运动循环中有部分时间可以产生直线运动的几何特征进行分类（功能是产生直线运动）。可以将这些能产生直线运动的机构按功能分成组。图 7.15 所示为两个这样的机构。

很多好的想法发表在专业杂志上，这些杂志指向特定的学科。有些是面向

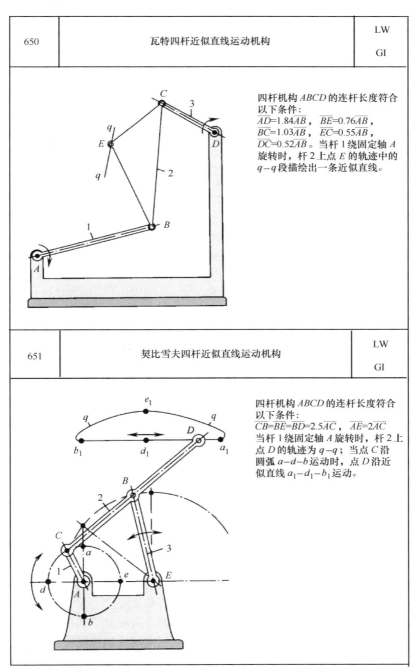

650	瓦特四杆近似直线运动机构	LW GI

四杆机构 $ABCD$ 的连杆长度符合以下条件：
$\overline{AD}=1.84\overline{AB}$ ， $\overline{BE}=0.76\overline{AB}$ ，
$\overline{BC}=1.03\overline{AB}$ ， $\overline{EC}=0.55\overline{AB}$ ，
$\overline{DC}=0.52\overline{AB}$ 。当杆 1 绕固定轴 A 旋转时，杆 2 上点 E 的轨迹中的 $q-q$ 段描绘出一条近似直线。

651	契比雪夫四杆近似直线运动机构	LW GI

四杆机构 $ABCD$ 的连杆长度符合以下条件：
$\overline{CB}=\overline{BE}=\overline{BD}=2.5\overline{AC}$ ， $\overline{AE}=2\overline{AC}$
当杆 1 绕固定轴 A 旋转时，杆 2 上点 D 的轨迹为 $q-q$ ；当点 C 沿圆弧 $a-d-b$ 运动时，点 D 沿近似直线 $a_1-d_1-b_1$ 运动。

图 7.15 直线运动机构

设计人员的，其中包含来自很多领域的信息。本章最后资源中（7.11 节）列出了设计类专业杂志。

7.4.5　通过专家帮助产生概念

如果在一个新的领域进行设计，我们在这个领域中没有经验，可以有两种获取知识以帮助我们产生概念的方法。我们可以求助于这个领域的专家，也可以花时间自己去积累经验。发现专家通常并不容易，也可能在这个领域中没有专家。

> *偷一个人的想法是剽窃；从很多人处偷是研究。*

怎样才能使你成为一个新领域或一个独特领域中的专家呢？怎样在无法找到或无法获得已有专家的支持时使自己变成专家？在任何好的设计师事务所可以找到专业知识的资料。最好的设计师长期努力从事某一领域的工作，他们自己会进行很多专业的计算和试验工作以证实什么能工作什么不能。这些事务所也有很多专著、期刊以及概念设计草图。

生产厂家的目录是很好的信息源，如果能找到厂家代表就更好了。胜任的设计人员会花费大量的时间与这些厂家代表电话联系，试图发现关于某项技术的专业信息以及尝试寻找解决问题的其他方法。一个获得生产商信息的途径是使用像"托马斯名录"这样的索引工具，这是一座概念的金矿，所有的技术性图书馆都要订阅每年更新的 23 卷，包含上百万个对机械设计可用的零部件及系统生产厂家的名录。除了限选的生产厂家名录外，"托马斯名录"并不直接提供信息，但是指明有帮助的生产商。使用名录的难点是寻找正确的标题，这和查找专利一样费时间。在互联网上可以很容易地搜到"托马斯名录"（见 7.11 节资源中网址）。

7.5　专利是灵感的来源

专利文献是很好的灵感源，我们可以相对容易地找到关于任何可以想象到的主题的专利以及很多想象不到的专利。使用专利的问题在于专利文献中很难找到恰好是你需要的内容；很容易找到一些其他的、有趣的、让人分散注意力的而不是直接针对主题的内容；专利文献很不容易读。

专利主要有两种类型：实用专利和设计专利，实际上"实用"和"功能"意思相同，所以提出实用专利时要说明想法如何实现或如何使用。我们在产品上所见到的几乎所有的专利号都是实用专利，设计专利只是关于概念的样子或构成，所以这里所说的设计是视觉感观。设计专利的约束力不强，因为装置在形式上的一个微小的改变就会让装置看起来有所不同，就被认为是不同的产品。所有的设计专利号都以字符"D"开头。实用专利的约束力很强，因为它表现的是装置如何工作，而不是外观怎样。

有超过 7 百万个实用专利，每一个专利都有很多图表，都有不同的要求。要通过专利查询将它们压缩到一个合理的数量，必须要进行专利检索。这就是说，要把所有与某种应用有关的专利找出来。每个人都可以做到，但是最好是由熟悉专利文献的专业人员完成。

专利查询方法在 20 世纪 90 年代中期有了重大改变。在此之前，查询专利首先必须由不同的索引进行挖掘，然后再到美国的 50 个专利文献存放处之一查看专利的完整文字和图表。现在可以很容易地通过互联网进行专利查询，在 7.11 节中列出了好的查询专利的网站。

> **不要试图重新发明轮子。**

在详细介绍如何最好地查询专利之前，首先剖析一个专利的文件，图 7.16 所示为一个早期夹持器专利的第一页，标题行中显示了这是一项美国专利，并显示专利号(由于专利号不是以字符"D"开头，所以这是实用专利)、第一发明人姓名及日期。在第一栏中的重要信息是代理人、文件归档(即:应用)日期、类别及其他参考文献。

代理人是实际拥有专利的实体，通常是发明人的老板。绝大多数工程师都要签一个雇佣表声明老板(代理人)拥有所有开发的想法。

在这个专利中，从提出专利申请的日期到授权大约经历 15 个月的时间。这个过程可能还会更长，这取决于修改时间(见 12.5 节)以及其所属的专业领域(例如软件专利由于在专利局的积压，可能需要 3 年或更长的时间)。

所有的专利都通过专利类别号和子类号进行组织。例如，在图 7.16 中美国专利主类别号为 81，子类别号为 487。查找美国专利分类手册，可以在很多图书馆或某些网站找到。类别 81 的标题是"工具"，子类 487 的标题是"有夹紧功能的手握固定器"。尽管标题不清晰，有描述如下:

工具包含①适合用手支撑的有工件支撑部分的工具；②两个相对移动件形成夹紧工件的表面，在相对位置上夹持工件的一部分。

同样在图 7.16 的第一栏有"参考检索"。列出与此专利相关的其他早期专利。注意倘若是这样的话，最早的专利索引在 1932 年。通常会参考老专利，因为所有的新想法都是基于大量的前人的成果。

在第二栏中，在其他参考之后的是摘要，摘要通常是专利的第一个要求或关于它的解释。通常的专利有 20 个或更多的专利权要求，专利权要求是关于装置的独特功用(即:功能)的描述，在专利中其他的专利权要求通常是建立在第一个专利权要求基础上的。

United States Patent [19]

Sorensen et al.

[11] Patent Number: **5,009,134**

[45] Date of Patent: * **Apr. 23, 1991**

[54] **QUICK-ACTION BAR CLAMP**

[75] Inventors: **Joseph A. Sorensen; Dwight L. Gatzemeyer,** both of Lincoln, Nebr.

[73] Assignee: **Petersen Manufacturing Co., Inc.**

[*] Notice: The portion of the term of this patent subsequent to May 22, 2007 has been disclaimed.

[21] Appl. No.: **480,283**

[22] Filed: **Feb. 15, 1990**

Related U.S. Application Data

[63] Continuation-in-part of Ser. No. 234,173, Aug. 19, 1988, Pat. No. 4,926,722.

[51] Int. Cl.5 .... B25B 5/02
[52] U.S. Cl. 81/487; 269/6; 269/166; 269/169; 269/88
[58] Field of Search 81/487, 126; 269/166, 269/167, 170, 169, 165, 6, 203, 204, 88; 29/239

[56] **References Cited**

U.S. PATENT DOCUMENTS

1,878,624	9/1932	Estes	29/239
3,096,975	7/1963	Irwin	269/169
4,042,264	8/1977	Shumer	269/203
4,220,322	9/1980	Hobday	
4,306,710	12/1981	Vosper	269/204
4,339,113	7/1982	Vosper	269/204

FOREIGN PATENT DOCUMENTS

1408886	10/1975	United Kingdom .
1516748	7/1978	United Kingdom .
1544156	4/1979	United Kingdom .
1555455	11/1979	United Kingdom .
2178689	2/1987	United Kingdom .
1472278	5/1987	United Kingdom .
2204264	11/1988	United Kingdom .

OTHER PUBLICATIONS

Rhombus Pamphlet, Rhombus Tool Limited, Jun. 30, 1989.

Primary Examiner—Roscoe V. Parker
Attorney, Agent, or Firm—Lackenbach Siegel Marzullo & Aronson

[57] **ABSTRACT**

A bar clamp having a fixed jaw and a movable jaw which is radially movable over both short and long distances to clamp against a workpiece and is operable using one hand with complete control by the operator at all times. The jaws may either face one another while being mounted on the same side of a handle/grip assembly or face in opposite directions while being mounted on opposite sides of the handle/grip assembly whereby they may be incrementally advanced by the trigger handle/driving lever.

8 Claims, 8 Drawing Sheets

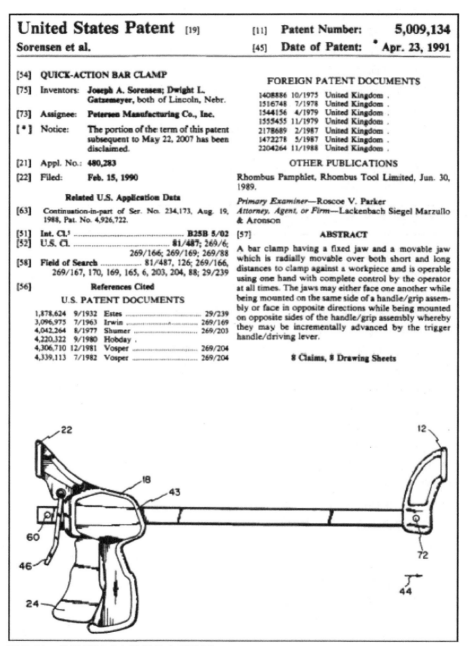

图 7.16　单手用杆式夹持器的专利首页

　　最后，在专利的首页上有专利的图形，这通常是专利的第一张图。如图 7.16 所示，专利图形是描述装置总体的一种程序化的线图，其中包括表示各种零件的编号。按照这种要求，夹持器要画出夹口能反向运动，这样夹持器能展开而不仅仅是夹紧。欧文产品把这种特性转换变为可能。专利的其他部分包括对专利的描述、对图形的说明、专利权要求以及其他图形。

为了通过专利文献帮助理解已有的装置，可以利用专利分类或关键词来查找专利文献。如果已知一项专利的专利号，可以利用它的主类/子类查询到其他的类似装置。在本例中，用 81/487 检索可以查到超过 400 个近期的专利。在专利检索中的一个问题是通常可以发现更多的信息而不能审阅这些信息。每查一个专利，在以前基础上的专利权要求、图形以及工程方法可用于理解专利的功能。

如果不知道如何开始专利检索，用关键词进行检索，在引入网络前关键词检索不是很奏效，现在可以在专利与商标局的网站容易地检索从 1970 年发布的专利，有限检索到 1795 年。检索"杆"和"夹持器"有 1298 个专利，审阅这些专利发现，许多专利的概念有非常不同的应用。但是有些似乎会得到用单手夹紧的其他方式。

这一节的内容只是关于如何通过专利文献理解别人是如何解决类似问题的。专利的实施过程将在第 12.5 节讨论，而且在过去几年里，人们努力想办法采用其他有用的方式组织专利，帮助产生概念。其中方法之一是 TRIZ，该内容将在 7.7 节讨论。为了最好地使用 TRIZ，首先需要理解概念的冲突和另一种概念产生的方法。

7.6 利用矛盾产生灵感

矛盾是工程上的"取舍"。当某些事变得更好时，迫使有些其他事就变得更糟，这时矛盾就产生了。这意味着为达到一个需求的目标相反会影响完成另一个需求，举例如下：

1）挤压单手用杆夹持器手柄，使夹紧口运动速度增加（好），就降低了夹紧力（坏）。

2）产品强度增加（好），但是重量就增加了（坏）。

3）产品功能增多（好），使产品变大变重（坏）。

4）汽车上的气囊要打开得快，保护乘客（好），但是打开越快，也会更容易伤害到人（坏）。

在矛盾中工作是一种强有力的方法，似乎会形成两个不同的方面，一个适于在使用 TRIZ 方法中（在 7.7 节进一步讨论）产生灵感，作为关键链项目管理的一部分，另一种是项目管理方法（本节没有讨论，但可以看 7.11 节链接提供的详细内容）。在项目管理中，因矛盾产生灵感被称为消雾法（EC），因为它帮助蒸发了矛盾。下面生成的步骤帮助把无组织的混乱问题（云）组织化，然后通过生成更好的可选择的解决方案，增加对问题的理解，蒸发问题。

图 7.17 表示了 EC 的基本结构，框图中的步骤有：

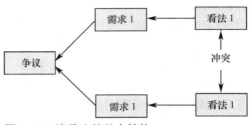

图 7.17 消雾法的基本结构

1）明确地表达冲突的看法或功能。

2）确定需求，强制产生两个看法。

3）确定争议，目标需求。

4）产生假设成为上述内容的基础。

5）明确问题，可以缓解冲突，同时满足目标。

通过下面的例子我们来分析 EC 步骤。一个旗舰产品公司曾经是市场的引领者，但现在竞争力止步不前，公司可以增加更多功能，但是产品变得更重更大，产品需要增加功能但是又不能使产品变得更重更大。

1）明确地表达冲突的看法或功能。两种看法——最初可选择的——是"让产品更小更轻"对"满足所有功能"，如图 7.18 所示，代表了基本冲突或困境。这里假设许多争议始于基本冲突——引起争议升级的问题。这两个初始看法是交替的互相独立的问题的解决方案，不能两者都存在。另一种表示初始看法的方式是阐述你想改进什么。这是第一个看法，接着确认阻止你改进第一个看法的其他事情或若你要进行改进需要妥协的事情。

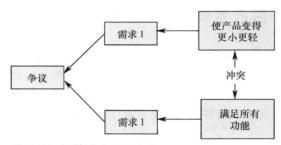

图 7.18 初始看法引起冲突

这两个看法间的冲突就是这个方法试图解决的内容，不要过于关注只有两个可选择的看法，看法仅仅是出发点，随着设计的开展，看法会消失。

2）确定需求，强制产生两个看法。一旦初始看法确定，看法的基本需要或需求——"为什么"——必须找到。要求我们选择看法是最重要的准则，在本例中，我们将要把产品做更小更轻，因为我们需要让用户易于移动和操作产品。同样的，我们需要功能以迎接竞争。这些需求在图 7.19 的框图中表示出。理想地讲，这两个需求我们都愿意满足，这是获得解决问题的好方案的两个最初条件。

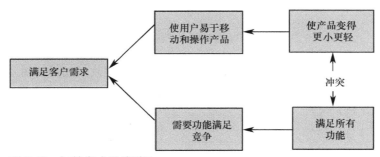

图 7.19 初始完成的消雾法

3）确定争议、目标需求。基于需求，你能确定争议或目标，争议回答了问题"为什么所有这些是重要的？"所有这些是重要的原因是我们想满足用户的需求。现在我们能读整个框图了（见图 7.19）。从顶部——如果我们把产品做得更小更轻，我们会使用户易于移动和操作产品——客户的需求。从底部——如果我们符合所有功能，我们将满足竞争和客户需求，但是尽管两者导致相同的目标，我们有冲突，因为我们假设限于资源我们不能两者兼得。

4）产生假设成为上述内容的基础。现在我们到了有趣的部分，框图中所有的项目以假设为基础，这些假设需要被梳理出，因为每一条假设引出更多的准则和备选方案，也许甚至是新争议。考虑每一个箭头和框图，问"为什么"；"因为"的答案是假设，通常有很多假设。如果在每一个箭头或框图中仅找到一个，改进就更难或考虑重新形成云（冲突）。

在图 7.20 中，确定了 14 条假设，其中有些看起来很明显，有些可能重叠，而有些情况下琐碎，但是通过对假设的关注，你可以：

① 对图框的正确性质疑。有些假设可能需要更多信息（如，"客户没有意识到我们的产品"是否真实或"我们明白客户的期望吗"）。基于你现在所知，框图可能需要重新形成。

② 注意新准则，探索每一个假设是如何增加一个需求或对问题的约束的。

③ 确定新的备选方案，把备选方案称为注射剂，是最后一步关注的

5）明确问题，可以缓解冲突，同时满足目标。后一步是要增加注射，一个注射就是一个新灵感，可以帮助打破冲突。因为事实上所有假设集中在为什么你不能做某事，问这样的问题：什么能消除假设？对该问题的回答能帮助开发进一步研究的方向和要考虑的备选方案。在这个例子中，一些额外的研究可能会有助于弄清状况，这些研究会是：

① 客户会使用产品的所有功能吗？

② 我们可以模块化产品吗？

③ 我们真的知道客户想要的东西吗？

从图 7.20 的 EC 中显现的新想法：

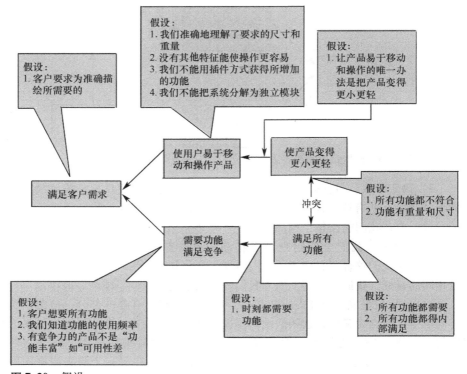

图 7.20　假设

① 插件。

② 模块。

③ 用软件获得功能(从"功能有重量和尺寸"考虑)。

尽管框图帮助梳理出很多信息，EC 理念甚至更重要：

① 两个可供选择的观点，看似冲突，若两个观点支持目标，实际上就并不冲突。为满足两个需求，我们需要修正那些让我们感觉不舒服的事情(回想一下六个盲人和大象的故事)。

② 过程把两方面集合在一起，关注于开发双赢的新方案，其中每一边都保护其想法。双赢的方案不是妥协，妥协是双输。

7.7　机械发明的原理

TRIZ(发音："trees")是"机械发明理论"的俄文字头缩写。TRIZ 的建立基于两个创意：

1) 工程师面对的很多问题中包含有已经被解决的问题的元素，通常在完全不同的行业，面对完全无关的情况，使用完全不同的方法解决问题。

2）科学技术的进步有可预见的模式，可以用于任何情况来决定下一步最大可能的成功。

使用 TRIZ 理论，我们可以系统地创新；我们不能等待"灵感"或用与以前提到的其他方法相同的方法反复尝试，TRIZ 方法的实践者已经很高效地开发了新的可取得专利权的想法。为了更好地理解 TRIZ 方法，了解它的历史还是很重要的。

TRIZ 方法是由 Genrikh Altshuller 提出的，他是一位机械工程师、发明家、苏联海军专利审查员。在第二次世界大战以后，政府分配 Altshuller 去研究世界范围内的专利，寻找苏联应了解的战略性技术。他和他的团队注意到一些相同的原理被不同的行业反复应用，间隔很多年，解决相似的问题。

Altshuller 产生了这样的想法：发明可以根据功能归纳和组织，而不是像 7.5 节所介绍的那样使用传统的方法进行索引。基于这一想法，Altshuller 开始建立一个广泛的"知识基础"，它包括大量的物理学、化学、几何学的作用，同时也包括很多工程原理、现象、演化模式。Altshuller 写信给斯大林描述了他关于改进铁路系统和苏联生产产品的新方法。当时，这种创造性的、独立思考的价值没有被充分重视。自 20 世纪 50 年代至他去世，他发表了大量的专著和技术论文，在苏联教授无数学生学习了 TRIZ 方法。TRIZ 法在全世界成为最佳方法。

Altshuller 在 20 世纪 40 年代的晚期研究了 400000 件专利。今天，这个专利数据库已经扩展到包括 250 万件专利。根据这些资料 Altshuller 和他的门徒已经研究出了很多种 TRIZ 方法。首先 7.6 节的利用矛盾的方法，其次使用 40 个发明原则是基于收缩。

TRIZ 的 40 个发明原则有助于产生灵感、克服矛盾[⊖]。Altshuller 研究了来自许多不同工程领域的专利并把每一项专利简化为对一个基本原则的使用，他发现了 40 个发明原则。他发现所有专利中都潜藏着这 40 条发明原则，提出"解决方案路径"或处理或消除参数间工程矛盾的方法。全部原则及其解释在网站上有，以下列出了发明法则的名字，按照 7 个主要分类组织。

- 组织（6）
- 分割、合并、提取、嵌套
- 平衡力、不对称
- 构成（7）

⊖ 这里方法被极大地压缩了，在传统的 TRIZ 实践中，矛盾用于在一个大表格中查找哪条发明原理用在这里会最合适，这个表用在这里显得太大。对 40 条发明原则的简单探究并不会花费很多时间，而且会比使用大表更有趣。

- 局部质量，普遍性
- 同质、复合体
- 球体、薄膜、廉价的废品
- 物理方面（4）
- 多孔性、额外空间、热膨胀、颜色改变
- 化学方面（4）
- 氧化物——降低惰性
- 状态改变，相变
- 相互作用（5）
- 减少机械运动，引起流动性
- 等势、动力学、振动
- 过程（9）
- 按相反方向做、++/--、连续动作、重复动作、跳过、负化为正
- 预缓冲、预动作、预抵消
- 维护（5）
- 自助、中介、反馈
- 使用和收回，廉价的副本

为了说明怎样应用这种方法，考虑 7.6 节单手用杆式夹持器设计的矛盾"挤压单手用杆式夹持器手柄，使夹紧口运动速度增加（好），但降低了夹紧力（坏）"，通过查询 40 条发明原则的列表，可以产生 3 个想法，所列举的每一个想法作为一个标题，下面紧跟着的是关于它的解释，这些想法是：

原理 1. 分割

a. 将对象分成几个互相独立的部分。

b. 把对象分解成可组合的。

c. 增加对象分割的程度。

这引导出使用两个机构的想法，其中一个是快速运动但力小，另一个是由于夹紧压力增加运动变慢。事实上，欧文已经申请了这两个情况的专利。

原理 10. 预动作

a. 预先全部（至少是部分）实现所需要的动作。

b. 将物体放在动作开始的位置，以免由于等待动作而浪费时间。

这引出让夹持器自动移动的想法，当工作时夹持口开始与工件接触（预动作），接着握紧力转换成小幅运动下的夹紧力。这与第一个想法相似，但是提前自动运动。

原理 17. 变化维数

a. 把沿直线移动物体的问题转化为在二维空间中（沿着平面）运动的问题。

b. ~ d. 其他不重要的项目。

这引出使用连杆机构获得一个比简单线性更复杂运动的想法。这种连杆机构用在使夹口与工件接触中，典型的动作是在单手夹持器中实现小运动大夹紧力。

通过使用发明原理和其他的 TRIZ 方法可以得到很多其他想法（见 7.11 关于 TRIZ 方法信息资源）。

7.8　形态学方法

这里介绍的方法是用确认的功能培育想法。这种有效的方法既可以如这里所介绍的那样正式使用，也可以作为日常考虑问题的方法部分使用。这种方法有三个步骤：第一步是列出必须完成的已分解功能；第二步是找到尽可能多的，在分解过程中可能提供的每一项功能；第三步是把这些独立的概念组合成可以实现所有功能的总概念。在这里设计人员的知识和创造力是至关重要的，因为产生概念是其他设计演化物的基础。这种方法常被称为"形态学方法"。所产生的结果称为形态学表，意味着"形式或结构的研究"。单手用杆式夹持器再设计的部分形态学如图 7.21 所示。这是用形态学方法对欧文保护的知识产权的大幅修改。空白形态可作模板使用。

7.8.1　步骤 1：分解功能

本章的上半部分详细说明了这步。以单手用夹持器为例，其功能分解如图 7.11 所示。图中最初的四个功能是：

1）从使用者那里获得夹紧力和运动。

2）转换夹紧力和运动给杆。

3）移动杆。

4）放大力。

这些功能是新设计要努力关注的，正如欧文想重新设计实现夹持器更容易使用的目的。特别是"移动杆"和"放大力"是一对矛盾，变换每一次握紧周期（紧握和松开）迅速移动杆的机构将会导致杆作用力比杆移动短距离时的作用力减弱。正如任何其他传动系统，速度和力（或转动系统的力矩）之间需要权衡，使用者愿意能快速移动杆到位置上，然后施加大的力。因此努力集中于迅速移动杆到达位置，然后施加力。

7.8.2　步骤 2：为每一个功能产生概念

第二步的目的是将功能分解中确认的每一项功能尽可能多地形成概念。例如，有两种方式从使用者处获得握紧力和运动，如图 7.21 所示。首先是用图 7.2、图 7.3 和图 7.4 所示的单个扳机。按形态学以图示方式表示了手的力作用于扳机，扳机转动到夹持器的某位置上。另一种选择是两个扳机，形态学中的概念 2 所示，这种概念中作用于扳机的力和作用于手柄的反作用力同时作用于夹持器上，让夹持器工作。形态学中的概念很抽象，没有特定的几何特征。关于概念的草图和文字都可以用来描述概念。

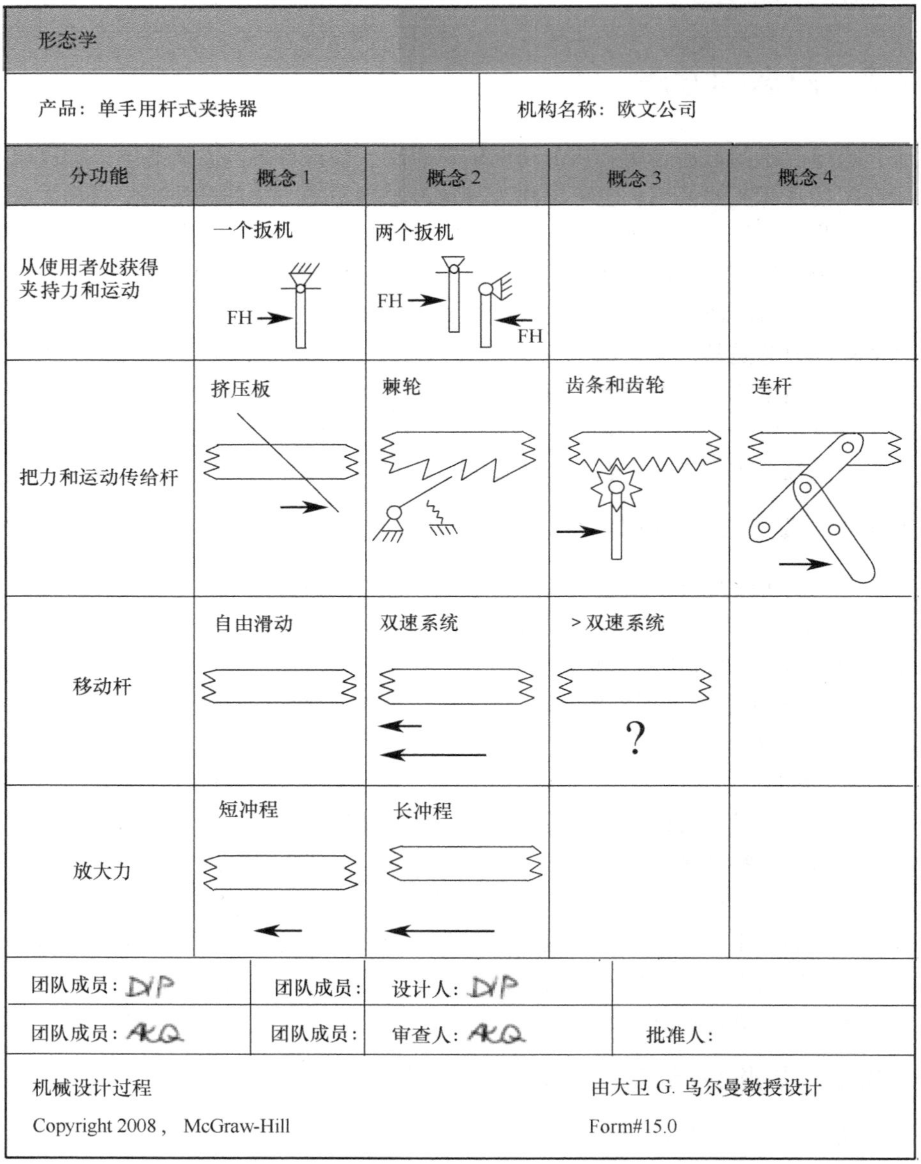

形态学				
产品：单手用杆式夹持器			机构名称：欧文公司	
分功能	概念 1	概念 2	概念 3	概念 4
从使用者处获得夹持力和运动	一个扳机 FH	两个扳机 FH FH		
把力和运动传给杆	挤压板	棘轮	齿条和齿轮	连杆
移动杆	自由滑动	双速系统	＞双速系统 ？	
放大力	短冲程	长冲程		
团队成员：$D\!\!/\!P$	团队成员：	设计人：$D\!\!/\!P$		
团队成员：$A\!C\!Q$	团队成员：	审查人：$A\!C\!Q$	批准人：	
机械设计过程 Copyright 2008，McGraw-Hill		由大卫 G. 乌尔曼教授设计 Form#15.0		

图 7.21 形态学举例

形成 4 个改变夹紧的想法，并不是所有的想法都经过深思熟虑，但由形态学法产生这些想法，所以都是对的。在项目开始时，讨论的中心集中于双速系统，实现夹持器快速与工件接触，接着移动速度变慢，可以放大夹持力。正如在"移动杆"一行中，这里演变的想法是不只两个速度。尽管没有产生最接近的想法，但却提供了尽可能多的思考。

如果一项功能只有一个概念上的想法，这项功能就需要重新考察。很少有哪项功能只有一种实现它的方式，缺乏更多概念可能是因为：

（1）设计者作了基本假设　例如，系统中有一项功能是从使用者那里获得夹紧力和运动。这是合理的假设，即握紧力将用于提供运动和夹持力，仅当设计人员意识到时已经做了假设。

（2）功能所对应的是如何做而不是做什么　如果一个想法已固化为功能，那么毫无疑问，它是生成的唯一概念。例如，如果图 7.21 所示的"把握紧力和运动传给杆"表述为"利用夹紧板转换运动"，那么仅可能针对夹紧平面生成想法。若功能表述中有名词说明要实现的功能，要重新考虑功能的表达。

（3）领域知识是有限的　在这种情况下，应寻求帮助以产生更多的概念（见第 7.5 节，第 7.6 节或第 7.7 节）。

一个好的方法是将概念尽可能保持抽象化，并保持在同样的抽象化水平。假设某项功能是移动一些物体，移动需要在一个指定的方向上施加一个力。这个力可以通过液压活塞、直线电动机、通过其他物体的撞击或磁排斥来提供。这个概念列表的问题在于它们的抽象化水平不同，前两项已经精确到具体的部件（如果我们给出具体的尺寸或厂家提供的型号甚至还可以更具体），后两项只表明基本的物理原理。由于这些概念抽象化水平的差别，所以很难对它们进行比较。我们可以首先通过将第一项："液压活塞"抽象化来纠正这种情况，可以用"流体压力"这样更一般的概念来取代它。再者，可以想到在这种应用中空气可能比液压用液体更好，也可以想到使用其他的液压件可能会比使用活塞提供更有效的力。我们可以重新定义"其他物体的撞击"，可以指出怎样提供碰撞力以及哪个实体施加这个力。不管怎样改变，使所有的概念保持相同的精炼程度是很重要的。

7.8.3　步骤 3：组合概念

实施前面步骤的结果是产生了关于各项功能的概念列表。现在我们需要将这些单独的概念进行组合以产生完整的概念设计。组合方法是从关于每一项功能的概念中选择一个概念，用这组概念组合成一个单独的设计方案。例如我们可以用一个带棘轮的扳机作短行程自由移动系统，这个结构给杆提供了自由，所以杆可以容易地被推到靠近工件的位置，棘轮对工件施加力。第二个系统与此相似，但是用一个夹紧板，这两种系统都在图 7.22 中通过用直线连接概念的方式表示出。在实际的欧文形态学中，产生了 6 个概念并画出了 CAD 图以供评价。

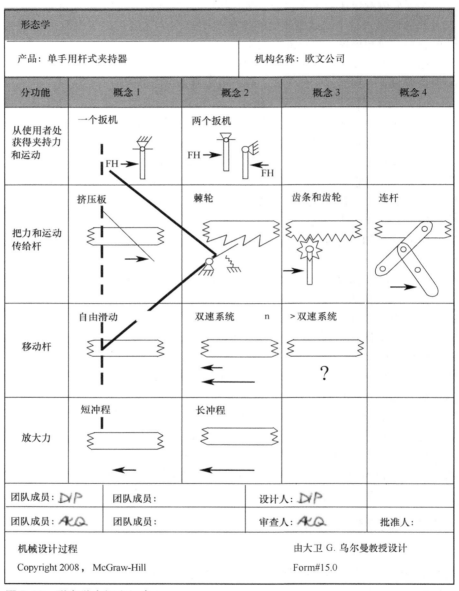

形态学				
产品：单手用杆式夹持器			**机构名称：**欧文公司	
分功能	概念 1	概念 2	概念 3	概念 4
从使用者处获得夹持力和运动	一个扳机 FH →	两个扳机 FH →　← FH		
把力和运动传给杆	挤压板	棘轮	齿条和齿轮	连杆
移动杆	自由滑动	双速系统　　n	>双速系统 ?	
放大力	短冲程	长冲程		
团队成员：D\P	团队成员：		设计人：D\P	
团队成员：A\Q	团队成员：		审查人：A\Q	批准人：
机械设计过程 Copyright 2008，McGraw-Hill			由大卫 G. 乌尔曼教授设计 Form#15.0	

图 7.22　形态学中概念组合

　　不管怎样，这种方法是有缺陷的。首先，如果直接简单地应用这种方法，其结果就是会产生太多的想法。以单手用夹钳的形态学为例，虽然夹钳很小，但也有 48 种可能设计方案（2 × 4 × 3 × 2）。

这种方法的第二个问题是错误地假设所设计的各项功能是互相独立的，并且每个概念只满足一项功能。通常不是这样。例如，使用的双速系统，它有一长一短两个行程，不能用一个杆机构。但是把功能分解细化有助于理解和概念产生。

第三，组合的结果可能是没有意义的。虽然这是一种产生想法的方法，也鼓励对想法的粗略评价。注意不要轻易地排除某个概念，一个好的想法可能由于草率的评价被过早地失去。这里的目的只是进行粗略的评价，产生所有的具有一定相对合理可能性的想法。在第 8 章中我们将对这些概念进行评价并从中作出选择。

尽管这时的概念还是相当抽象的，但是已经到了开始把想到的方案用草图画出来的时候了。此前的设计结果都是用文字而不是图的方式表达的，现在设计进行到必须绘制粗略草图的阶段。

从这一点讲甚至最抽象概念的草图也越来越有用。因为：①在第 3 章的讨论中，我们通过结构来记忆功能，因此检索功能也利用结构；②对具有任何复杂程度的对象进行设计的唯一方法是使用草图延展短期记忆；③画在设计笔记本上的草图可以提供关于概念和产品设计发展的清楚记录。

记住，这里的目的仅仅是发展概念，不要把精力浪费在关注细节上。通常的草图只要一个视图就可以了，在需要画三视图的地方，一张等轴测图也可能就足够了。

7.9　产生概念的其他要点

本章概述的方法主要是产生可能的概念，在执行这些方法时，功能分解图、文献和专利检索结果、功能-概念图和整个概念的草图都产生了。这些都是重要的文件，可以支撑与他人交流，并把设计过程存档。

产品设计人员能接受的最高级别的补充语之一是"它看起来如此简单"。对复杂问题找到精确而简单的解决方案很困难，但它们一般是存在的。工程上的精确是本章的目标，因此，请时刻记住以下格言：

> *遵循 KISS 法则：保持简单、乏味。*

此外，概念设计是回顾第 1 章介绍的汉诺威法则的好时候。源于法则的要在这个阶段问的问题是：

1）你的概念能使人类和自然在健康的、助人的、多样的和可持续的条件下共存吗？

2）你明白你的概念对其他系统的影响，甚至更远的影响吗？

3）概念安全并有长期价值吗？

4）你的概念能帮助消除整个寿命周期的浪费吗？

5）哪些地方可能依靠了自然能量流？

7.10 小结

1）对已有产品的功能分解是理解它们的最好方法。

2）功能分解鼓励将装置所需实现的功能分解得尽可能细致，对构造尽可能少作假设。

3）专利文献是很好的灵感源。

4）发现矛盾可以引出灵感。

5）列出每一项功能的概念有助于产生灵感，这种列表称为形态学。

6）概念性灵感的源泉主要来自设计者自身的专业知识，这些专业知识可以通过很多基本的、逻辑的方法得到提高。

7.11 资料来源

Sources for patent searches

http://www.uspto.gov/patft/index.html. The website for the U.S. Patent and Trademark Office. Easy to search but has complete information only on recent patents.

http://www.delphion.com/home. IBM originally developed this website. Also, easy to search for recent patents.

http://gb.espacenet.com/. Source for European and other foreign patents. Supported by the European Patent Organization, EPO.

Other non-patent sources

Artobolevsky, I. I.: *Mechanisms in Modern Engineering Design,* MIR Publishers, Moscow, 1975. This five-volume set of books is a good source for literally thousands of different mechanisms, many indexed by function.

Chironis, N. P.: *Machine Devices and Instrumentation,* McGraw-Hill, New York, 1966. Similar to Greenwood's *Product Engineering Design Manual.*

Chironis, N. P.: *Mechanism, Linkages and Mechanical Controls,* McGraw-Hill, New York, 1965. Similar to the last entry.

Clausing, D., and V. Fey: *Effective Innovation: The Development of Winning Technologies,* ASME Press 2004. A good overview of recent methods to develop new concepts.

Damon, A., H. W. Stoudt, and R. A. McFarland: *The Human Body in Equipment Design,* Harvard University Press, Cambridge, Mass., 1966. This book has a broad range of anthropometric and biomechanical tables.

Design News, Cahners Publishing, Boston. Similar to *Machine Design.* http://www.designnews.com/

Edwards, B.: *Drawing on the Right Side of the Brain,* Tarcher, Los Angeles, 1982. Although not oriented specifically toward mechanical objects, this is the best book available for learning how to sketch.

Greenwood, D. C.: *Engineering Data for Product Design,* McGraw-Hill, New York, 1961. Similar to the above.

Greenwood, D. C.: *Product Engineering Design Manual,* Krieger, Malabar, Fla., 1982. A compendium of concepts for the design of many common items, loosely organized by function.

Human Engineering Design Criteria for Military Systems, Equipment, and Facilities, MILSTD 1472, U.S. Government Printing Office, Washington, D.C. This standard contains 400 pages of human factors information. A reduced version with links to other material is at http://hfetag.dtic.mil/hfs_docs.html

Machine Design, Penton Publishing, Cleveland, Ohio. One of the best mechanical design magazines published, it contains a mix of conceptual and product ideas along with technical articles. It is published twice a month. www.machinedesign.com.

Norman, D.: *The Psychology of Everyday Things,* Basic Books, New York, 1988. This book is light reading focused on guidance for designing good human interfaces.

Plastics Design Forum, Advanstar Communications Inc., Cleveland, Ohio. A monthly magazine for designers of plastic products and components.

Product Design and Development, Chilton, Radnor, Pa. Another good design trade journal. www.pddnet.com.

Thomas Register of American Manufacturers, Thomas Publishing, Detroit, Mich. This 23-volume set is an index of manufacturers and is published annually. Best used on the Web at www.thomasregister.com.

TRIZ www.triz-journal.com. The TRIZ Journal is a good source for all things TRIZ.

Functional decomposition or reverse engineering case studies for coffeemaker, bicycle, engine, and other products developed by student of Professor Tim Simpson (Pennsylvania State University) and others: http://gicl.cs.drexel.edu/wiki/Reverse_Engineering_Case_Studies

7.12 习题

7.1 针对习题 4.1 中所提出的原始设计问题, 通过以下方式提出一种功能模型:

a. 规定总功能。

b. 将总功能分解为子功能。如果在定义第一层次功能以下的分功能时需要作出假设, 叙述所作的假设, 还有其他分解要考虑吗?

c. 确定所有用到的实体, 按功能模型论证结论。

7.2 针对习题 4.2 中所提出的改进设计问题, 应用习题 7.1 中所提出的 a~c 步骤研究已有的装置, 回答以下问题:

a. 改进设计中应保留哪些子功能?

b. 为了适应新功能的需要, 应改变哪些子功能(如果有)?

c. 哪些子功能应取消或保留?

7.3 对习题 7.1 中所进行的功能分解:

a. 开发如图 7.21 所示的形态学, 帮助产生概念。

b. 组合概念，提出至少 10 种完整的概念设计方案。

7.4　针对习题 7.2 中提出的重新设计问题中改变了的功能：

a. 生成如图 7.21 所示的新设计概念的形态学。

b. 组合设计概念，提出至少 5 种完整的概念设计方案。

7.5　针对以下设计问题，找到至少 5 种类似的专利：

a. 习题 4.1 中所提出的原始设计问题。

b. 习题 4.2 中所提出的改进设计问题。

c. 永动机。近年来，专利局已经拒绝关于这类装置的专利申请，但是有很多老的专利文献中有很多违背能量守恒定律的装置。

7.6　针对以下问题，使用头脑风暴法提出至少 25 种想法：

a. 将松散的纸扎紧在一起。

b. 防止水溅到山地车骑手身上的装置。

c. 利用人体能量驱动船的方法。

d. 教设计过程的方法。

7.7　针对以下问题，使用默写式头脑风暴法提出至少 25 种方法：

a. 设计一个装置可以通过一次弹跳越过高楼。

b. 将齿轮固定在轴上的方法，可以传递 500W 的功率。

7.8　完成图 7.7 所示单手用杆式夹持器的逆向工程

7.9 选择一个相对简单的产品进行功能分解，找到力流、能量流和信息流

7.13　网络资源

以下文件的模板可以通过本书的网站 www.mhhe.com/Ullman4e 获得。

■ 逆向工程
■ 形态学

第 **8** 章

概念评价和选择

关键问题

- 如何评价没有细化的、概念上的想法？
- 技术准备是什么？
- 决策矩阵是什么？
- 如何控制风险？
- 如何做出稳健性决策？

8.1 概述

在第 7 章中，我们提出了为设计问题产生有希望的概念解的方法，在本章中，我们将从中探索、选择最好的概念解，以便据此进行产品的开发。目的是用最少的资源确定哪个概念可以设计出高质量的产品。对概念进行评价的难点在于，我们必须对所选择的概念在知识和资料非常有限的条件下，确定对哪个概念花费时间进行细化。

怎样对一个粗略的概念进行评价呢？关于这种概念的信息经常是不完全的、不确切的而且是变化的。是否应该在设计的技术要求不断发展的时候，去花费时间细化概念，给出结构，使得它们变得可以度量，进而可以和所确定的工程目标相比较呢？或者应该怀着把它变为高质量产品的希望，将看起来像是最好的概念进一步发展呢？本章将介绍如何很快缩小范围，产生单独一个概念。

在理想情况下，对每一个概念应有足够多的信息，以便做出选择，并将所有资源倾注于发展这个概念。虽然在将所有的希望托付给一个概念之前，对多个概念进行细化的方法可以减少风险，但是，这样做会把资源分散到许多概念上，造成任何一个概念可能开发不充分。很多公司只提出一个概念并花费时间去发展这个概念，而在另外一些公司则并行地发展很多概念，在发展过程中排除其中较差的概念。丰田汽车公司的设计人员遵循一种被他们称为"平行组合收缩过程"的方法，应用这种方法持续并行地发展多个概念。然后，随着认识的深化，逐渐排除那些希望较小的概念。由丰田产品质量和产量增长可以看到这种方式已被证明非常成功。每一个公司都有其自己的产品开发文化，而且可供选择的概念不存在一个"正确"数量，这里我们尝试学习概念与有限资源的平衡。本章将介绍一种方法，使得在信息有限的情况下做出明智的决策。

如图 8.1 所示，在产生概念之后，下一步需要完成对概念的评价。本文中用评价这个术语暗含相对于必须满足需求的任何概念间的比较，评价的结果是给出对概念进行决策的必要信息。

> **如果马死了，那就下马。**

如果你不能以理性的方式对你喜欢的想法进行辩护，就准备好在概念评价过程中丢弃你喜欢的想法，如果需要，即使"这种方式已经用在很多地方"也要丢弃。思考上面的格言，如果它是适用的，就利用它。

在进入本章的详细内容之前，仔细思考第 4 章介绍过的已选项目的基本决策过程。图 8.2（图 4.19 的重印）的出发点是"选择一个或多个概念来开发"。我们已经在产生备选方案和设计规范上花了相当多的时间，现在必须集中于其余的步骤并决定下一步做什么。首先，我们将讨论已经得到的评价信息的种类，然后论述几种不同的传统决策方法，设计规范的重要性（步骤 4）在 8.5 节之前没有完全显现。

传统的决策方法在帮助你进行风险和不确定性控制方面做得并不好，这将在 8.6 节讨论，稳健的决策方法，设计用于不确定性管理将会在 8.7 节介绍。最后是关于概念设计所需文档和沟通的详

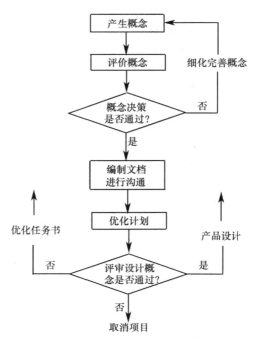

图 8.1　概念设计阶段

细说明。

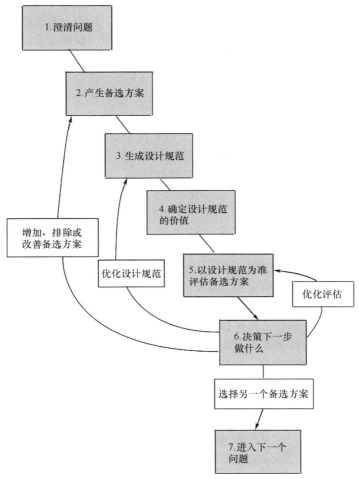

图 8.2 决策过程

8.2 概念评价中的信息

为了比较的需要，备选方案和评价设计规范必须用相同的语言表达，必须以相同的抽象化水平表达。例如，考虑一项空间要求——一个产品装配在长度为 2.000in±0.005in 的槽中。对一个产品来说，描述该产品的不精确的概念可能被描述为"短"。要将"2.000in±0.005in"和"短"相比较是不可能的，因为这两个概念的表达语言不同——一个是数，而另一个是词——它们的抽象化程度也不同——一个很具体，另一个很抽象。将"短"的概念和装配在

"2.000in±0.005in" 长的槽中的设计要求相比较是不可能的。应将设计要求抽象化，或将"短"的概念具体化，或将二者向同一抽象化水平靠拢。

概念评价的另一个问题是抽象概念的不确定性，当它们被精确定义时，它们的表现可能和最初期望的不一致。关于概念的知识了解得越多，概念的不确定性就越少，意外也越少。甚至在众所周知的领域中，当把概念发展成产品时，也会出现不曾预料的因素。诺贝尔物理学奖获得者理查德·费曼说："如果你认为科学是确定的，那正是阁下的错误。"任何事都是不确定的，因此，我们工作的主要任务是掌握那些对决策起关键作用的那部分不确定的信息。

在评估概念时，你的信息可以有大范围的精确性。大致计算的精确性低，而详细的仿真——有前途的——具有高精确性。专家经常进行仿真分析来预测性能和成本。在项目的初期，仿真通常精确性低，有时会是定性的——仅为大体的感觉。精确性增加需要进一步细化项目，增加项目成本。认知的增加一般都伴随着精确性的增加，但是也并不一定。有可能使用精确性高的仿真对"垃圾"建模，因此就相当于针对减少不确定性方面什么都没做。但概念的决策通常必须在获得仿真分析的资源、原理样机测试结果和其他高精确性的详细分析之前进行。

在项目规划中，我们确定了生成概念过程中表达信息的模式（见表 5.1）。实物模型或验证概念的原型通过将示范行为与功能要求相比较，或通过展示设计的外形与形状约束相比较的方式支撑评价。有时这些原型是非常粗糙的，只是将一些纸板、金属丝及其他有限的材料匆匆放在一起，看看所提的想法是否有意义。通常，当使用新的方法或使用复杂的已知方法进行设计时，建立实物模型并对它进行测试是唯一可行的方法。这个"设计—建模—测试"循环表

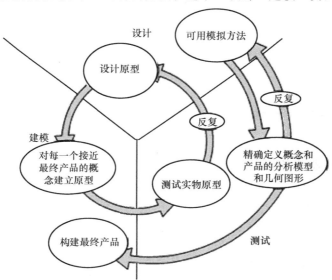

图 8.3　概念评价循环

现为图 8.3 中的内环。

由于发展分析模型和虚拟模型以及在构建任何系统之前进行的对概念的仿真（即试验、测试），消除了构建实物模型所花费的时间和费用。所有这些反复发生在没有构建任何硬件的条件下，这称为"设计—测试—建模"循环，并表现为图 8.3 中的外环。如果分析模型是基于计算机的，并与概念的计算机图形表达相结合，那么构造和功能两者都可以在不构建任何硬件的条件下进行测试。这种想法很明显，因为它具有使所花费的时间和费用最小化的潜力。这就是虚拟现实所希望的，对构造和功能仿真的方式完全支持概念和产品的评价。但是，分析只能应用在已经被理解的、可以建立数学模型的系统中。对于新的已存在的技术，复杂性超出分析模型的能力范围，必须采用实物模型进行探究。

8.3　可行性评价

随着一个概念的产生，设计者总会立即产生下面三种反应之一：①这不可能，这根本不能工作；②它需要具备一些其他的条件才能工作；③这是值得考虑的。这些关于概念可行性的判断是基于直觉的，是通过与自己过去积累的设计经验进行比较得到的，这种经验作为设计知识存储在设计者的头脑中。工程师的设计经验越丰富，他的知识以及基于知识的决策就越可靠。下面考虑每一项可能的原始反应的更确切含义。

这不可能。如果一个概念看上去不可行或不切实际，在否决它之前，应从不同的观点对它进行简要的考虑。在放弃一个概念之前回答下面的问题很重要：它为什么行不通？可能有很多原因。它可能很明显地在技术上不可行，也可能不能满足用户的需求，也可能这个概念只是和通常做这件事的方法不同，也可能是因为这个概念并不新颖，对它没有激情。关于前两种原因将在 8.4 节讨论，这里讨论后两种原因。

至于判断一个概念是"与众不同"的，人们自然地更倾向于采用传统的方法而不喜欢变化。这样，个别的设计者或公司都更倾向拒绝新的想法，而更赞成已经存在的方案。这种想法并非完全不好，因为传统的概念已经经受了过去工作的考验。但不管怎样，这种观点会阻碍产品的改进，要特别注意潜在的积极变化与乏味的概念之间的区别。一些公司的传统表现在他们的标准中。必须要遵守标准，也应对标准质疑，它们有助于确立通常的工程习惯，同时由于基于过时的信息，所以对工程习惯的进步会起到限制作用。

至于"不是在这里发明的"（NIH）概念的判断，设计人员和公司更自我满足于使用他们自己的想法。既然原始创新的想法非常少，想法自然就是借别人的。事实上，在第 6 章中介绍了部分关于理解设计问题的方法，包括标杆管理竞争。这样做的原因之一是更可能多地从已有的产品中学习，有助于新产品开发。

进一步对想法进行考虑的最后一个原因是刚开始看起来不可能的想法可能对问题给出新的洞察。比如，在第 7 章所介绍的头脑风暴法就是建立于所产生的疯狂想法之上。在丢弃一个概念之前，看看从中是否可以产生新的想法，要不断地重复从概念评价返回到概念产生的循环。

它是有条件的。最初的反应可能是判断一个概念的可用是否需要其他事件的发生。典型的其他因素包括准备就绪的工艺，得到当前难以获得的信息的可能性，或者产品的某些其他部分的开发。

> **由差的概念很难做出好产品。**

这值得考虑。最难以评价的概念是那种不明显好也不明显坏的想法，但是看上去很值得考虑。工程知识和经验是评价这种概念的基础。如果没有充足的知识可供概念评价，那就应该拓展这种知识。这可以通过建立容易评价的模型或原型来完成。

8.4 技术准备就绪

对一个好的概念的评估方法是确定其技术准备状态。通过强行与最先进的性能进行对比，技术有助于评价。若某项技术用于产品中，它必须成熟到可以作为设计结果使用，而不是作为研究结果使用。在产品上使用的技术绝大多数是成熟的，下面讨论的措施是适宜的。在竞争环境中，存在着在产品中采用新技术的强烈欲望。回顾第 1 章，多数人认为在产品中采用最新技术是产品质量的标志。要认真确保在产品中采用的技术是成熟的。

思考表 8.1 所列技术，其中的每一项技术从开始到可以使用到实际产品中都经历了很多年的时间。所有技术有一样的实用性。甚至有的技术并没有像表中所列的那样改天换地。如果在产品设计中必须采用一项尚未成熟的技术，那么结果可能是低质量的产品，或者在产品进入市场之前由于延误进度或超过成本取消了原项目。那么怎样度量一项技术是否成熟呢？下面 6 条标准可以用来衡量一项技术是否成熟。

表 8.1 技术准备时间表

技术	发展时间，年代	技术	发展时间，年代
有动力载人飞行	403（1500~1903）	静电复印技术	17（1938~1955）
照相机	112（1727~1839）	原子弹	6（1939~1945）
无线电通信	35（1867~1902）	晶体管	5（1948~1953）
电视	12（1922~1934）	高温超导	?（1987~　）
雷达	15（1925~1940）		

1）关键参数是否确定？每一个设计概念都有某些参数对实现特有的操作起到关键作用。知道哪些参数（如尺寸、材料特性或其他特征）对装置的功能起关键作用是很重要的。据估计在已完成的设计成分中只有 10%~15% 的尺寸对产品的运行起关键作用。对于简单的悬臂弹簧，它的关键参数是长度、关于中性轴的惯性矩、从中性轴到最高受压材料的距离、弹性模量及最高许用屈服应力。通过这些参数可以计算弹簧的刚度及对于给定载荷的失效概率。前面 3 个参数依赖于几何特征，后面两个参数依赖于材料特征。假定在概念上你需要一个陶瓷弹簧，所选材料的弹性模量特性和最大许可的屈服应力适合所需材料特性吗？

决定作为产品的装置可接受的其他关键参数，如重量、尺寸和其他物理参数等。这些参数也要确认，但是在开发阶段这些参数不可能知道。

2）知道参数的安全运行范围和敏感程度吗？在将概念细化为产品时，参数的实际取值可能为了实现需要的性能或为了改善工艺性而改变。基本问题是要知道参数的取值范围和产品运行对这些参数的敏感程度。在设计的初期对这些信息仅粗略地了解，在产品评价中这些信息就变得非常重要。

3）失效模型确定吗？各种类型的系统都有其特有的失效模型。通常，对一个产品的不同失效方式进行连续的评价是一种有效的设计方法。这种方法将在第 11 章详细讨论。

4）加工工艺是否可以通过已知的过程完成？如果技术还没有确定一个可靠的加工过程，那么，不是这种技术不能用，而是一定有一个发展制造能力的独立过程。后者存在风险，因为独立过程若失败，会危及整个项目。

5）产品确实具有确切地回答前面 4 个问题的证据吗？评价一项技术准备程度的最重要指标就是它以前在实验室模型或在其他产品上的使用结果。如果这项工艺没有被证明已经成熟到足以在产品上使用，那么设计者应该非常谨慎，不要轻易断言它会为生产的需要而及时准备好。

6）这种技术在产品的整个寿命周期中都是可控的吗？这个问题关系着产品寿命周期后面的发展过程：制造、使用、维修和报废。它也提出其他问题：由于使用这种技术会产生什么副产品？这种副产品是否可以被安全地处理？这种产品怎样报废？能否安全地降解？回答这些问题是设计工程师的责任。

通常，如果这些问题得不到肯定的回答，就应在设计小组中增加顾问或经销商获得帮助。特别是当设计工程师不可能了解关于制造产品所使用的所有技术方法的情况下更有必要。一般对这些问题的否定回答可能暗示这是一个研究项目而不是产品开发项目。现实可能对项目规划有影响，因为研究比设计要花的时间长。技术准备状态评估模板如图 8.4 所示，可用于技术评估。

技术准备状态评估				
设计组织:			日期:	
评估的技术:				
控制功能的关键参数:				
参 数	控制的功能	操作界限	敏感性	失效形式
有已经存在的硬件／软件证明上述内容吗?				
(附照片或图)				
描述用于制造过程的技术:				
技术控制整个产品寿命周期吗?				
团队成员:			制表人:	
团队成员:			校核人:	
团队成员:			审批人:	
团队成员:				
机械设计过程			由大卫 G. 乌尔曼教授设计	
Copyright 2008, McGraw-Hill			Form#12.0	

图 8.4 技术准备状态评估

8.5 决策矩阵——布斯方法

在第 4 章我们介绍了本杰明·富兰克林的决策方法，帮助进行所从事项目的选择。他建议在需要做选择的时候，逐项列出优缺点，用淘汰法决定该怎么做。这种方法同样也可以用在这里对概念设计进行评估，最大的不同是我们可能有很多概念设计，已经用 QFD 开发了设计规范，会有定性和定量的综合评价。本节提出一种处理额外复杂评估的方法。

决策矩阵方法，或称布斯（Pugh）方法，是相当简单的，并且已经证明对概念选项进行比较是有效的，这种方法的基本结构如图 8.5 所示。本质上，这种方法提出了计算每一个可选概念相对于其他可选概念在符合由用户需求所确定的标准体系要求方面得分的一种手段。按这种方式比较它们的得分，经过推理，给出最佳选项并为决策提供有用的信息（实际上，这种方法很灵活，很容易在其他的非设计领域使用，例如接受哪项工作，或买哪种汽车或如表 4.2，要从事哪个项目）。

决策矩阵方法是一种反复评价的方法，这种方法检验准则的完整性和对准则的理解，能迅速确定最强的方案，并有助于促进新方案的出现。如果设计团队的每一位成员均独立地使用这种方法，然后对独立使用的结果进行比较，那么这种方法是非常有效的。比较的结果导致对方法的循环使用，这一过程一直持续到设计团队对结果满意为止。图 8.5 表示了这种方法的 6 个步骤，是图 8.2 的改善。

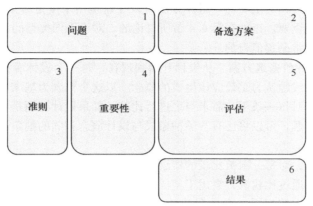

图 8.5　决策矩阵的基本结构

通过一般的电子制表程序可以很容易地将决策矩阵方法使用在计算机上。使用电子表格可以很容易进行循环和对小组成员的评价进行比较。

决策矩阵由 6 步完成。

步骤 1：陈述问题　问题不总是明显的，但这里"选择继续开发的概念"很清楚。

步骤 2：选择比较备选方案　在概念产生过程中，比较的备选方案由不同的想法所生成，所有概念在相同的抽象水平和用相同的语言比较很重要。这意味着最好用同样的方式表示所有的概念，通常用简图表示最好。在绘制草图时，应确保在每一张图上所表达的关于功能的知识、结构、技术和工艺方法是可比较的。

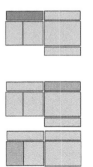

步骤 3：选择比较标准　首先要知道对备选方案进行互相比较的基点。使用第 6 章介绍的 QFD 方法，努力提出一整套关于设计的客户需求。然后根据这些需求提出一套工程需求和目标，通过它们确保设计完成的产品能够满足客户需求。然而，根据第 7 章所确定的概念可能没有细致到足以与工程评价目标相比较。

如果不是这样，我们对概念的抽象化水平进行了错误的配置，使用工程目标进行评价必须在将产品设计发展到足以对其进行实际度量以后。一般说来，与设计概念进行比较的基准必须是用户需求及工程技术参数同时与备选方案的精确性水平匹配。

如果用户需求还没有明确，那么步骤 1 就应是建立比较的标准。第 6 章所讨论的方法对这项工作有帮助。

另外，对技术成熟程度的度量也是对评价有帮助的，特别是当备选方案依赖于新技术时更是如此。

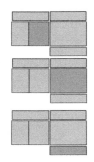

步骤 4：确定相对重要的权重　在 QFD 方法（6.4 节）的步骤 3 中，讨论过如何确定标准的相对重要性。这种方法可以在这里用来度量哪条标准更重要，哪条标准不太重要。正如在第 6.4 节所讨论的，对于不同类型的消费者，度量相对重要性通常是很值得的。

步骤 5：评价备选方案　从设计开始到现在，每一个设计者都有一个中意的方案，即他或她认为是最应该生成的概念。以这个概念为基准，所有的其他设计方案都针对每一条用户需求与之进行比较。如果设计问题是针对已有产品的改进设计问题，可以将已有产品抽象成与设计概念相同的抽象化水平，并作为比较的基准。

在比较中，对每一项被比较的概念都要做出与基准相比较好、相同或较差的判断。如果通过比较该方案优于基准，那么这个方案就会得到正的分数；如果判断与基准大致相同，或具有某种矛盾心理，则使用字符"S"表示（"相同"）；如果概念不像基准那样符合评价标准，这个选项得到负的分数。如果决策矩阵是通过电子表格建立的，分数用+1、0、-1 表示。

如果无法与设计需求进行比较，就需要提供更多的信息。可能需要更多的分析，深入的实验，或者仅仅形象化更好。也可能需要通过第 9~11 章所介绍的方法进行更细化的设计，然后再返回来进行比较。这一步骤的弱点就是 8.6 节、8.7 节的主题。

在使用决策矩阵时，有两种可能类型的比较，第一种比较是绝对的。依据一条准则，每一个备选方案的概念直接与若干目标集比较（即绝对的）。第二种比较是相对的，依据由准则规定的措施，备选方案概念间互相比较，在选择采用基准时比较是相对的。但是很多人使用绝对比较的方法，绝对比较可能仅在目标明确时使用，相对比较可能仅在目标有多重选择时用。

步骤 6：计算满意度并决定下一步做什么　在将概念针对各项准则与基准进行比较以后，产生 4 个分数：正分数的数量，负分数的数量，总分数，加权的总分数。总分数是正分数与负分数之和，这是决策者对备选方案满意度的评价。加权总分数可以计算出，它是每一项得分与权重乘积的总和。在计算中，"S"表示分值为零，正分数为+1，负分数为-1。加权和不加权的成绩都不能视为概念价值的绝对度量，它们仅是指导性的。分数可以按不同的方式进行解释：

1）如果一个概念或一组相似概念具有较高的总分数或较高的正分数，要特别注意它在哪些方面表现出实力很重要，也就是说它针对哪些准则表现出优于基准。同样，一组负分数也表现出哪些要求特别难以满足。

2）如果多数概念在某项准则上得到相同的分数，需要对这项准则进行细致的考察。为了得到更好的概念，可能需要在这方面补充更多的知识。或者可能这条标准不够明确，团队的不同成员可以对它作出不同的解释，或者可能对概念到概念做出不规则的解释。如果准则权重较低，就不必为考察它花费过多的时间。但是，如果一项准则很重要，就应该或努力产生更好的概念，或对准则进行更明确的表述。

3）为了得到更明确的结论，以得分最高的概念为准则重新进行比较。经过多次反复比较，直到可以确切得到这是"最好"的概念或突出的概念的结论为止。

在每一位组员都完成这项工作以后，全体组员把他们的结论进行互相比较。结果可能很离散，因为概念和需求可能都不确切。小组成员间的讨论可能使一些概念更明确。否则，小组就要明确评价准则，或提出新的概念进行评价。

使用图 8.7 的决策矩阵，一步步完成最大有效生产率的轮子的设计决策。

步骤 1：陈述问题 选择一种轮子的结构实现最大有效生产率。

步骤 2：选择比较备选方案 图 8.6 所示为要比较的想法。

对于本例，概念已经很明确，轮子已经由 CAD 系统绘出。没有这些实体模型也会得到同样的结论，但是 JPL 工程师有能力完成该项工作，并在管理中需要图像。第一个轮子源于较早期的概念，并以它为基准。悬臂梁设计用了 8 根辐条做悬臂弹簧。如下一步所描述的，设计的目的之一是把弹簧放在轮子的设计中。之字形毂通过把轮子的径向截面做成"W"形—"之"字形的集合，使弹簧单元变长，最后采用螺旋辐条获得更长的长度，而且弹簧刚度好。

决策矩阵中的第 5 个方案组合式没有在图 8.6 中，这种想法是轮子由多个部件组成，这个想法远不及其他想法明确，在 8.7 节再讨论这个想法的难度。

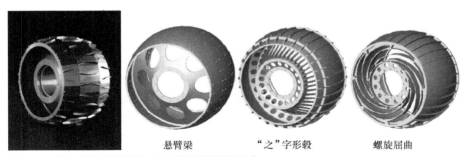

悬臂梁　　　　"之"字形毂　　　　螺旋屈曲

图 8.6 所有概念都设计为由实体铝块铣削而成

步骤 3：选择比较准则 选择概念时，JPL 有四个基本准则：

1）质量效益——估计轮子的重量。得到实体模型的质量很容易，至少精

问题： 选择一个 MER 轮子的结构	基准	悬臂梁	"之"字形毂	螺旋屈曲	组合式
质量效益 35	数据	0	0	1	?
工艺性 10		0	−1	−1	?
可用的轮子内部体积 20		1	1	1	?
刚度 35		1	1	1	?
总计		2	1	2	?
加权总计		55	45	80	?

图 8.7 MER 轮子的决策矩阵

确到模型。

2）工艺性——轮子制造的容易程度。由工艺专家进行评估，但是这里为得到更加准确的结果，需要做详细的工作。

3）可能的轮子内部体积——估计轮子的内部空间，以使其可用于电动机和变速器。这两点可很容易地通过实体模型获得。

4）刚度 2500lb/ft——轮子的弹性。在穿越颠簸路面时为保护电子设备需要轮子的弹性，轮子的弹性用材料强度方程估计。

步骤 4：相对重要权重的产生 首先在 JPL 中工程师假设所有四个准则都同样重要，接着他们认为质量效益和刚度最重要，权重反映在图 8.7 中，相对权重表示为总计 100% 的百分比。

步骤 5：评估备选方案 所有备选方案与基准比较，用"0"表示"相同"，用"1"表示"好于"，用−1 表示"差于"。

步骤 6：计算满意度并决定接着做什么 无法从总计看清楚（无加权的结果）哪个结构最好，但是加权结果显示螺旋屈曲方案最好。决策矩阵表明该方法提出了简化的制造工艺，但是这条准则不像其他准则那么重要，若有其他想法产生，现在可以把螺旋屈曲案例视为基准。

8.6 产品、项目和决策风险

设计产品的目标之一是风险最小，这有时可以表述很明确，有时却表达不出来。为了更好地管理风险，需要恰当地提炼通过术语"风险"表示要表达的内容。在产品开发过程中有三种风险必须强调：产品风险、项目风险和决策风险。通常工程师仅仅关注产品风险——产品不合格的风险及其对人或事物潜在的伤害。但是这一观点太狭隘，除了产品不合格的风险之外，项目失败的风险也包括不满足目标、项目延期或超过预算。而且特别在概念产生的过程中也存在风险，会做出不好的方案。本节我们将阐述以产品安全、责任和冒险开始的三种类型的风险。

首先我们需要给风险下一个一致的定义。形式上，风险是一个统计平均值，是一个概率，是事件发生的可能性乘以其发生后果的组合。因此风险取决于对以下三个问题的回答：

1. 会发生什么问题？
2. 问题发生的可能性怎样？
3. 问题发生的后果是什么？

在下文中要牢记这三个问题。

风险是不确定性的直接作用，有些不确定性恰好是自然的一部分，你不能控制（天气、材料和生产变化等）。但是在概念设计阶段，很多的不确定性是由于知识的缺乏。若各方面都了解得非常精确，那么你就可以设计出极少或几乎没有风险的产品。不幸的是，不完备的知识，低保真度的仿真结果，生产和材料变化，不可知的事情都会带来风险。下节开始集中讨论产品风险，然后讲到处置和风险决策。

> 风险是把不确定的东西降临到你头上。

很多不确定性是无足轻重的，对产品的工作没有什么影响，若出现了影响，那就是风险。在设计中风险是否值得关注是产品质量的关键因素。

8.6.1　产品安全，产品风险认识的目标

对产品了解的一方面是常常直到很晚还忽视产品的安全。考虑值得考虑的安全是工程师的责任，因为安全是人与产品相互作用的主要部分，大大影响产品的品质认知度。最好在设计过程的早期就考虑安全，因此在这里简单介绍一些，正式的故障分析将在第 11 章讨论。

安全的产品不会引起伤害或损失。设计一个安全的产品时有两个问题必须考虑。第一，在产品工作中，应保护谁或什么使其不受伤害或损失？第二，在产品中怎样实现这种保护？

在考虑产品安全性的设计时首先应考虑的是保护人免受产品的伤害。除了考虑人的安全外，安全还包括在万一发生失效的情况下受影响的财产损失和对环境的破坏。忽视对以上对象的安全保障可能会引起危险，还可能导致诉讼。涉及受影响的财产意味着要考虑产品可能导致对其他装置的影响，既要考虑可能发生在正常操作的情况的影响，也要考虑可能发生在失效情况下的影响。例如，用于在危险情况下切断电流的熔丝或断路器的失效会导致它起不到设计所要求的作用，制造商应对由此导致的对其他产品的损失和破坏负责任。

有 3 种实现产品安全的方法，第一种方法是直接将安全性设计到产品中去，这意味着装置无论在正常操作时还是在失效情况下都不会引起危险。如果固有安全性无法实现，例如对于旋转机械、一些电器产品及所有的车辆，那么可以采用第二种方法，通过添加附加的安全装置来保障安全。例如为装置的旋

转部分设置防护罩、防撞结构(像很多汽车的车身设计)及自动切断开关，在无人值守的情况下自动关断或打开装置。第三种方法，也是最差的方法，通过对产品使用中固有的危险性提出警告来实现安全(见图8.8)。典型的警告方法有标签、高的声音或闪烁的灯光。

通过设计保障安全是最明智的。设计非常坚固的防护装置是很困难的，警告标签也不能免除设计者在发生事故时的责任。唯一正确的安全产品是具有固有安全性的产品。

警告：不要使用本产品作为踏凳去拿高架子上的尖锐物品；不得燃烧，不得遗弃在地毯上；不得磨成粉末并摄入，不得用酸溶解并吸入烟尘；不得用其敲头；不得在桥上用它砸过往的摩托车辆。

不恰当使用本产品造成的损伤，制造商家不负任何法律责任。

图8.8　警告标签使用实例

> 设计出十足安全的东西的问题是要低估一个十足傻子的智慧。——Douglas Adams

8.6.2　产品的责任，缺乏风险认识的后果

产品责任是法律的一个专门的分支，它处理由于产品缺陷导致的对人身、财产和环境的伤害的主张，使设计工程师们了解在产品设计中其设计责任的范围是很重要的。例如，如果一个工人在使用这个装置时受到伤害，就会要求装置的设计者和制造者赔偿工人和雇主由此所造成的损失。

产品责任诉讼是普通的法定行为。在这种情况下存在两方：原告(提出受到伤害并要求给付赔偿的一方)和被告(被起诉的一方)。

受聘于原、被告双方的技术专家，由国家颁发执照的职业工程师共同对根据申诉造成损失的产品的运行情况做出鉴定。通常，由专家出具的第一份证词是提供给双方律师的技术报告。这些报告包含工程师对装置的运行以及导致诉讼的原因的专家意见。报告可能基于现场调查、计算机或实验室模拟或对设计档案的评价。如果报告不支持聘用技术专家的律师，诉讼可能被终止，或在法庭外和解。如果调查结果支持本案，那很可能要进行审判，技术专家可能作为专家证人被传唤。

审判期间，原告律师将试图表明设计是有缺陷的，设计者及其公司允许产

品进入市场是有疏忽的。相反的，被告的律师将试图表明产品是安全的，是在如图 8.8 "合理提醒注意" 情况下设计并投入市场的。

在产品责任案例中针对设计者的疏忽有 3 种不同的指控：

产品设计有缺陷。一种典型的指控是没有达到当前先进的设计水平。其他类型的指控有：计算不正确、使用了不好的材料、检验不够，以及没有执行一般的标准。为使自己免除这些指控，设计者必须：

1）保留关于设计过程所有考虑的详细记录。这些记录包括所做的计算、遵循的标准、检验的结果，以及其他证明产品形成过程的信息。

2）如果可能，尽量采用公认的标准。"标准" 既包括推荐的，也包括强制执行的，它们是产品或工作场所需要的，它们通常对设计过程提供有意义的指导。

3）为了在设计被转化为产品之前保证设计的质量，使用最先进的评价技术。

4）遵循合理的设计过程（例如本书所论述的），使得设计决策后的论证可以得到辩护。

设计中没有设置必要的安全装置。如前所述，产品的安全可以是产品的固有安全性，或是附加到产品上的安全性，或通过对用户的警告所提供的安全性。第一种方法肯定是最好的，第二种方法有时是必需的，第三种方法是最不可取的。在多数产品责任中，警告标志是不够的，特别是在产品明显可以通过设计时期具有固有安全性，或可以通过防护装置保障安全的情况下。设计工程师在设计期间预见所有合理的危及安全的情况是对他们的基本要求。

设计者没有预见到使用产品时可能出现的情况。如果一个人用气动草坪割草机修整他的树篱并因此受到伤害，割草机的设计者存在疏忽吗？工程知识要求对于类似情况应使原告知晓。如果这样，有什么办法使设计者能够预见到有人会真的拿起正在运转的动力割草机到草坪边上修整树篱呢？也许没有办法，但是当割草机相对于水平面倾斜超过 30° 时应不再运转，因为在这种情况下即使四轮着地也会翻倒。因此，割草机在倾斜 90° 的情况下仍然继续运转的事实暗示设计有缺陷。这个实例也向我们表明并非所有的审判都是符合逻辑的，产品应该是 "傻瓜" 型的。

其他可能导致诉讼的疏忽指控不由设计工程师直接控制，这些指控包括产品有制造缺陷，产品的广告宣传不恰当，以及没有提供告知安全使用方法的说明书。

8.6.3 测量产品风险

由于安全性在军事应用中的重要关系，军队有一项 MIL-STD 882D 标准，系统安全的常规标准，特别关注确保军事装备及工具的安全性。这份文件给出了处理任何危险的简单方法，这里的危险被定义为在出现错误的情况下可能导致人员的死亡、伤害、疾病或导致对装备的损害或损失（出错的后果会是什么？）。MIL-STD 882D 定义了两种危险的度量：可能性或发生频率（可能怎样发生？）以及发生危险会造成的结果（发生的后果是什么？）。表 8.2 列举了灾害从"不可能"到"频繁"发生的 5 种概率水平，表 8.3 列举了严重灾难的 4 种类别。这些类别是基于危险真的发生时预期的结果。最后，在表 8.4 中将发生频率和重现的结果组合在危险评估矩阵中。通过考虑频率水平和结果的种类，提出了一份危险风险索引。这份索引对可能出现的危险的处理方法给予了指导。

比如说，在动力草坪割草机设计中，真的考虑了将割草机用作树篱修剪器的可能性。现在应该怎样做呢？首先，用表 8.2 可以确定发生频率是"极少"（D）或"不可能"（E）。大概这是不可能的。然后使用表 8.3，我们估计发生结果是危险种类 Ⅱ，因为可能发生严重伤害。然后使用危险评估矩阵表 8.4，我们发现索引值是 10 或 15。这个值表示这种危险程度是可以接受的，因此，若不幸事故的可能性没有被排除，仍可能出现设计责任。若发生严重伤害的可能性减少，可以排除危险，不需要继续关注。实际上，考虑危险性，依据公认标准的分析也在进行，关注的内容都备有证明文件，这些事实可能会影响产品责任诉讼的结果。

早期关注风险至关重要，随着产品的细化，在 11.6.1 节中我们将以更严谨的方式用这种方法作为失效模式和效应分析（FMEA）的一部分。

显然，许多发生的事情会引起灾害，对此的预见及其决策是设计人员的职责，应尽最大可能减少、消除灾难的可能性。

表 8.2　危险发生概率

描述	水平	个别项目	概　述
频繁	A	很可能频繁发生 （发生概率>10%）	连续经历
很可能	B	在寿命周期中会发生多次 （发生概率=1%~10%）	将频繁发生
偶然	C	在寿命周期中会发生几次 （发生概率0.1%~1%）	将发生几次
极少	D	可能性小，但在寿命周期中有可能发生 （发生概率0.001%~0.1%）	可能性小，但有时会发生
不可能	E	发生的可能性很小以至于可以假设不会 遇到（发生概率<0.0001%）	不太会发生，但有可能

表 8.3 灾难严重性分类

描述	分类	灾难定义
灾难	I	毁灭，系统损失，或严重的环境伤害
危险	II	严重伤害，职业病，主系统损害，或可逆的环境损害
边缘的	III	轻的伤害，职业病，系统损害，或环境损害
可忽略	IV	更轻的伤害，职业病，系统损害，或环境损害

表 8.4 灾难评估矩阵

发生频率	危险种类			
	I（灾难）	II（危急）	III（边缘的）	IV（可忽略的）
A 频繁	1	3	7	13
B 很可能	2	5	9	16
C 偶然	4	6	11	18
D 很少	8	10	14	19
E 不可能	12	15	17	20

危害-风险指数	标准
1~5	无法接受的
6~9	不受欢迎的
10~17	可接受，需考察
18~20	可接受，不需考察

表 8.2~表 8.4 来源为 MIL-STD 882D。

8.6.4 项目风险

项目风险是鉴定的结果：

导致项目落后于预定计划，超过预算或不满足工程条件(发生的后果是什么?)会发生什么？(出错的后果会是什么?)以及发生的可能性(发生的可能性怎样?)。

引起项目风险的因素很多：

（1）技术不像预期的那么现成。这可能会比期望的产品开发时间更长，技术中的不确定性越高，技术的成熟度就越差(8.4 节)，项目的风险性就越高。

（2）仿真或实验展现意想不到的结果。技术不像起初想的那样好理解，实际上是对技术成熟程度估计不准确。

（3）材料或加工方法不可用。想在产品中用的有些东西不能实现或至少不是预期的价格和时间。

（4）管理改变了对项目的投入或人员情况。分派给项目较少的人或不同的人。

（5）供货商或其他项目未能按期望来生产。绝大多数项目依靠于其他方面努力的成功，若他们没有按预算、按时间或以期望的方式执行，这可能影响项目。

根据这些风险原因，设计工程师可控制前 3 项因素。使用不好的技术、材料和工艺过程可能导致差的决策行为。

8.6.5　决策风险

决策风险是指所做选择没有出现预期结果的可能性（可能会发生什么问题?），在商业和技术中，你只在未来某个时候做出不好的选择时才知道风险，决策引起行动和物力投入，只有在采取行动后你才真正知道决策是好还是坏。

决策风险是一种估量，即做不好决策的概率（问题发生的可能性怎样?）乘以决策后果（问题发生的后果是什么?），目的是知道决策过程中的可能性和后果，在采取行动后不要等到太晚才意识到风险。

回顾决策矩阵：

（1）可能会发生什么问题?　=不满足标准。

（2）问题发生的后果是什么?　=客户不满意。

（3）问题发生的可能性怎样?　=依赖于不确定性，在决策矩阵中对不确定性没有实际测量。

在进行决策时对不确定性进行管理的新的方法是稳健决策，在 8.7 节介绍。

8.7　稳健决策

概念设计评价阶段重要的挑战是在有关概念的信息不确定、不完整、不断变化的条件下做出正确的决策。近年来，专门处理这类设计问题的方法有所发展，这种方法称为稳健决策（Robust Decision-making）方法。"稳健"这个词在第 10 章还会用来说明高质量的最终产品，因为对制造工艺的改变、对工作温度、对磨损以及其他不容易控制的因素不敏感。在这里使用"稳健"这个词用来表示设计决策尽可能对所依赖的信息的不确定、不完整及其变化不敏感。

为做好准备，重新考虑决策矩阵，为代替 0、+1、-1 等级，可以通过使用可量化值进一步精炼。供选择的每一个方案的刚度可以根据 N/m（lb/in）模仿，质量效益用 kg，轮子的内部体积用 mm³(in³)，工艺性用每个轮子的制造时间。然后把这些值按某种方式(它们单位都不同)组合生成对每一种备选方案的估量(将在第 10 章再次讨论这个内容)。问题是对每一个概念需要花很多时间生成这些值。

事实上，在开发图 8.6 所示实体模型时已经用了许多时间。在没有把轮子的创意精炼到一定程度时 JPL 能做决策吗？回答是：用 JPL 建模效果好于大部分组织投资进行的概念决策，因此又产生了新问题，在你的信息不确定且不完全的情况下你如何做出概念决策？回顾图 8.7 的决策矩阵，你如何在一个决策矩阵中构建一个更加抽象的组合概念？

首先，略微对决策矩阵进行提炼，在决策矩阵中产品的分数或总值是满意度的度量，满意＝确信备选方案满足标准。因此决策人对一个备选方案满意代表着信任度，即备选方案在多大程度上符合其设计规范(标准)。例如：MER 轮子质量标准是 1kg，你在一定规模上进行了称重，你知道是精确的并把你读到的数值转化为质量，若你发现质量是 1kg，那么相对于质量标准，你会非常满意。但是若你怀疑度量的精度或对你所读到的数值的精确性不确定呢？尽管测量值为 1kg，但因为你对你所读到的数值的精确性不确定，你的满意度会下降。如果你只是根据画在纸面上的草图计算出质量是 1kg 那会怎么样？你知道这是不确切的，因为它是建立在不完整的、变化中的信息的基础上的，所以你对"产品的质量将是 1kg"的信任程度不会很高。这里重点问题在于无论评价信息如何发展，你都要相信评估很重要。

> **所有决策都建立在不完全、不一致和矛盾信息的基础上。**

那么，什么是"信任"？字典中对"信任"的定义包括以下的表述："对某事有信心的心理状态"。一种在决策时根据决策者的知识和信心，对将备选方案(某事)的评价与标准目标相比较信任结果的心理状态。这样，根据我们的目的，将"相信"定义为：

相信＝建立在当前所掌握的知识基础上，对一个备选方案满足标准、需求或规范体现的信任。

进一步解释这个概念。如果一个人拿着一个物体对你说："我相信它的质量是 1kg。"你可能会问他："你怎么知道是 1kg？(关于他的知识的提问)"也可能会问："它与 1kg 相差多少？(关于对结果信任度的提问)"

信任度图是表示知识与信任程度的虚拟和。信任度图是帮助图示和理解评价的可信工具，它是表示知识(确定性)与满足标准的二维信任图，如图 8.9 所示。作为对问题的完整评价，与决策矩阵中的每一个单元相对应的每一对"备选方案/标准"都应有其信任度图。通过使用信任度图，可以很容易地看到知识对结果的影响。我们还将看到，通过使用信任度图，会有助于小组的意见达成一致。

为解释信任度图，首先我们要描述轴、点和最后标着 0.1~0.9 的线。在信任度图的垂直轴上，绘出标准满意等级，每个备选方案满足（一般未声明）标准目标的程度，或备选方案的肯定性。考虑 MER 车轮选择问题，我们有的只是螺旋屈曲概念草图（见图 8.10a）及初步计算。我们能说的最好的是"是的，这个概念表现出高的质量效益"或"不，它看起来工艺性差"，这与我们在决策矩阵中用+1 和-1 所表示的意思相似。

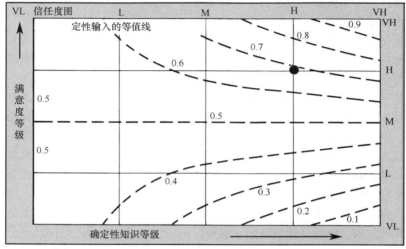

图 8.9 信任度图

信任度图的水平轴是确定性知识等级，它不是一般度量，是理解信任和决策的关键点，考虑到确定性知识等级是一种概率，其取值范围是 50%~100%。其基本原理是 50% 的概率几乎等于扔硬币，可能性很低——概率的正确性只有 50%。等级的另一端是 100% 概率，意味着是对一个确定事件的评估；确定

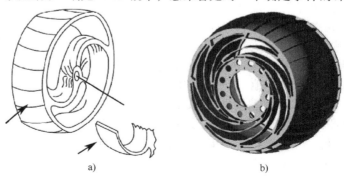

a)   b)

图 8.10 从图 2.5 得到的 MER 车轮草图

性很高，标准满意等级是对所处情况很好的评价。

　　为了更好地理解信任度图，在评估螺旋屈曲车轮的可制造性时，目前所知道的全部内容就是上文提到的草图，在进行评估时，在信任度图上放一个点，如在图的右上角放一个点，如图 8.11 所示，声明对此的确信度很高，确信螺旋屈曲车轮易于制造［是的,可制造性能非常高（在信任度图上是 VH）］，因此100% 相信螺旋具有可制造性。若把点放在信任度图的右下角，标准满意等级在 VL，非常确信螺旋不好制造，认为螺旋概念的标准满意概率为 0。

> *你拥有的比其他人更多的知识但并不利于事情的可能性。*

　　若你把评估点放在了左上角，表现出你是无可救药的乐观："我对此什么都不知道，但是我确信易于制造。"这种评价几乎等于扔硬币，所以信任度＝50%。若你把评估点放在左下角，那么你相信螺旋屈曲概念不能满足可制造性标准，甚至你不知道这种信任度是基于什么。这被称为"Eyore 角"，在 A·A·米尔恩的"小熊维尼"角色中，他想不管他知道的东西多么少，认为每一件事都将出现坏的结果，这种评价也几乎等于扔硬币，于是认为信任度＝50%，事实上，信任度图的整个左下边都是 50% 的信任，每一点都是基于没有确定性或完全不知道。

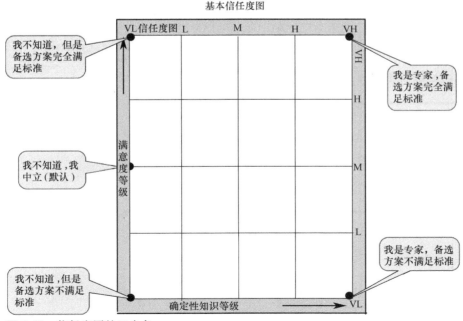

图 8.11 信任度图的四个角

　　若一位 JPL 工程师把点放在标准满意等级＝50％的任意位置，他的评价意见是中立的，螺旋的可制造性既不好也不坏，结果不管知识上还是确信度等级上，他认为都是 50％。

　　最后点的默认位置在信任度图的中心靠左—你完全不知道，你中立，把点放在此位置等于没有做任何评价。

　　信任度图中的线称为等值线，认为这些线代表可能性(概率)，因此在图 8.9 中，信任度是 0.69，注意若评价者把点放在信任度图的确信度很高的地方，点在右侧，那么信任度就是 0.75。若确信度很低，信任度＝0.5，那么就超过了右侧。

　　所选的五个 MER 车轮的信任度如图 8.12 所示，假设还没作分析，所有备选方案的草图最好像图 8.10a 所示的车轮。

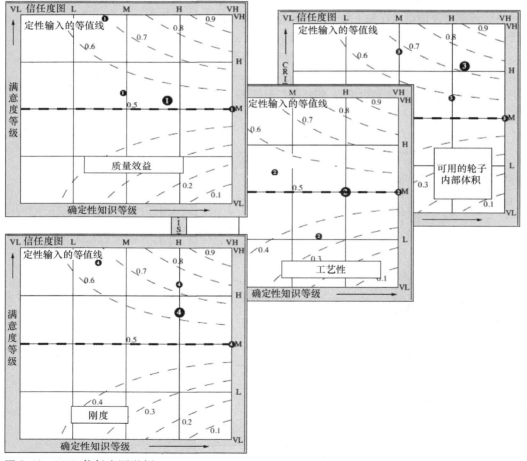

图 8.12　MER 信任度图举例

把信任度图的值输入到图 8.13 的决策矩阵中，为了与图 8.5 的决策矩阵相一致，每一个标准的基线满意度假设为 50%，其他评价相对此做出，这就不必使用信任度图了。

问题： 选择一个 MER 轮子的结构	基准	悬臂梁	"之"字形毂	螺旋屈曲	组合式
质量效益	35	0.5	0.55	0.55	0.77	0.71
工艺性	10	0.5	0.5	0.35	0.4	0.52
可用的内部轮子体积	20	0.5	0.72	0.58	0.84	0.67
刚度	35	0.5	0.62	0.74	0.86	0.68
	满意度	50	50	60	78	67

图 8.13　代入信任度图结果的决策矩阵

备选方案结果满意度值不同于图 8.13 所示的决策矩阵的加权总和，作为评价，期望包括不确定性，甚至对组合方案现在也进行评价，但是，事实上这仅是一个粗略的概念，其不确定性很高。这次满意度结果仍然显示螺旋屈曲方案最好，但是这是在没来得及制作详细的 CAD 模型的条件下得到的。同时也可以看到，组合方案值得花时间进行细化并重新评估，其满意度仅次于螺旋方案。

信任度图的另一个用途是建立团队共识和认同，多数人把点放在信任度图上，经过比较可以帮助团队确信团队正在以一贯的方式理解此概念和标准。查阅链接提供的资源，在 8.9 节中会学习更多关于信任度图、使用相关支撑软件的内容。

8.8　小结

1）概念的可行性基于设计工程师的知识。经常需要通过简单模型来扩展这些知识。

2）为使技术能够在产品中使用，它必须准备就绪，6 项对技术准备程度的度量可以应用。产品安全意味着关注对人身的伤害以及对装置、对其他设备和对环境的伤害。

3）可以把安全性设计到产品中，也可以作为附加条件，或通过危险警告加以防止。其中第一种是最好的。

4）危险性评定可以容易地完成，并提供有益的指导。

5）决策矩阵提供了一种对概念进行比较、评价的方法。这种方法将每一个概念与用户需求数据进行比较。矩阵使得对概念的强弱程度有更深入的理解。决策矩阵方法可以应用于初始设计问题的子系统。

6）高级决策矩阵方法引出稳健决策，稳健决策中包含决策过程中的不确定性的影响。

7）信任度图是一种简单而有效的对备选方案进行评价的方式，用于增进小组意见的一致性。

8.9 资料来源

Pugh, S.: *Total Design: Integrated Methods for Successful Product Engineering,* Addison-Wesley, Wokingham, England, 1991. Gives a good overview of the design process and many examples of the use of decision matrices.

Standard Practice for System Safety, MIL-STD 882D, U.S. Government Printing Office, Washington, D.C., 2000. The mishap assessment is from this standard. http://www.core.org.cn/NR/rdonlyres/Aeronautics-and-Astronautics/16-358JSystem-SafetySpring2003/79F4C553-BD79-4A0C-A87E-80F4B520257B/0/882b1.pdf

Sunar, D. G.: *The Expert Witness Handbook: A Guide for Engineers, 2nd edition.* Professional Publications, San Carlos, Calif., 1989. A paperback, it has details on being an expert witness for products liability litigation.

Ullman, D. G.: *Making Robust Decisions,* Trafford Publishing, 2006. Details on Belief Maps and robust decision-making. Software that supports the use of belief maps is available from www.robustdecisions.com. Its use is free to students.

8.10 习题

8.1 应用 8.4 节介绍的 6 条标准基于你的知识评估下面这些技术。

a. 镀铬。

b. 橡胶隔振器。

c. 用钉子把木材紧固在一起。

d. 激光定位系统。

8.2 用一个或一组决策矩阵作以下评价：

a. 习题 4.1 所列的原始设计问题的概念。

b. 习题 4.2 所列的改进设计问题的概念。

c. 对一辆新汽车的选择。

d. 对多个女朋友或男朋友的选择（可能是真的,也可能是假想的）。

e. 对一项工作的选择。

注意最后三个选择，其难度在于选择比较标准。

8.3 对以下项目作危险性评价。如果你是一位工程师，从事与这些项目有关的工程，你对这些评价会有什么反应？而且，对于有危险的项目，企业和联盟章程应为降低危险性做些什么？

a. 手动开罐器。

b. 汽车（你所驾驶的）。

c. 割草机。

d. 航天飞机火箭发动机。

e. 电梯驱动系统。

8.11　网络资源

在书的网站上：www. mhhe. com/Ullman4e 可获得以下文件模板

■　技术准备。

第 9 章

产 品 加 工

关键问题

■ 将抽象的概念变为优质产品的步骤是什么？

■ 什么是 BOM？

■ 在进行零件和装配体的设计过程中，考虑约束、外形、连接和零件的顺序是什么？

■ 在零件设计中分析力流有何帮助？

■ 谁来制造你设计的部件？

9.1　概述

本章及第 10 章、第 11 章集中在产品设计阶段，目的是精炼概念并将其转化为优质产品，这个转化过程可称为硬件设计、形状设计或具体化设计，所有这些都意味着给概念骨架长肉，如图 9.1 所示。这个精炼过程是产品生成和产品评估的一个迭代过程，以验证其满足需求的能力。根据评估结果，产品修补和精炼（进一步生成），在迭代循环中再评估。作为产品生成过程的一部分，产品的进化分解为装配体和单个零件。随着整个产品的进化，每一个装配体和单个零件都需要相同的进化步骤。在产品设计中产生和评估比在概念设计阶段更加紧密地交织在一起，因此，这里建议在产品生成阶段要包括一些评估。在第 10、11 章中，产品设计的评估考虑其性能、质量和成本，质量由产品满足工程需求的能力及制造和装配的容易程度来检测。

从概念转化为产品过程中所获得的知识可以反过来用于概念设计阶段，可能生成新概念。当然其缺点是返回要花时间。返回迭代是自然的，改变概念必须通过在设计计划中建立的时间表来平衡。

在两种情况下设计工程师设计过程中的工作从产品设计阶段开始，其中第一种情况是在公司的研究室已经生成概念，接着转到设计工程师进行产品化，这就要假定，研究室必须开发工作模型，以确认技术已准备就绪，确保设计在不远的将来成为成功的产品。但是研究人员的目标是要证明技术的可行性，其工作模型通常是手工制作，可能是用布基胶带和泡泡糖结合在一起的，这样可能会组合成一个很差的产品设计，迫使产品从试验样机发展成为产品的途径很差。设计工程师、制造工程师和其他利益相关者应该参与到概念精炼过程中。

第二种情况是项目包含重新设计，很多设计问题是针对现有产品的，仅需要重新设计以满足一些新需求，通常仅需要"较小的改动"，但是这些通常导致意外的大量的返工，导致产品质量差。

任何一种情况，不论概念源自研究室还是仅包含"简单再设计"的项目，都需要确保对功能和其他概念设计理念很好地理解。换句话说，在第 5、6、7 和 8 章中描述的技法应该在产品设计阶段开始之前实施，只有这样才会有高质量产品。

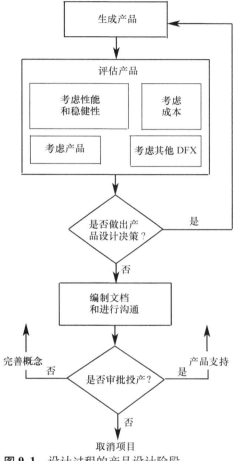

图 9.1 设计过程的产品设计阶段

在描述精炼概念到硬件的过程之前，要注意关于材料、制造方法、经济学的描述要足够详细，工程科学要成熟，以支持设计过程的技术和案例，并假定读者已经有了这些领域需要的知识。

本章和第 10、11 章的目的是要将第 7、8 章开发的设计概念转化为产品，实现所需要的功能。这些概念可能在精炼程度和完整性上各不相同，如图 9.2 中的概念案例，简图表示马林自行车的悬架概念机构而非完成的 CAD 实体模型。简图的抽象化程度是不同的，概念也是这样，产品开发的步骤必然与很多不同精细化程度上的设计概念相关。

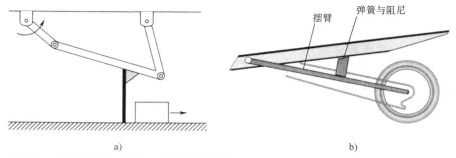

图9.2 典型概念(经马林自行车许可重印)

　　将设计概念提炼转化为可加工的产品所需要进行的各项工作如图9.3所示(图1.1的简化)。图的中央是产品的功能，围绕着功能的、互相依靠的是产品的结构、零件的材料以及将材料转变为零件结构的制造工艺。虽然在概念设计阶段这三方面也需要考虑，但其中心是功能开发。而在产品设计阶段，中心变为开发可生产的结构，用可得到的和能控制的材料生产所需要的功能。

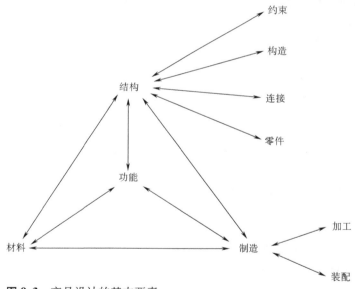

图9.3 产品设计的基本要素

　　产品的结构大致受到其运转的包络空间约束，在这个包络空间中，将产品定义为相连部件的一种配置，换句话说，结构开发是部件的演化，包括零部件间是如何配置的以及它们之间是如何连接的。本章将介绍产生零件结构特征的工艺方法。

　　如图9.3所示，产品决策需要开发产品如何从材料加工为零件，这些零件是如何装配的。一般术语"制造"指的是制造单个零件，"装配"是把制造和购买的零件组装在一起，产品演化和产品加工同时进行是现代工程的关键特征之一。本章中，加工与装配过程决策的相互作用会影响产品的生成。对产品生产的考虑在产品的评价中变得越来越重要（见第 11 章）。

在关于概念设计的讨论中，重点在于对产品功能的开发。现在需要问一个合理的问题就是下一步需要做什么？是结构设计？是选择材料？还是考虑生产？回答这个问题不容易，因为即使选择从功能到结构，结构在很大程度上也依赖于材料选择及加工工艺，而且依赖的程度和方式又随着产品加工的数量、加工设备的能力、对材料及其成形过程的认识程度等多种因素的改变而改变。因此，实际上不可能给定一个按部就班的产品设计过程。图 9.3 显示的是在产品生成中需要考虑的主要问题。9.3~9.5 节将开始讨论结构生成方法，然后讨论材料及其加工工艺的选择。专门有一节讨论确定供货商，因为供货商的参与会影响产品生产。在第 10 章和第 11 章将围绕着产品的工作能力满足功能需求、加工和装配工艺性及成本等因素展开关于产品评价问题的讨论。

在开始进入产品开发之前，有必要介绍一些关于如何记录和管理产品信息的基础。

9.2 材料清单

材料清单（BOMs）或零件清单如同产品索引，在本阶段的设计过程中逐步产生。材料清单是产品寿命周期管理（PLM）中的关键部分，如第 1 章所介绍（见图 1.8）。材料清单一般在电子表格中建立，这样容易更新（可以用模板），典型的材料清单如图 9.4 所示。让清单保持合理的长度，每一件装配体做一个独立的清单，一个材料清单上至少要有六个信息：

1）项目编号或字母。在材料清单中这是组件的钥匙。

2）零件编号。用于整个购买、制造、库存管理和装配系统过程中，以区分零件。项目编号是装配图中的特殊索引，零件编号是公司系统的一种索引。公司与公司间编号系统有很大变化，有的公司将其设计为文字。零件编号表示零件的功能或装配，这些系统的类型很难保持，绝大多数仅是对零件的一系列编号，有时最后一位用来表示版本号，如图 9.4 所示。

3）装配需要的数量。

4）零件名称或描述。描述零件的标题必须简洁。

5）制造零件的材料。若项目是子装配体，就不出现在材料清单中。

6）零件的原始资料。若零件是采购来的，要列出公司的名字，若零件是在某地制造，这一栏空白。

设计信息的管理（如材料清单、图、实体模型仿真和实验结果）主要由公司承担，事实上，这些知识产权是公司最有价值的资产之一。过去，图情索引和查询信息通常很难并时常不可能实现。随着产品信息更加以计算机为基础，信

材料清单					
产品：				日期：03/03/09	
装配：					
项目编号	零件编号	数量	名称	材料	来源
1	63172-2	1	外管	1018 碳钢	Coyote Steel
2	94563-1	1	滚子轴承		Bearing Inc.
3	...	...	...	...	...
4	...	...	...	...	...
9	74324-2	3	轴	304 不锈钢	Coyote Steel
10	44333-8	1	橡胶铰链	氯甲酸乙酯	Reed Rubber
团队成员：			制表人：		
团队成员：			校核人：		
团队成员：			审批人：		
团队成员：				页号 1/4	
机械设计过程			由大卫 G. 乌尔曼教授设计		
Copyright 2008，McGraw-Hill			Form#23.0		

图 9.4　典型材料清单

息的管理方法也如此。一般，材料清单只是寿命周期管理系统的一部分，因此零件编号与图、实体模型及其他零件和装配信息相关。

9.3　结构生成

本节的目的是根据已形成的概念产生结构，理想地讲，结构由其他装配和部件的约束生成，在理解了部件约束后，接着结构或体系框架就可以生成，然后确定与其他部件的连接或界面就可以生成。这些支撑着产品的功能。最后开发出部件。这四步尽管是按顺序的，但显然也会同时出现。

9.3.1　了解空间约束

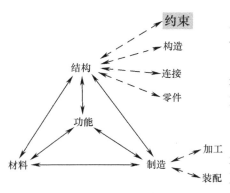

对产品来说，空间约束好像是堵墙或边界，很多产品的工作必须与已有的一些其他存在的不变实体保持某种关系，这种关系可能定义为实际接触关系或存在需要的间隙，这种关系除了实体关系外，还可能有基于物质流、能量流和信息流的关系。例如，单手用夹持器中工件和用户手的接触界面是实际存在的，这里有以力形式存在的能量流。

有些空间约束基于功能对空间的要求，例如留出光路所需的空间，或者为材料流的移动清除障碍或构建接口，确保这些材料(如水或空气)的流动。进一步，很多产品在使用中需要经过一系列的操作过程，在这个过程中，功能关系和空间要求可能会发生改变。不同的关系可能要求设计一系列布置图或实体模型。

设计开始时，空间约束是关于整个产品、整个系统或整个装配体的，但是随着不断进行的关于部件或装配体的设计决策，会出现一些新的空间约束。对于大的产品，各个不同的子装配体有相对独立的设计团队，空间约束信息协调会出现困难。寿命周期管理和实体建模系统对约束管理有帮助。

9.3.2 配置部件

配置是指产品中部件及部件装配的框架、结构或布置方式。确定产品的框架或配置包括将设计对象划分为单独的零件，并确定它们的相对位置和方向。虽然在概念设计草图中可能也表示了各独立零件，但是现在要对分解描述进行质疑。只有在以下六种情况下才将设计的产品或装配体继续分解为零件：

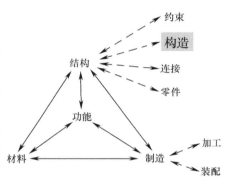

1）如果组件中各部分之间有相对运动，必须将组件分解。例如零件之间有相对滑动或转动，则组件必须分解。如果相对位移非常小，也许可以将弹性作为设计的组成，以满足运动的需要，此时使用塑料材料构造弹性铰链实现这一功能更容易。弹性铰链是用抗疲劳材料制造的薄片，用以构成单自由度连接。

2）当部件由于功能的需要使用不同的材料时，必须将部件分解。例如，部件的一部分需要导热，另一部分需要绝热，这两部分可能需要单个零件完成，若不是这样，就需要采用热敏电阻。

3）如果由于装配的需要必须将零件相对移动，部件必须分解。例如，如果计算机机箱设计成整体一件，则无法进行安装和维护计算机的元器件。

4）如果为适应材料或加工设备的限制，应将部件分解，有时需要的零件不能按需要的形状加工。

5）如果可以采用通用的标准零部件，必须将部件分解。

6）如果将部件分解后可以使制造成本最小化，有时制造两个简单零件比制造一个复杂零件的成本更低，必须将部件分解。虽然这会造成应力集中，会由于增加界面而增大成本。

这些确定零件界面的指南仅帮助定义了结构设计工作的一个方面，在结构设计中同样重要的工作还有确定零件之间的相对位置和方向。位置是零件在 x、y、z 空间中相对坐标的度量，方向是指零件之间的角度关系。零件在工作中通常可以有许多不同的位置和方向，实体模型有助于寻找零件位置和方向的可能性。构型设计在 2.4.2 节中作为位置和方向问题进行了介绍。

在许多产品的设计中需要考虑的重要问题是如何快速而价廉地开发出其他新产品,供设计用的许多产品是指模块设计或变形设计。在产品系列中采用成套的普通模块,可以降低成本,引进多种产品变异。如用电池工作的动力工具或厨房器皿的设计,它们采用同样的电池。绝大多数汽车和货车的产品中也用了相同的零件。

模块常常被定义为系统或装配体,它与系统的其他部分联系不紧密,在理想世界每一个模块实现一个或一小套相关联的功能,与笔记本式计算机的电池一样——电池的功能是储存能量。设计独立的模板有许多潜在的优势:

1)独立模块可以用于创造产品系列。

2)独立模块提供灵活性,以便每一件生产的产品能满足客户的特殊需求。

3)在不改变整体设计的情况下可以开发新技术,考虑到产品的重叠开发,模块可以独立开发。

4)独立模块导致分批采购,可以节约——单个电池用于许多工具的结果是更高的使用量和由此带来的较低的花费。

5)模块化也减轻了对复杂产品结构的管理,因此要发展独立模块。

与模块化结构相反的方向是按完整结构的设计。完整结构有较少的零件实现混在一起的功能,波音公司开发了图 9.5 所示的混合机翼体(BWB)的概念,这是一款试验飞行器,在其设计中分配给机翼、机身和机尾的功能是混合在一起的。传统飞机用机翼举升,用机身容纳乘客和货物,尾部用于倾斜及偏航控制。而在 BWB 设计中,整体混合机体在一定程度上提供了所有上述三方面的功能,与传统飞机相比,混合机体会使飞机重量减少 19%,每位旅客每千米飞行燃油消耗减少 32%。

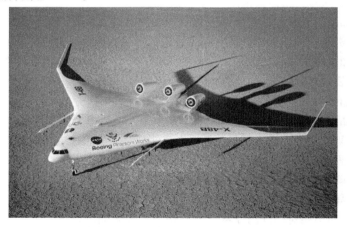

图 9.5　完整结构举例(经波音公司许可后重印)

9.3.3　连接设计：创建和定义功能界面

这是将概念设计具体化过程中的一个关键步骤，因为在零件间的连接或零件之间的界面起着保证功能实现、确定零件之间的相对位置和方向的重要作用。以下是几点有助于开发和精炼零件之间界面的指南：

> *错综复杂的事主要发生在界面上。*

1）界面必须保证受力平衡，保证能量、物质、信息流动一致，因此意味着通过界面设计保证产品设计满足功能需求。零件间的连接需要付出巨大劳动，应对界面设计、界面间的流动给予关注，这是产品开发的关键问题。在对已有产品的改进设计中，通常要将其拆分开，观察其能量、信息、物质在各节点间的流动，确定零件在每一时刻的功能模型。

2）在设计了与外部对象的界面以后，应考虑承载最关键功能的界面，但遗憾的是，"哪项功能是最关键的"这个问题并不清楚。通常，关键功能是最难实现的功能（关于实现这项功能的信息最缺乏），或是用户需求中描述为最重要的功能。

3）在装配体或零件的设计中应尽力保证功能的独立性，也就是说，在装配体或零件中每一个关键尺寸的改变将只影响一项功能。如果改变一个参数会影响多项功能，那么要修改其中一项功能而不影响其他功能的做法是不可能的。

4）在将产品分割为单独零件时需要小心试探，如果一项功能的实现需要跨越多个零件或装配体，或一个零件在多项功能中扮演角色，这都会使设计的复杂性增加。例如，自行车的车把提供多项功能，而这些功能的实现又都需要其他零件的参与。

5）创建和精炼界面会迫使设计对象分解，这可能会引出新的功能或促使功能细分。随着界面的精炼，会出现新的零件或装配件，评价可能出现新零部件的方法是确定每一个新零部件对设计功能的改变程度。

为了定义界面，有必要将原有的设计问题视为新的设计问题，可以应用第7章和第8章的方法。在进行连接设计时，可以将连接分为以下几种类型：

1）固定的不可调整的连接。通常被连接对象之间互相支撑，需要特别注意通过连接节点的力流（详见9.3.4节）。这类连接通常采用铆接、螺栓、螺钉、粘接、焊接或其他永久连接方式。

2）可调整的连接。这种类型的连接必须提供至少一个可以被锁住的自由度，这种连接可允许现场调整或只允许出厂前调整。如果连接允许现场调整，应将这种功能明确表示并要求说明容易获取。可调整的间隙会增加空间约束。通常，可调整的连接要通过螺栓或螺钉锁紧。

3）可拆卸连接。如果连接必须是可拆卸的，连接所涉及的零件功能需要认真探究。

> **确定应该怎样约束一个零件，并约束到恰当的程度——不多也不少。**

4）定位器连接。很多连接通过连接界面确定被连接零件之间的相对位置与方向。设计定位连接时要认真考虑定位节点上的累积误差。

5）铰链连接或转动连接。许多连接保留一个或一个以上的自由度，这些连接具有传递能量和信息的能力，通常成为影响装置功能的关键因素。像可拆卸连接一样，这种连接的工作能力需要认真考虑。

连接直接确定了零件之间的自由度，而零件之间的每一个界面都是对零件间的某些或全部自由度的约束。从根本上讲，两个零件之间的每一个连接处都原有六个相对运动自由度——三个移动自由度和三个转动自由度。连接设计需要确定在所完成的设计产品中应保留几个自由度。不考虑连接对自由度的约束将会导致装置具有违背设计意图的动作。对二维约束问题的讨论是考虑连接问题的基础。

如果两个零件具有平面界面，相对运动自由度将从六个减少到三个，沿 x 轴和 y 轴的移动自由度（在正、反两个方向）以及绕 z 轴的转动自由度（也是正、反两个方向）（见图9.6）。如果将一个紧固件（如螺钉或销钉）穿过零件 A 插入零件 B，则将消除两个移动自由度，保留转动自由度。一些设计初学者认为拧紧螺栓会消除转动自由度，但是这种情况下，即使一个较小的转矩就足以使零件 A 转动。两个靠得很近的紧固件不足以限制零件 A

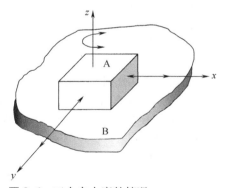

图9.6 三个自由度的情况

的转动，特别是在转矩相对于紧固件及零件 A 和 B 上的孔的强度来说很大的情况下。更重要的是，很多连接具有确定两个零件的相对位置和传递载荷的作用，这种情况下就要同时考虑定位和传力的需要。

像螺栓和铆钉这样的紧固件作为定位连接零件是不适当的，因为用于这种连接的孔必须留有间隙，而且紧固件的制造精度较低。对定位来说，首先考虑

图9.7所示的单个销钉或小平面定位，这些定位元素只限制零件A相对于零件B在x轴正方向的移动自由度。

如果一个力保持沿x轴正方向，这种简单的约束就足以确定沿x轴方向的位置。放第二个支撑物限制沿x轴负方向移动的做法将收到意外的效果（见图9.8）。由于加工误差，零件A与定位元件之间可能接触，也可能分离。换句话说，即使零件A看上去在x轴的正、负两个方向均被良好地约束，但这将会很难加工，也就难以起到如图9.8所示的作用。另外，第二个销钉对于限制沿y轴方向的移动和绕z轴的转动毫无作用。

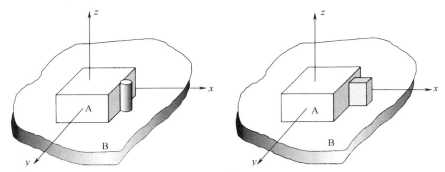

图9.7　零件A被一个销或一个小平面约束

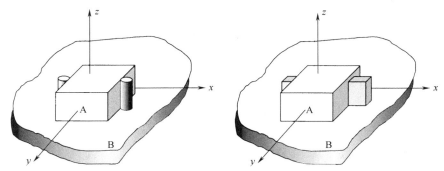

图9.8　沿x轴方向完全约束的效果

如果使用两个销轴或一个长的平面与零件A的一个边接触（见图9.9），那么零件A在x轴方向的位置和绕z轴的角度就都被限制。

如果沿x轴正方向施加足够的力，使其通过两销中间，则零件A沿x轴的移动和绕z轴的转动将被完全约束。如果这个力有沿y轴方向的分量，则零件A仍可沿y轴方向移动。

最后，如果在零件B上再添加一个销钉，那么零件A沿y轴方向的移动将被约束，如果有一个力F如图9.10所示，指向这些定位元素之间（力沿着x轴和y轴的正方向），那么零件A就会被完全约束，不具有相对于零件B的任

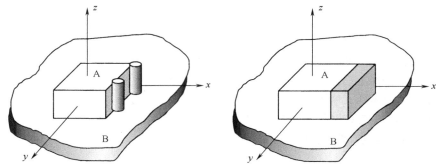

图 9.9 零件 A 沿 x 轴移动及绕 z 轴转动的自由度被约束

何自由度了。这里非常重要的一点是，施加三个定位点就能将一个零件约束到另一个零件上。

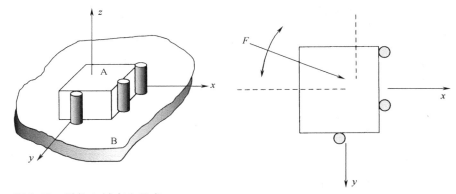

图 9.10 零件 A 被完全约束

应用三个定位点将零件 A 约束到零件 B 上的方法还可以有多种形式，图 9.11 所示就是几个实例。

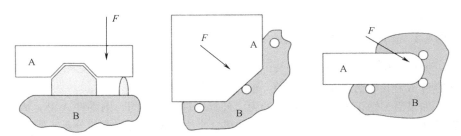

图 9.11 完全约束的其他实例

9.3.4 零部件设计

据估计，在装置中的多数零部件上只有不足20%的尺寸起关键作用，因为零件上的多数材料起着连接功能界面的作用，因此其尺寸不关键。在零件之间的功能界面确定以后，零件实体的设计通常是复杂的逐步精确细化的过程。

以飞机铰链板为例，关于它的空间约束条件和它的界面（安装区域）如图9.12所示。这个零件的主要作用是传递载荷及隔离（使不干涉）其他零件。图中有关于载荷及尺寸的详细描述。零件结构很简单，它要将载荷从铰链轴线传递到安装区域。图

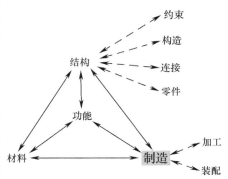

9.13所示为这个零件的多种设计方案。图9.13a和图9.13b所示结构是将实体材料经机械切削加工而成的，图9.13c所示结构是通过现成的挤压管材和板材焊接而成的，这三种结构适用于铰链板加工面较小的情况。如果加工面很大，如图9.13d所示的锻造零件可能是更好的方案。注意：所有这些设计方案与相邻零件之间具有相同的界面。一个界面是固定的，需要时可拆卸，另一个界面具有一个自由度。差别仅在于连接这些功能界面的材料。所有这些设计方案都是可行的，很难确定哪个方案是最好的。决策矩阵可能有助于做出判断。

> **零件主要荒界面生成。**

连接各功能界面的材料通常有以下三种主要用途：①以足够的强度和刚度在各功能表面间传递力或其他形式的能量（如热或电流）；②起围挡或引导其他零件的作用（例如，引导空气流动）；③作为外观表面。前面曾说过零件的功能主要取决于零件的界面，但并不总是这样。如果一个零件的形体具有某种功能时将出现例外（如必要的质量、刚度或强度），在这种情况下，形状和界面同样重要。

连接表面应尽可能具有高强度的结构形状，高强度的结构形状使材料按照最充分发挥其作用的方式分布。常用的高强度结构形状如下：

1）最简单的高强度结构形状是受拉（或压）的杆。如果一个形体有两个界面，如图9.14a所示，并需要将力从一个界面传递到另一个界面，则强度最好的形状是用作拉杆。如图9.14b所示，在远离端部（界面）的位置，应力在杆内均匀分布，因此这种形状能提供最佳效果（根据受力大小来确定材料的质量大小）。

2）桁架结构只承受拉、压载荷。根据经验，桁架总是设计成三角形结构，在零件设计中经常采用抗剪腹板起三角形结构的作用。在图9.15所示肋

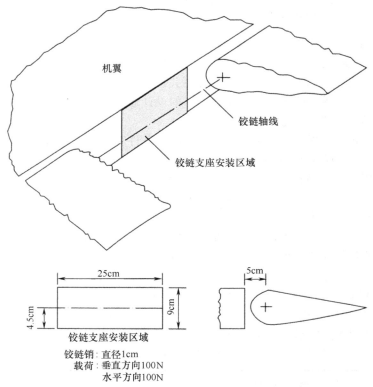

图 9.12 飞机铰链板设计要求

板结构中，背板起到抗剪腹板的作用，将力 A 传递给底板。如果去掉肋板，结构将会垮塌。对于载荷 B，肋板可以起到相同的作用。

> **除非你有很好的理由，否则应用三角形结构。**

3）中空圆柱体是承受转矩的最佳结构，其机构应尽可能封闭，以使所有材料具有相同的应力。各种棱形结构也表现出相同的特性。一个常见的近四棱形结构实例是汽车或厢式货车的车身，当图 9.16 所示厢式货车的右前轮通过一个凸起时，就会有一个转矩作用在整个车上。为设置车门，在厢式货车侧面打孔，极大地削弱了车身承受转矩的能力，为了弥补这一缺陷，需要添加大量的附加结构。

4）工字钢是设计承受弯矩的梁的有效结构，因为多数材料分布在远离弯曲主轴的位置。工字钢承载的原理如图 9.17 所示，图示结构虽然不是工字形，但其特征与工字钢很相似，因为多数材料(标记有字母"X")尽可能远离弯曲主轴。

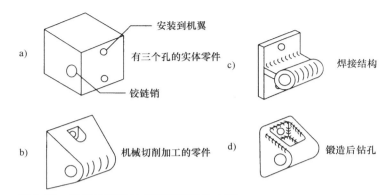

图 9.13 飞机铰链板的多种可能设计方案

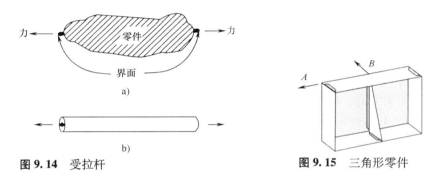

图 9.14 受拉杆

图 9.15 三角形零件

图 9.16 有效承受转矩的结构

力流像水流，失效主要发生在湍急处。

如果采用更直接的力传递路线，则可以使应力减小。一种直观表示力在零件及装配件中传递规律的方法称为力流显示，以下是关于这种方法的解释。

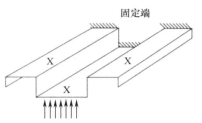

图 9.17　工字钢结构实例

1）将力看作流体，流入/流出界面和零件，它与假设的流体流动没有区别，其路径最重要。

2）这种流体沿阻力最小的路径流经零件。

3）描绘多条流线，每一条流线的方向表示最大主应力方向。

4）用表示主要应力类型的字符在相应位置上标记流线：拉伸（T）、压缩（C）、剪切（S）、弯曲（B）。注意：弯曲可以分解为拉伸和压缩，剪切必然发生在拉伸和压缩流线之间。

5）记住在界面上的力主要是压力，剪切力只发生在粘接、焊接和有摩擦的界面上。

下面有两个可以清楚地解释以上规则的实例。首先分析欧文单手用夹持器尾架（见图 9.18a）。假设夹持器受到可能最不利的载荷状况，此时力作用于端部，如图 9.18b 所示，自由体受力图（见图 9.18b）表示力在水平方向由穿过棒的销平衡，由这些力产生的力偶与由作用在图示两个销上压紧棒的垂直力产生的力偶方向相反。

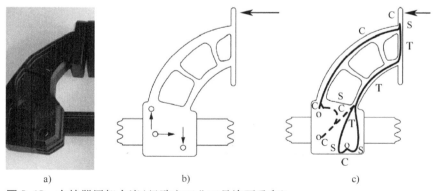

图 9.18　夹持器尾架力流（经欧文工业工具许可重印）

根据上述所列规则，在尾架上的力流如图 9.18c 所示，力流在尾架端部进入（离开），在尾架与三个销的压紧接触面上离开（进入）。首先考虑由作用在尾架端部的力产生的弯曲，部件的中部像一个工字梁，顶部受压，底部受拉，因此，压缩流线应该从尾架的端部到零件的顶部到销，因为工字梁的横截面受弯曲，尾架的底部必须受拉，在端部的压力和在体内的拉力间的某些点上存在如图 9.18c 所示的剪切。接着拉力在底部销形成环流，在销的界面处变成压力。为了演示该处剪切作用，取一张笔记本纸，在一个洞处插入一只铅笔，向离纸面最近边的方向拉铅笔，注意会出现大约 45° 的裂缝，预示着剪切失效。

除弯曲之外，端部的力施加的水平载荷由中间的销抵消。根据几何学，全部零件包括工字梁截面底部可能受压缩，也会发生某种程度的剪切，以便获得对销的压力，力流如图 9.18c 中的虚线所示。

如图 9.19a 所示的丁字形接头是另一个直观表达力流分布的实例。图 9.19b 用两种方式表达力流在法兰中的分布情况，左边用字符 B 表示法兰上的弯曲应力；右边将弯曲应力分解为拉伸（T）和压缩（C）应力，它们又迫使我们必须考虑切应力。力流流过螺母和螺栓的情况如图 9.19c 和图 9.19d 所示，力流流经整个部件的情况如图 9.19e 所示。

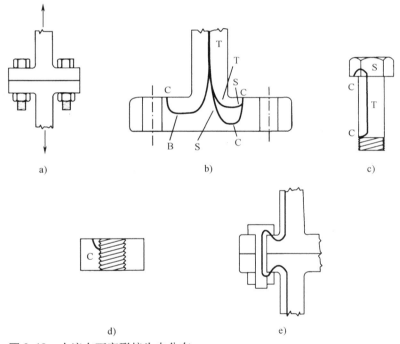

图 9.19 力流在丁字形接头中分布

总之，力流有助于直观地理解应力在零件及装配体中的分布情况。力的传递路径越短、越直接越好。力的传递路径越曲折，就会导致越多的潜在失效点和应力集中。力流设计从实践开始，并与有限元程序的详细分析结果进行对比，在实践中，可学到哪里看起来会失效。

在零件实体设计中，按照刚度条件确定零件尺寸比按强度条件确定零件尺寸的情况更多。虽然在关于零件设计的教科书中更强调强度问题，但是在很多零件的设计中，起主导作用的是刚度条件。一个工程师基于强度的设计公式分析一个承受很小转矩而没有横向载荷的轴时，发现只需要 1mm 的直径，这好像太小了（凭直觉），于是他将轴的直径增大到 2mm，完成整体建造。首先将载荷施加到轴上，轴的变形就像面条一样，整个机器剧烈振动。重新根据刚度和振动条件对轴进行分析，分析表明，轴的直径至少需要 10mm 才能避免这些问题发生。

最后，在零件设计中应尽可能使用标准形状。很多公司采用成组技术方法，以利于保持不同种类的零件库存数量最少。根据成组技术方法，每种零件都用其形状和尺寸信息的数字编码表示，这种编码有利于设计者检查是否存在某种零件可供新产品设计选用。

9.3.5　细化与修改

虽然细化与修改没有作为产品设计的一个基本步骤列在图 9.3 中，但它们是产品进化过程中的重要环节。细化如 2.3 节所述，是减少设计项目抽象化程度（使其更具体化）的过程。修改是在不改变其抽象化程度的前提下改变设计的活动。

细化与修改的重要性和相互关系可以在下面的例子中看得很清楚。设计者需要设计一个可以串联安装三个电池的小电池盒，这个子系统为个人计算机的时钟/日历提供能量。设计者在其笔记本上绘制的最后装配草图如图 9.20 所示，这个装置由一个下箱座、一个上箱盖和四个触点组成。图 9.21 是其中一个触点（触点 1）的设计进化过程，表现了设计者从草图设计到结构图设计的整个过程。每个图边上的数字表示这一步完成后占所完成的总设计工作量的百分比。设计者同时也在设计这个产品的其他零件（图 9.21 中画圈的字符是为本节讨论的需要而添加的，是原图中没有的）。电池触点的设计是一个不断细化的过程，每一个图都在不断向最终方案靠拢。最初草图（见图 9.21a）上的圆表示与电池的触点，弯曲的线表示导线。最终完成的触点图（见图 9.21e）是准备为样机使用的细节设计图。要特别注意图 9.21c，它清楚地表示了进化的过程。设计者首先根据前面的草图 9.21b 画出左边的触点 A，然后画出线 B，它表示将触点与导线相连的结构的一个边。画这条线后，设计者意识到，由于上次的零件设计中已经在产品中间加入了一个塑料隔板 C，使得触点无法直接从中穿过。这时，对设计进行修改，使连接结构 B 向上倾斜，改到位置 D。这时完成的草图包含由圆弧 E 表示的导线，设计者马上又进一步修改结构，将导线和触点组合成一个零件 F，并立刻将其表示为图 9.21d。去掉导线使零件结构简化，因而没有理由在第一个位置上再保留导线。通过将两个零件合并，完成对电池触点结构的修改。最后，零件被精确定义为如图 9.21e 所示的形式。

通过以上两个实例，可以总结一些不同类型的修改操作：

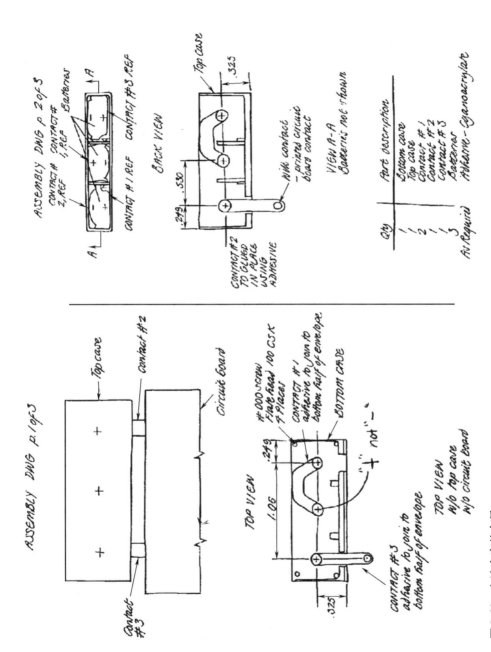

图 9.20　电池盒完整布局

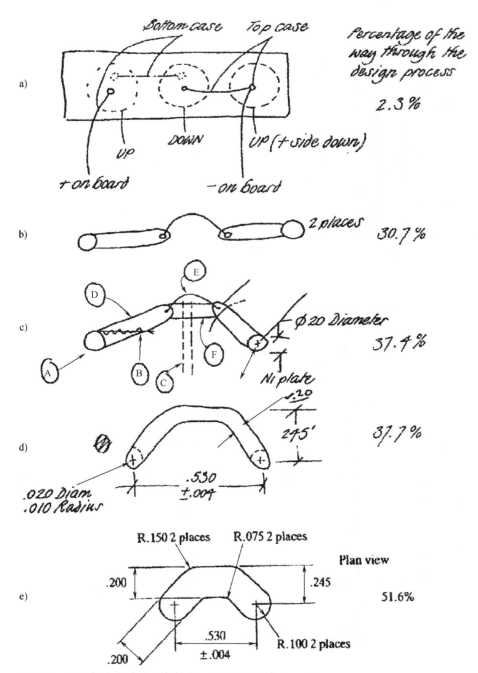

图 9.21 电池触点的演化(单位:feet 用′表示,其余为 mm)

1）通过合并使一个零件具有多种功能，或代替多个零件。因为合并可以简化装配工艺，因而在产品评价中被大力提倡（参见 11.5 节）。

2）分解是将一个零件划分为多个零件或装配件。由于分解会导致新的零件或装配件的产生，所以应针对每个零件重新考虑约束、结构和连接问题。新零件或装配件的出现会带来新的需要，有必要考虑重新回到设计起点，考虑新的要求和功能。

3）扩大/缩小是将零件或零件的某些特征要素相对于相邻零件被放大/缩小。加大特征的尺寸或数量通常可以增加人们对它的理解。让某个尺寸变得很短或很长，考虑若把它缩为零或无穷大会怎样，对多个尺寸进行这样的尝试。有时消除、简化或压缩某些特征有利于设计的改善。

4）重排是将部件或其特征重新配置。它常能引出新的想法，因为重新配置的形状迫使我们重新考虑零件实现功能的方法，这有助于在功能流中重新排列功能的顺序。对现在的顺序进行变换，放在顶部、底部或改变先后。

5）倒置指置换或改变零件或特征观察方式，它是"重排"的一个子集。试着把一些东西放在里边，或放在外边或反之。

6）替代是用其他的概念、零件或特征代替当前的。一定要注意新的概念可能会带来新的功能。这种情况下的最好方法可能是为加入新的概念而重新进行概念设计，以达到帮助新想法发展的目的。

7）固化是指让那些弹性体或有弹性的物体变为刚体。

8）再成形是指最初把某些东西视为直的、弯曲的，当作煮熟的意大利面，可以变为想要的任何形状，然后把它们固化在当前位置，只适用于平面物体或表面。

> 完美设计的完成不是在没有什么可以添加的时候，而是在没有什么可以去掉的时候。
>
> 圣埃克苏佩里（Antoine de Saint-Exupéry）

关于改进设计的更完整目录见 TRIZ 的 40 条发明原理，在第 7.7 节讨论过，这些原理为我们提供更多的改进设计思路。

改进设计的基本目的是使设计更有效、更简化。一流的设计是既能满足功能要求，同时看起来又简单。以上引用的格言是对这一思想最好的表达。过分的修改意味着麻烦。如果设计过程停留在一个功能或一个零件上，修改好像也不解决问题，继续这样的努力就会浪费时间。为解决这一问题，可以应用以下三条意见：

（1）返回概念设计阶段，在功能分解以及第 7 章所介绍方法的基础上设法提出新的概念。

（2）有些设计决策已经不知不觉地改变了或增加了部件的功能。在产品设计中需要做出大量的设计决策，在这个过程中，很容易无意识地改变零件的功能。在努力寻求优秀解的过程中，要经常考察部件正在实现什么样的功能。

（3）如果研究表明对工作能力的修改无助于问题的解决，那可能是设计要求太苛刻了，可能设计要求的工程目标是无法实现的，设计对象的基本原理应重新审视。

对产品设计所作的各种细化与修改的结果可能将设计引入以下两个方向：第一种情况，也是最常见的情况，细化与修改是产品设计过程中"设计/评价"循环的一部分。在每一次修改或细化之后，都要重新审视在此前关于这个结构所作的各种设计决策。随着设计的细化，每一步的评价都需要更多的时间和资源。因此，复查可以使设计更安全。第二种情况，如果找不到满意的解，修改或细化工作需要返回到设计过程的前一阶段。

> *如果没有把握，就把它做得比已知的更结实些。*

9.4 材料与加工方法的选择

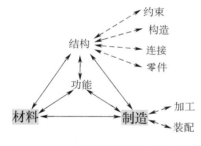

在设计产品形状的同时，选择材料和加工方法，了解材料和加工方法的特殊工程要求也是很重要的。有经验的设计者的头脑中有一个关于材料和加工方法的短清单，其中甚至包括最初期的概念。

在对产品的理解过程中，已经提出了对材料、加工工艺和装配的一套要求。至少已经针对相似装置进行了有竞争性的标杆管理，研究了它们概念上的想法，它们是用什么材料做的，是用什么方法做的。所有这些信息通过以下方式影响设计的具体化：

首先，需要加工的产品数量在很大程度上影响着对加工方法的选择。如果产品只加工一次，那些工具需要花费高额成本的工艺方法就是不适用的。这个问题在注塑加工中经常遇到，在生产批量较小时，模具几乎是影响产品成本的唯一因素(参见 11.2.4 节)。通常注塑部件只有在产品数量大于 15,000 件时才是合算的。

另一个影响材料和加工方法选择的重要因素是在以前使用的关于相似应用的常识，这种常识可能既是好事又是坏事，常识可以帮助我们直接确定可靠的选择，也会掩盖新的、更好的选择。一般情况下还是保守一些好。注意上面的格言。

当研究已有的机械装置时，要养成习惯，分析它为了实现什么功能，使用了什么材料。随着经验的积累，凭视觉或触觉就可以分辨不同类型的塑料，甚至不同类型的钢或铝。

附录 A 提供了一个关于材料选择的参考，它包含两个信息：机械装置中常用的 25 种材料特征信息摘要和关于这些材料在一般机械装置中的应用情况。

在这 25 种最常用的材料中包含 8 种钢和铁、5 种铝、2 种其他金属、5 种塑料、2 种陶瓷、1 种木材以及其他 2 种合成材料。表中包含标准的力学性能及单位体积价格和重量。这个表可用作对材料的初步选择。在附录 A 后面有关于数千种可用材料详细信息的文献列表。另外，附录包括在一般产品中使用的材料的表。由于在大多数产品加工中可以使用很多种材料，因此这个表中给出的只是最常用的材料。

知识和经验是影响材料和加工方法选择的第三个因素。有限的知识和经验限制选择的范围。如果只有现有的资源可被利用，那么材料和加工方法的选择就受到资源容量的限制。可以通过将供货商及对材料和加工工艺问题有经验的顾问吸收进设计小组的方法扩展知识范围，从而扩大选择材料及其加工方法的范围。

在材料选择中最应该关注的是其可获得性。生产规模小的产品更倾向于使用现成的材料。如果设计要求型材（工字钢、槽钢、角钢）必须是重量较轻的，那么就可以考虑使用铝型材。但是这种决策限制了材料的选择范围，因为铝挤压型材可用的合金成分/供应状态的组合种类较少（6061-T6、6063-T6、6063-T52）。如果使用其他的合金种类需要特殊订制，这样做需要考虑订制费用（至少几百磅的最小订货量完成一个完整的材料周期申请）。如果这种合金成分/供应状态具有某些设计所需的特征，这种做法是可行的，如果不是这样，可能需要修改产品的形状。

在设计过程中，材料和加工方法的选择必须与形状设计同步进行。随着产品的不断成熟，其总装图、详细结构图、材料及加工方法也都被细化（抽象变得较少）。在产品被细化的同时，修改也被细化。假设对一个零件的材料选择最初只确定为"铝"，这个选择现在必须细化，可能需要修改。例如，零件材料选择的具体化/修改的过程是：

"铝"→2024→6061→6061-T6

即对"铝"的选择被细化为一种特定的合金 2024，又被修改为另一种不同的合金 6061，然后被进一步细化，确定它的特殊热处理方式，选 T6。这是产品朝着最终结构不断具体化的过程中的一个典型的演化过程。

有时在设计新产品的过程中，无论怎样修改工艺和形状，都无法通过现有材料和加工方法满足产品的需要，这就要求发展新的材料和加工方法。到目前为止，为了满足设计需要而构思新材料和加工方法的想法就意味着为使材料和加工方法成熟，就必须推迟设计计划（参见 8.4 节）。但是，近年来关于金属材料和塑料研究的进步已经在一定程度上允许根据设计需要设定新的材料和加工方法。

9.5   供货商的开发

在确定一个系统、一个装配件或一个部件时，既可以选用现成的外购件，也可以设计新的零部件。机械设计人员很少为每个新产品设计基本机械零部件（例如螺母、螺栓、齿轮或轴承），因为这些零件可以从供货商那里买到。例如，除了紧固件制造商，没有哪个工程师去设计新型紧固件。同样，除去齿轮公司，没有哪个设计人员设计新的齿轮。当在设计中需要这些基本零部件时，通常由设计人员提出要求，到擅长制造这些零部件的公司去购买。通常，寻找一个已有的、满足设计需要的产品比重新设计并制造它更经济，因为擅长制造某种特殊零部件的公司比本公司内部设计并制造更具有优势：

1）他们有设计和制造这种产品的历史，所以具有生产高质量产品的专业技术和设备。

2）他们知道在设计和制造中哪些方法是不可行的，要使新的设计达到与专家同样的水平需要花费大量的时间和精力。

3）他们擅长于设计和制造这种零件，所以可以通过大批量生产的方法使成本低于内部制造的成本。

此外，如果已有的产品不能满足要求，大多数供货商能协助进行与已有产品或零件相似的产品或零件开发。"设计"指定商务现货供应（COTS）的零件，术语 COTS 和政府现货供应（GOTS）常常使用。COTS 和 GOTS 设计是针对可用零件的布局和零件间的界面连接。

过去，公司通常向很多供货商提供零件的详细设计图样，从中选择报价最低的供货商。在过去的几年里公司与少数供货商合作，从一开始就吸收供货商到设计过程之中，参与选用他们所能提供产品有关的设计决策。事实上，从 20 世纪 80 年代中期开始，大公司已经将供货商的数量减小了一个数量级。一些公司在财政上向供货商投资，改进与供货商的联系，反之亦然，进一步增加了他们间的联系。这种紧密的关系促进了产品质量的改善。

是做还是购买零部件或从供货商处选择一个零部件，这需要进行决策。针对这些类型的决策，提出了关于做/买的一套合适的准则，供货商选择模板如图 9.22 所示，每一项准则的详细描述为：

1）开发成本低。开发部件需要多少成本，如果是真实的 COTS，不存在开发成本；若需要对 COTS 系统或零件改变，就需要开发，那么成本可能就很高。

2）产品成本低。许多决策唯一地基于这个准则，成本很大程度依赖于所采购的量、配送成本和其他很多因素，这些将在第 11 章介绍，讨论 DFC，考虑成本的设计（参见 11.2 节）。

制造 / 采购或供货商决策					
要做的决策：制造或采购			日期：09/23/10		
产品：Espiral中零件 234-4B					
准则	重量	供货商1 制造	供货商2 联盟	供货商3 仓库	供货商4 起重机
开发成本低	5	2	3	2	4
产品成本低	22	4	2	3	4
产品寿命成本 稳定性高	2	5	3	4	4
开发时间少	7	3	2	4	2
订货时间少	11	3	2	5	1
产品质量高	14	2	3	3	2
产品支持服务好	6	1	4	2	3
容易改变产品	8	3	5	5	4
知识产权控制强	18	4	2	4	2
订货量控制好	5	4	1	2	4
供应链控制好	2	4	4	2	2
总分		35	31	36	32
加权部分		3.2	2.56	3.47	2.79
原理阐述：选择仓库的加权部分好于其他情况，没有大的缺点。					
团队成员：			制表人：		
团队成员：			校核人：		
团队成员：			审批人：		
团队成员：					
机械设计过程 Copyright 2008，McGraw-Hill			由大卫 G. 乌尔曼教授设计 Form#20.0		

图 9.22　制造/购买或供货商选择举例

3）产品寿命成本稳定性高。除了成本，重要的是要考虑成本可能随时间的变化，当制造零部件或可以通过合同锁定零部件成本时，可以很好地控制成本。

4）开发所需时间少。若这一条和下一条准则很重要，则这两条准则可能占主导地位，强迫对零部件进行商务现货供应（COTS），COTS 零部件不需要开发时间。

5）订货所需时间少。即便 COTS 零部件也有订货时间，有时订货比自己生产所需时间还长。

6）产品质量高。有时产品必须在成本或时间方面权衡，从开始就理解产品质量准则很重要，质量水平需要满足工程条件。

7）产品支持服务好。针对这个准则，必须回答两个问题：谁将对零部件或产品失效和维护负责？将需要多少服务支持？

8）改变产品容易。有时在产品一生中需要改进，若它是 COTS 零部件，那么控制不了整个改进过程；若这是一条重要原则，那么最好可能是自己制造该零部件或找一个关系最近的供货商。

9）对知识产权控制强。知识产权（Intellectual Property，IP）是公司的主要资产，IP 包括专利、CAD 文件、图和其他关于设计或产品生产的详细文档。

10）订货量控制好。有时零部件的订货量需要有弹性，这是对市场变化的响应，可以通过库存方式进行一定程度的控制，但是这会提高费用。因此，若订货量不稳定，那么这条准则可能是很重要的准则。

11）供应链控制好。若购买零部件，可以通过合同控制供应链，若这样还不足以控制，这条准则可能很重要。

这些准则用在图 9.22 中对进行生产还是从几个供货商之一那里购买零部件进行决策，这个例子是关于普通制造/购买组合决策及供货商决策的，这里用一个决策矩阵来进行决策，供货商 3 是最好选择。网上有在线的免费稳健决策模型可供参考。

9.6　马林 2008 专业幻想山地自行车悬架设计的产生

马林专业幻想山地自行车是为野外山地自行车爱好者所设计的，是一款性能好、价格高的自行车（超过 3000 美元），主要是供年龄在 25～50 岁的男性使用，但是因为其现代的外形，也吸引了女性及其他年龄人群。打算为其采用的技术路径是上山和下山的混合，重量轻和踩踏效率高是最重要的。本节将探讨后悬架的演化过程。这里叙述的内容虽然进行了裁减，但与实际的马林设计过程没有什么不同。

9.6.1　理解马林专业幻想山地自行车后悬架的空间约束

对于山地车的后悬架系统，其空间约束如图 9.23 所示。除了需要把车轮和车架连接在一起这个明显的需求外，马林工程师还想控制轮子相对于车架在悬架偏离时的路径、悬架的刚度和链条的长度。

理想地，即使自行车有偏斜，上山和下山时自行车轮子应"几乎"是直线，若悬架设计为简单的带一个枢轴的杆（见图 9.24），那么当车轮有偏斜时，车轮移动到自行车前面时，车轮会形成一个弧。这让骑车人感觉到在轮子偏斜时，他会从自行车上掉下来。马林工程师想控制轮子的路径，把控制的感觉传递给骑车人。与自行车车轮轨迹同样重要的是刚度的改变——悬架系统能量流

图9.23 山地自行车实际约束

的改变。任何交通工具的理想悬架系统在通过地面小突起时都是软的，刚度低，而在通过大的颠簸路面时刚度变大。换句话说，在大偏斜时，悬架系统应该变硬。这个需求可能感觉不是"空间的"，但其在车架和移动件之间安装了缓冲装置，后面会看到。

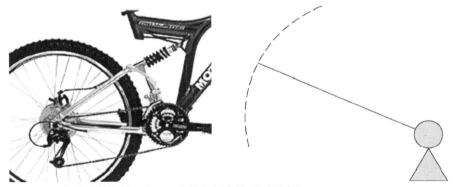

图9.24 简单的单枢轴悬架（经马林自行车许可后重印）

为了理解对链条长度控制的需求，考虑设计一个悬架，以便当蹬脚踏板时，在链条上产生张紧力拉动悬架向上（例如上山），骑车人感觉车架下落时（信息流），他就会减轻力，随后车架就会上升；感觉到车架上升后，骑车人再次用脚踏板的力，导致"跳跃"运动，让骑车人感觉很不舒服。因此需要设计附加约束，让骑车人感觉运动和加速不会出现不好的悬架动作。

总结一下，空间约束有：

1）任何条件下，车轮和链条必须从车架上移开。

2）车轮应直上直下运动。

3）小偏斜时低刚度，刚度随着偏斜增加。

4）链条长度在偏斜过程中不变。

9.6.2　马林专业幻想山地自行车后悬架的部件设计

最简单的悬架类型是在自行车上安装一个如图 9.24 所示的单枢轴，自行车上枢轴靠近曲柄的中心，后三角结构（称为后"支柱"）的每一个点都绕该点转动。当车轮偏斜时，车轮走弧线，链条变得短些，违背了二条空间约束；当轮子向上移动时，缓冲装置变得更短。自行车上的缓冲装置通常包括空气或油阻尼器，同时其上绕有机械卷簧。弹簧有刚度，在车轮偏斜时其保持不变，于是弹簧力增加，因此很清楚这种悬架不能用于马林专业幻想山地自行车。

2003 年，马林工程师在四连杆机构的基础上推出了更加复杂的悬架，将其称为"准杆"设计。准杆不是最初在山地车上使用的四杆悬架，但是确实是这种机构的高水平精炼。为了理解马林工程师如何设计这个悬架，需简单地复习一下四杆机构。

图 9.25 所示为基本四杆机构，A 和 B 由 C 连接，A 和 B 与固定点铰接并转动，C "随动件"连接了 A 和 B 的端点，点 1 和 2 关于固定点的运动为圆弧。对于平行四边形四杆机构，杆 C 实际上做无转动的平动，这部分内容将在后面阐述。

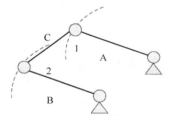

图 9.25　基本四杆机构

为了更好地理解杆 C 的作用，考虑对基本四杆机构进行修改，使杆的长度不同，如图 9.26 所示。杆相交的投影点称为瞬心，当按图示配置各杆时，杆 C 相对瞬心转动，称其为"瞬时"的原因是当同一杆件（所有杆的长度恒定）位于不同位置时瞬心不同，通过比较图 9.26a 和 b 就可以看到。

因此，随着杆在不同位置的移动，瞬心的轨迹描述了杆 C 的实际枢轴点，图 9.25 所示的四杆机构，平行四边形的瞬心总在无穷远处，所以杆以无限大半径转动——平动。

进一步需要分析的一点是四杆概念如何用于马林自行车"准杆"的设计。若杆 C 不是目前图示的一个直杆，其结构如图 9.27 所示，那么这个结构或支柱中的每一点都绕瞬心转动。图 9.27 与图 9.26 是同一连杆机构，但是其有了附加的支柱 CDE。

在 CDE 的左端，点 3 绕瞬心转动，轨迹几乎为直线，这是车轮安装的位置。为了设计符合点 3 的轨迹形状，设计人员要指定 A、B、C、D 和 E 的长度，两个固定转轴的相对位置点（它们之间的距离和它们连线的夹角），总共 7

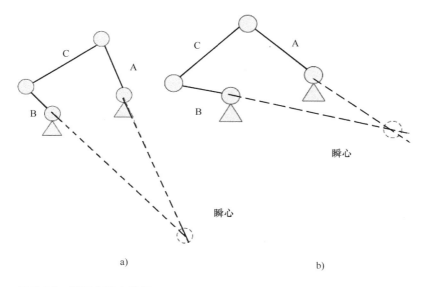

a)   b)

图 9.26 带两个瞬心的杆

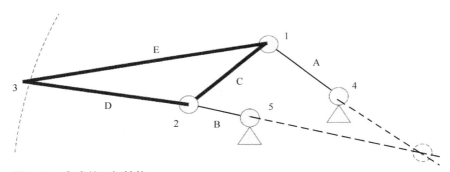

图 9.27 完成的四杆结构

个变量, 有许多设计自由度。

马林工程师调整这些参数以满足空间约束, 最后的设计如图 9.28 所示。实体模型用 Autodesk Inventor™ 开发, 该程序让工程师看到当悬架偏斜时的运动, 左上角的模块为控制模拟, 所以工程师可以看到机构运动和瞬心。

马林工程师用实体建模软件和其他计算机仿真确定了 7 个变量的最佳值, 其中一个实现了车轮相对直线轨迹, 同时链条长度接近常量。而且通过控制瞬心位置和缓冲装置位置(下一节描述), 能获得在小偏斜时的低刚度, 随着偏斜增加, 刚度增加。特别地, 当瞬时中心靠近曲柄下方时(见图 9.28a), 后支架的力臂比悬架偏斜时(见图 9.28b)变得更短。

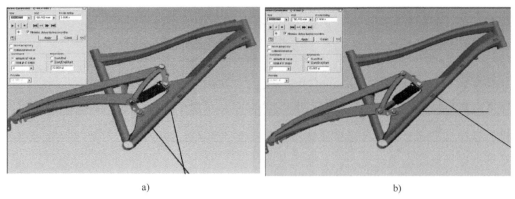

a) b)

图 9.28 准杆悬架模拟(用 Autodesk Inventor™ 设计的马林自行车,经马林自行车许可后重印)
a)无偏斜 b)完全偏斜

9.6.3 连接设计:马林专业幻想山地自行车后悬架功能创建和精炼界面

本节集中讨论部件间的连接,对于马林专业幻想山地自行车,连接存在于四杆机构的杆间,有些部件将缓冲装置连接在自行车上,有些把固定件连在一起,我们将按顺序考虑这些连接。对于四杆机构,连接件就是四个转轴,它们必须有一个自由度,通过轴承或挠曲实现。对于大部分山地自行车,使用滚动轴承或衬套,但是有些也用挠性件。考虑图 9.27,缓冲装置可以有许多不同的放置方式,它可以安装在任何两个零件间,在系统偏斜时两者向互相靠近的方向移动,如零件 C 和车架,零件 A 和 B 等。附加缓冲装置增加了另外两个转轴,装配后总共有 6 个转动连接。

马林工程师减少了在连杆转轴 2 和转轴 4 处安装缓冲装置的枢轴个数,当悬架系统偏斜时,转轴 2 向转轴 4 移动。事实上,当所有 7 个杆长都确定后,工程师可以把改变缓冲装置的长度作为额外的约束。按照这种方式确定缓冲装置的位置,使得连杆机构设计更具有挑战性和连接的复杂性,但是枢轴数减少了也是值得的。

转轴 2 和转轴 4 需要有连接,缓冲装置相对于轴(图 9.29 所示的中心线)自由转动,注意在图 9.28 中,零件的转动量小,在某些情况下只有几个自由度,轴承主要在一个位置上起作用,从表示它们自身设计问题的位置起仅有少量移动,因为小偏斜不会迫使润滑剂流到各处。

最后在转轴 4 处的连接如图 9.30 所示,部件间的连接相对运动需要再分析,将在 9.6.4 节中精炼。

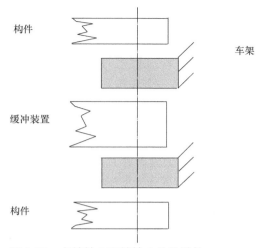

图 9.29 在转轴 2 和转轴 4 处的零件

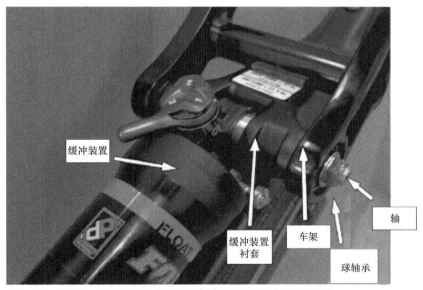

图 9.30 转轴 2 的最终设计（经福克斯赛车减振器许可后重印）

9.6.4 马林专业幻想山地自行车后悬架零件开发

最后，实际的零件需要开发。对于马林工程师来说，这些零件需要减轻重量，制造批量与销售预测匹配，外形要吸引消费者，因此这些零件需要结构和华丽表面的结合。这里讨论三个零件，即杆 A、杆 C 的球轴承和后支柱的下部。

杆 A 是非常简单的零件，需要连接转轴 1 和 2，最后的零件像许多自行车一样由铝合金锻造，并把轴承装在加工的安装表面，如图 9.31 所示。

轴和杆间的轴承如图 9.31 所示压入杆中，是滚动球轴承，正如早先提到的，这个轴承不常转，所以需要特别考虑。最后选择的轴承一个是特别为飞行器控制系统设计的一款轴承，另一个选择了应用于重复运动幅度小情况下的轴承。

后支柱零件像大多数自行车一样，由圆的铝合金管焊接在一起，但是为了得到更好看的外形，设计人员希望管子是弯曲的；减轻重量，工程师把管子做成锥形，图 2.10 和图 9.28 所示装置满足了上述两种要求。采用液压成形的方法来制造，液压成形时，把圆管放在一个冲模中，然后让管子里充满液体，使管子变形并加工成冲模的形状。

图 9.31　杆 A（经马林自行车许可后重印）

9.7　小结

1）材料清单是零件目录表——产品索引。

2）产品设计应从概念设计开始，同时考虑结构、材料、生产方法。这一过程是由第 7 章讨论的功能分解驱动的。

3）构成受几何约束限制，并通过连接零件的结构定义。

4）多数零件或装配体的设计是从它们的界面或连接开始的，因为多数零件的功能发生在零件间的界面上。

5）开发产品是一个循序渐进的过程，这个过程需要开发新概念。产品被分解为子装配体和零件，产品向着最终结果不断精炼，对特征的修改使产品不断优化。

6）选择供货商是设计过程的重要部分。

9.8　资料来源

Ashby, M. F.: *Materials Selection in Mechanical Design,* Pergamon Press, Oxford, U.K., 1992. An excellent text on materials selection. There is a computer program available implementing the approach in this text.

Blanding, D.: *Exact Constraint: Machine Design Using Kinematic Principles,* ASME Press, 1999. The best reference on the design or connections between components. Written by a design engineer from Kodak.

Budinski, K.: *Engineering Materials: Properties and Selection,* Reston, Va., 1979. A text on materials written with the engineer in mind.

Snead, C. S.: *Group Technology: Foundations for Competitive Manufacturing,* Van Nostrand Reinhold, New York, 1989. An overview of group technology for classifying components.

Tjalve, E.: *A Short Course in Industrial Design,* Newnes-Butterworths, London-Boston, 1979. An excellent book on the development of form.

Ullman, D. G., S. Wood, and D. Craig: "The Importance of Drawing in the Mechanical Design Process," *Computers and Graphics,* Vol. 14, No. 2 (1990), pp. 263–274. A paper that itemizes the different uses of graphical representations in mechanical design.

模块化系统和架构信息来源：

Alizon, F., Shooter, S. B. and Simpson, T. W.: "Improving an Existing Product Family based on Commonality/Diversity, Modularity, and Cost," *Design Studies*, 2007 Vol. 28, No. 4, pp. 387–409.

Qureshi, A., J. T. Murphy, B. Kuchinsky, C. C. Seepersad, K. L. Wood and D. D. Jensen: "Principles of Product Flexibility," *ASME IDETC/CIE Advances in Design Automation Conference*, Philadelphia, Pa., 2006. Paper Number: DETC2006-99583.

Tripathy, Anshuman, and Steven D. Eppinger: "A System Architecture Approach to Global Product Development," MIT, Sloan School of Management, Working Paper Number 4645-07, March 2007.

9.9　习题

9.1　为下列项目设计材料清单：

a. 订书机。

b. 自行车制动盘。

c. 打孔机。

9.2　对原始设计问题（习题 4.1），通过以下步骤完成产品总装图或实体模型设计：

a. 确定空间约束。

b. 针对危险界面作详细的质量和功能表。

c. 设计产品的连接和零件。

d. 表示在最危险的载荷作用下通过产品的力流。

9.3　对重新设计问题(习题4.2)：

a.　对所有重要的操作顺序确定空间约束。

b.　对危险界面，确定其能量流、物质流和信息流。

c.　针对最危险界面作详细的质量和功能表。

d.　为产品设计新的连接和零件。

e.　表示最危险载荷作用下通过产品的力流。

9.4　确定下列力流：

a.　自行车链条。

b.　被打开的汽车门。

c.　纸张打孔机。

d.　在用向前伸出的左手握住5kg重物时的身体。

9.5　针对你所设计的零件，决策是制造还是向供货商购买。成本评估模板可以通过网络获得。关于塑料件和加工件的成本估计可能对你有帮助，见11.2.3节和11.2.4节关于这些成本估计的讨论。

9.10　网络资源

以下文档模板在书的网站上获得，网址：www.mhhe.com/Ullman4e

1）材料清单。

2）制造或购买。

第10章

产品性能评价及变化因素的影响

关键问题

■ 产品性能评估过程中使用数字模型和物理模型进行分析，哪一种方法更好？

■ 什么是 P 框图？它是如何帮助识别噪声的？

■ 如何权衡？

■ 什么是三种类型的噪声？它们是如何影响产品质量的？

■ 装配过程中，为什么公差叠加很重要？

■ 稳健设计如何确保质量？

10.1 概述

本章的基本目的是评估产品性能，把产品的性能与设计项目初期制订的工程任务书中的产品功能来进行比较。性能用功能来度量，即设计力图满足的预期功能。那么，本章的目标之一就是跟踪和准确理解产品的功能开发。如果对于功能开发没有准确的理解，那么产品可能不会表现出预期的功能。

本章的另一个目标是得到高质量的设计。虽然本章是关于"性能的评价"，但也提供了一个确认是否开发出一个高质量产品的机会，这个机会常常会像预期的那样起作用。

产品评价最好的实践列于表 10.1，它是表 4.1 的扩展。表中前 8 个最好的实践在本章介绍，其余则在第 11 章介绍，产品评价技术也放在第 11 章介绍。尽管所有这些最好的实践被作为产品的评价技术来讨论，但它们对于作为产生/评价反复循环一部分的产品的产生来说都是有贡献的。

表 10.1　产品评价过程

1	监视功能的改变(10.2 节)	9	面向成本的设计（DFC）(11.2 节)
2	性能评价的目标(10.3 节)	10	面向价值的设计(11.3 节)
3	权衡管理(10.4 节)	11	面向制造的设计（DFM）(11.4 节)
4	精度、变化和噪声(10.5 节)	12	面向装配的设计（DFA）(11.5 节)
5	性能评价的建模 (10.6 节)	13	可靠性设计（DFR）(11.6 节)
6	误差分析(10.7 节)	14	面向测试和维修的设计（DFT 和 DFM）(11.7 节)
7	敏感度分析(10.8 节)		
8	稳健性设计(10.9 节和 10.10 节)	15	面向环境的设计（DFE）(11.8 节)

10.2　监视产品功能的变化

　　虽然评价的主要目标是用工程技术的眼光来比较产品的性能，但它同样重要的是跟踪产品功能的改变。概念设计首先在功能建模时进行，然后，在

> 每增加一种特征，同时带来一种新的预期功能，而非预期的功能有可能伤害你。

建模的基础上再开发潜在的概念设计来丰富这些功能。从功能建模到概念设计的转换，产品的功能建模并没有结束，随着产品的概念设计到产品生产前的产品形状的确定，还会增加新的功能。

　　关于这个过程有一个明显的问题：在功能模型作为形状转换而进行重新设计时，有什么好处呢？回答是：在更新中原来的功能被突破了，产品必须实现的功能被非常清楚地保留下来，但是几乎每一个关于对象形状的决定，无论合意还是不合意，在对象的功能上都加上了一些东西。在计算预期要求时不增加功能是很重要的。例如，在 Marin Mount Vision 自行车悬架设计中，决定用空气减振作为使用者和冲击源之间的界面是必要的。如图 10.1 所示，用 Marin Mount Vision 自行车悬架的伸缩筒式结构。正确的使用步骤是使用者必须把空气加入到冲击源里，为了明确这一

图 10.1　自行车悬架的伸缩筒式结构

点，在重新设计功能时要在使用者和冲击源之间加上空气阀。除了跟踪产品功能的演化之外，功能分解的重新设计也加入到潜在的故障模型的评价中去（见第 11 章）。

最后，跟踪功能的演化意味着不断地将能量模型、信息模型和材料模型进行更新，这是由产品性能决定的。当产品成熟时，随着预期功能和真实行为相对应，概念设计中的"满意度"就转化为"真实性"的指标。

10.3　性能评价的目标

在第 6 章中，开发了一个工程所要求的、以顾客需求为基础的装置。对每一个要求设置一个特殊的目标。现在的目的是对产品设计中的这些目标作出评估。由于目标是以数值表示的，那么评价只能在产品改进到能够作出数字测量的水平时才能进行。在第 8 章中，概念开发还没有改进到足够同目标相比较的程度，而且是那种比较抽象的指标。现在的评价只能在同工程要求相比较的基础上进行。同要求比较更进一步的是，有效的评价程序应该清楚地显示出有可能改变（补充）有缺陷的产品，使之满足要求，并且它们应该表明产品对制造过程中的误差、时间和操作环境的不敏感性。必须重申，对产品性能的评价必须支持下列因素：

1）评价必须得出产品的数字化指标值，用于同问题开发时所理解的工程要求目标作比较。这些指标必须有足够的精确度和精密性，以使所作比较有效。

2）评价应该给出一些为产品特性作设计修改的指示，从而看出为了使性能达到目标应该修改多少。

> 评价常常需要一个清醒的头脑，以及两倍的思考时间。

3）评价的程序应该包含制造、时间和环境改变引起变化的影响，对各种"噪声"的不敏感性，以满足在稳健性、高质量产品方面的工程要求目标。

传统的工程评价仅着重在上述第一点上，本章包含了以上三点。在第三点上，应特别强调误差造成的影响，因为它和产品的质量直接相关。

本章是围绕图 10.2 P 框图来叙述的，这个框图作为参考并贯穿本章。在P 框图的字母"P"既可以代表产品（Product），也可以代表过程（Process），并且能够代表整个产品或一些系统、子系统，或者其中的过程。产品或过程用许多参数独立地评价，这些参数可以是物理尺寸、材料特性、从其他系统来的力，或者是人控制的系统作用于此的力或运动。它们可以是环境温度、湿度或者系统周围的尘土污染。参数包括所有与产品或过程相关的因素，这些参数值决定了有关的性能、易装配性、质量以及产品或过程的其他特性。

为了评价系统，需要确定质量的度量，这些是与顾客交流质量的度量。为

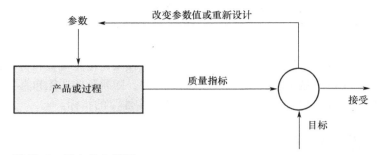

图 10.2   基本的 P 框图

了评价产品或过程，这些质量的度量必须和工程任务书(第 6 章)上的目标设置相比较。如果质量的度量比目标要好，就有了一个高质量的产品；如果不好，则必须改变参数值，或者重新设计系统——改变参数自身。

当考虑动力学功能时，必须对 P 框图附加一些内容，产品或过程可以反映输入信息，如图 10.3 所示。在这种情况下，质量指标包括系统性能，一些带或者不带输入信息的系统实例将在本章给出。

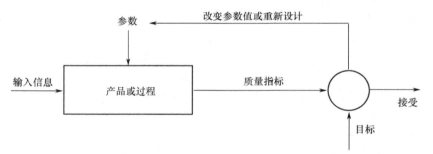

图 10.3   带有输入信息的 P 框图

为了符合产品性能的评价目标，需要拼装多于一台的样机或者用计算机模拟并观察它们是否能工作。符合目标，需要对概念有规定要求，诸如**优化、商业分析、精度、误差、敏感度分析**以及**稳定性分析**。本章的其余部分将集中讨论这些技术。设计过程的这一阶段是完善设计产品质量的最后机会。

考虑一个装液体的油箱的设计。油箱的概念设计已经确定将内径 r 和内部长度 l 作为参数，这样油箱的体积可以写为

$$V = \pi r^2 l$$

此外，顾客的需求是要设计"最好的"油箱来装"精确的"$4m^3$ 液体。这个问题看起来很简单，即用 r 和 l 作为参数的问题，V 作为质量的指标，其目标表达为

$$V = 4m^3$$

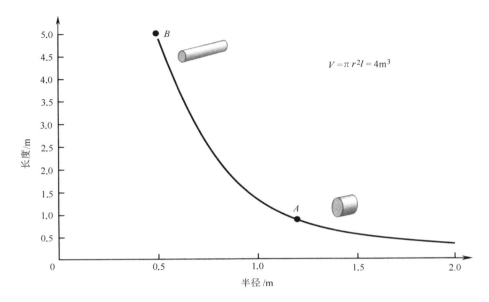

$$V = \pi r^2 l = 4\text{m}^3$$

图 10.4　油箱问题的可能解

于是

$$r^2 l = 1.27\text{m}^3$$

可以从图 10.4 中看到，这个问题有无穷多个解。例如，在 A 点处的油

> 应该知道如何控制你能控制的东西，使你的产品对你做不到的事不敏感，并充分了解它的差距。

箱是短而粗的，而在 B 点处的油箱则是长而细的，不清楚曲线上的哪一点对储存"精确的"4m³ 液体来说是"最好的"。显然，有必要更多地想一想什么是"最好的"和"精确的"。

对于这个油箱来说，还可以有其他量的度量，例如有重量、可制造性和尺寸目标等。这些目标可以限制可能的 r 和 l 的值，或者可以强制油箱的设计为非圆柱形的。作为 P 框图的实例，本章将清楚地阐明这个方法。

10.4　权衡管理

随着设计系统复杂性和相互关联性的增大，如何来解决整个设计中的一些难题，而不对设计其他方面问题造成重大不良影响，这是一个很大的挑战。毕竟是复杂系统设计涉及方方面面，每个问题的解决都 意味着要占用有限的资源。换句话说,设计师们如何来权衡和取舍各种设计难题间的诸多解决方案本身就是一个决策问题。例如,马林自行车项目,设计师不断权衡各种因素之间的关系,如自行车的重量、成本和其他特性等。虽然这辆自行车有一个很好的悬架,但如果采用新型的悬架系统,那么它的质量将是 13.2kg,价格是 3100 美元。在设计的早期阶段,因为缺乏相关的知识,不确定性很高,权衡的过程特别具有挑战性,前期决策的权衡结果对以后期的设计方向具有高度的影响力,将影响到产品的顾客购买承受力、可靠性、安全性,最终影响该产品的畅销水平。从这点上可以明显得出结论:在设计构思的早期进行优化设计,进行良好的权衡决策有很多好处,可以使设计更加经济,所以,在这个阶段努力做好权衡决策的工作具有很高的回报性。

权衡研究是不同学科或不同功能设计小组的活动,这些活动的目的是找到:最优化或最平衡的一系列问题的可行解决方案。这此解决方案是通过一系列设计参数或成本函数的满意程度来称量其好坏的。这些设计参数可以描述为某个解决方案的期望值。它们之间可能是相互冲突的,甚至是相互对立的。权衡研究通常也被称为权衡管理,它常用于航空航天和汽车等工程的设计中,以及软件选择过程的设计中。通过这种方法找出满足相互冲突的产品性能之间的最佳配置方案。

这些设计参数受产品不同功能的可能解决方案中的变量的约束。如果该系统可以定义为一组方程组成的变量,我们可以把权衡决策研究的问题定义为:

寻找到一系列的变量——x_i 这是用来衡量设计满意度的变量参数。

$$T_1 = f(x_1, x_2, x_3 \cdots)$$
$$T_2 = f(x_1, x_2, x_3 \cdots)$$
$$T_3 = f(x_1, x_2, x_3 \cdots)$$
$$T_N = f(x_1, x_2, x_3 \cdots)$$

式中,T_j 是一个目标值,$f(\cdots)$ 函数表示变量间的某些函数关系。

通常情况下,一个或多个目标值 T_j 不是一个给定的值,在设计过程中,如果希望用 T_j 值尽可能地小(或大)来衡量设计的好坏(如产品的重量和成本应该是尽可能地小),一般称为成本函数,其他函数可以视为制约函数。

如果能够构建这些方程组,同时这些方程组和实际工程情况之间又有足够的保真度(精确度),那么用一些优化模型和方法可以找到最优的解。然而,现实情况是:许多对设计权衡管理起决定因素的变量参数的信息往往是不确定的,它们甚至可能还在不断地变化中,所以,方程组可能缺乏和实际工程情况之间的保真度。除此之外,来自不同学科或不同功能的设计小组成员对不同变量参数的重要性有着自己不同的理解,有时甚至会出现完全相反的意见。

对于这些权衡管理的方程组而言,存在两类的不确定性。

第一类不确定性,是指系统存在一定程度上的随机可变性,例如,把天气看成一个系统，那么它是随机可变的，材料的性能也是可变的，一个直径为10mm 的零件，它的真实直径一定比这个值或大或小，不会恰好等于这个值。虽然一些变量参数的变化还是可控的(如因天气变化造成的某种材料的绝缘性能的变化值,采用更加严格的制造公差精度等)，但总是存在有些变量是不可控的，或者说如果要要控制这些变量，要付出昂贵的代价或者难以确保完全控制。

第二类不确定性，是指对某一特定系统的认知程度低，或者说是不了解情况(如设计者主观上和客观上存在对某一知识的认知匮乏)，所以说，设计团队成员在设计过程中不断积累的经验和花在这些类似设计上的时间都是一种财富。

这两种不确定性都将直接导致设计成功的风险加大。如果没有设计参数的不确定性，同时假设我们掌握着充分和完善的知识和信息，那就意味着设计是无风险的。

权衡研究从根本上说是决策行为，是从一系列离散的或连续的替代变量中选择最优化的参量和过程。用传统的优化方法行不通的时候，决策分析矩阵(即布斯模型)或者用本书 8.7 节的稳健设计模型等都可以用来进行权衡管理，不过在用这些方法时，设计人员应该对变量参数有着深入的理解，这样才不容易在设计中出差错。

10.5　精度、变化和噪声

在第 5.3 节，已讨论了利用物理样机、分析和图形显示来建模。不论怎样的模型类型，建模都是为了找到最容易的方法来评价产品，并与工程目标用不同的办法作比较。为了在开发阶段与工程目标进行比较，必须要有数值，有一个粗糙的值比没有值要好。

在任何模型中(粗糙的或精确的)都可能产生两类误差：**不精确的误差**和**变化的误差**。精确意味着模型的评估是正确的或真实的。如果是一个分散的结果(在不同时间测量这个数值,得到的数值都不同)，那么意味着数值的估价是分散的。如果用一个精确的模型，其好的评价结果是对产品性能好的预测。相反，如果用一个不精确的模型，其最好的评价结果也是一个对产品性能不好的预测。从模型得到的变化结果可以作为概率统计的变量。**精度、解、范围和偏离**是用来说明评价的分散性的。这里，精度说明"多少"，离散度说明"精确程度"。在图 10.5 中，不精确的评价用一个小的变化表示，精确的评价则用大的变化来表示。建模的明确目标是开发一个有小变化的精确模型。下一个最好的模型是带有大变化的精确模型。

为什么涉及变化有这么多事情？每一个决定产品或过程的参数都有变化，而且每一个产品在生产中的变化和期望值相比可以非常大，不存在一种产品的所有样品都有一致的尺寸，一致的材料，或者一致的行为方式。例如，一个零件标明在图上的真实尺寸是 38.1mm±0.06mm，如图 10.6 所示。这个尺寸的目标是 38.1mm。然而在制造时，其数值范围从低于目标值 0.03mm 到高于目标值 0.07mm 波动。这仅仅是观察到刀具在切削零件时出现磨损，出现了 0.07mm 的偏离值，此时刀具应该更换。

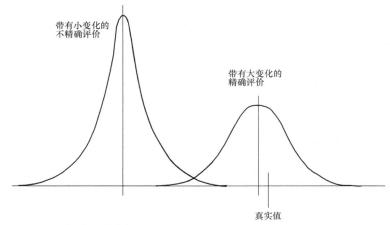

图 10.5 建模中分辨率的误差和精度的关系

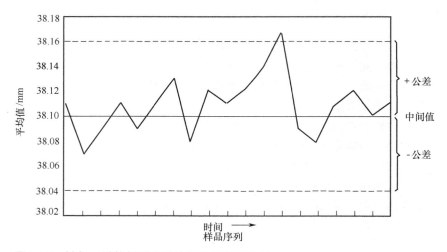

图 10.6 被加工零件相对于设计指标的概率分布

设计工作中另一个重要的变化实例是图 10.7 所示的数值。这些数值表示 1035 热轧钢 913 个样品的抗拉强度。数值以 1kpsi[⊖]为最小差距，抗拉强度的

⊖ 1kpsi≈6.89MPa

变化以 10kpsi 为级差取平均值。用这些数值在图 10.8 的标准分布纸上重新作图。由于这些数值形成一条直线，所以材料样品的抗拉强度呈正态分布。由图 10.8 可知，平均强度是 86.2kpsi（50%处），标准差是 3.9kpsi（标准分布的详细介绍见附录 B）。

> **没有任何事情是完全确定的。**

在图 10.7 和图 10.8 中钢的数据是满足正态分布的。在图 10.6 中，零件尺寸数据在刀具磨损时是非对称的，接近于正态分布。对大多数设计参数而言，其数值变化均可以被看作是正态分布，其分布特征用均值、方差和标准差来表示。

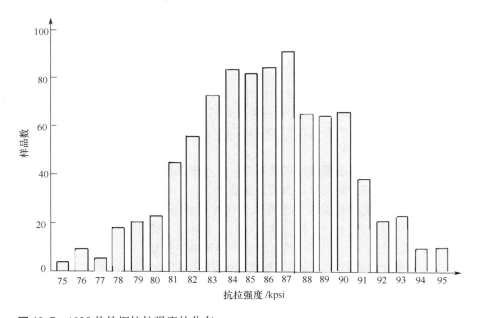

图 10.7 1035 热轧钢抗拉强度的分布

但是，大多数分析模型都是**确定性的**，也就是说，一个可变量用一个数值表示。由于每个真实的参数是正态分布，因此单一的值可以设想为平均值。进行计算时仅仅采用平均值，不一定能给出精确的评价。不考虑精度，这些模型就无法给出评价值变化的信息。然而还存在**不确定性**或者**随机性**，只有利用概率或者统计学的分析方法，才能计算出平均值和变化。

在表 1.1 中，列出了顾客确认高质量产品的调查结果。该结果表明，高质量产品就是大多数基本的质量因素经过长时间使用之后仍保持各自应有的作用（包括易于维护）。这意味着，第一，在正常的工作条件下，不仅要考核所有产品是否始终实现了目标，而且也要考核它们无论操作情况发生什么变化，或者产品使

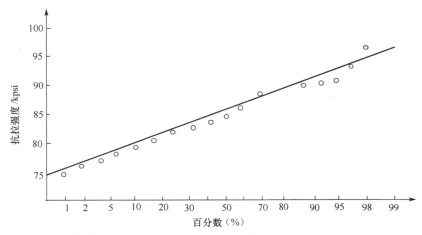

图 10.8　按钢的数据在标准分布纸上画出的图

用了一定时期，都能一直保持这些指标，而且所有产品样机工作性能一致。第二，产品的动作和外观不应该随时间而变；第三，它的操作应该不变，甚至不需要调整，或者不应该有其他随使用时间或不同使用情况而提出的附加要求。因此对高质量产品的定义是：

一个产品如果其质量指标保持不变，且不受制造、使用时间或者环境引起的参数变化的影响，则可以认为是高质量的。

质量指标的实质是工程规范参数，这些参数是由"质量屋"和顾客需求满意度所确定的。这个定义是非常重要的。实际上，设计者竭尽全力来控制一些参数，就是为了使它们不对质量指标产生影响。例如：

1）控制食物的温度，使它不受室温的影响，不使食物变质。

2）控制功率操纵的感觉,使货车的操纵感觉保持常量,不受道路条件的影响。

3）控制零件的尺寸，使之和其他零件相适应，不受相配零件变化的影响。

但是，一些参数是不可控制的或者要用大的成本才能控制。这些参数从那些能被控制的参数中分离开，并被称作噪声，如图 10.9 所示。

尺寸的变化（图 10.6）和材料特性方面的变化（图 10.7）是噪声类型的实例，它影响产品的性能。这些是不可控制的或者只能用大成本才能控制，所以也可以看作是不可控制的。影响设计参数的噪声分类如下：

1）制造、组装的误差。包括尺寸的误差、材料和其他特性的变化以及工艺过程的变化，诸如在制造和装配过程中产生的变化。

> 没有什么东西是确定的，每一样东西都是随机的。换句话说，每一样东西都是变化的。

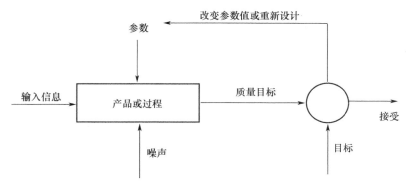

图 10.9 带有噪声和可控制参数的 P 框图

> 用手工选配方式装配一个样机是一种游戏，而在装配线上这样的装配则是一种灾难。

2）使用时间，或称退化效应。包括腐蚀、生锈、磨损或其他表面效应，以及随时间产生的材料特性或形状（蠕变）的改变。

3）环境或外界条件。包括产品工作环境的所有作用。有些环境的条件，例如温度或湿度的变化会影响材料的特性；另一些如纸张送进器架子上纸的总量，或人行道上负载的总量，影响所作用的应力、应变和位置。

所有这些噪声的类型均包含在最后的产品中，它们全都影响产品性能的变化。一个高质量的产品是一种对噪声不敏感的产品，随着噪声因素的变化，它在性能上只会有微小的变化。

噪声对强度的影响常用一个安全因数来考虑，在附录 C 中给出了两种计算安全因数的方法。在这两者中，噪声是材料性能中的不可靠因素，它能引起载荷应力、组装误差以及降低抵抗失效的能力。

作为噪声及其影响的实例，回顾一下油箱问题的例子，也就是油箱要有多大半径和长度才能够盛下 $4m^3$ 的液体？由于这个长度和半径必须是由制造得出的，它们不是精确值，而是存在制造误差的。那样，控制参数 r 和 l，实际上是正态分布的名义值。如果 r 和 l 是分布式的，那么它们的质量度量体积 V 也必定是分布式的，并且不可能是"精确的"。这个问题现在简化为决定 V 对 r 和 l 分布的依赖性，并且求出 r 和 l 的值，使得 V 值尽可能地精确。

考虑到储存在油箱里的液体有腐蚀性，长时间后将会腐蚀油箱的内壁，r 和 l 的值将会增加，这时求解这个问题将更加困难。此外，油箱将在一个很宽的温度范围内工作，那样，r 和 l 将会变化。即使存在制造误差的作用、使用时间引起腐蚀的作用以及环境中温度变化的作用，我们还是希望使体积接近

$4m^3$。因此，我们希望找到 l 和 r 的值，使得 V 对噪声，也就是制造、使用时间和环境的变化有最小的敏感性。

考虑第二个例子——Marin Mount Vision 自行车的悬架系统。图 10.10 所示为自行车悬架系统的 P 框图。在该悬架系统的设计过程中，设计团队的重要目标之一是要确保其性能质量。为了更好地定义这个产品的性能质量问题，设计师们以该产品质量工程规范为依据，绘制了质量功能展开图。定义了这三个具体的性能质量指标，分别为自行车在不同骑乘道路上的垂直加速度。

1）在一个标准道路上的最大加速度；

2）在标准坑洞为 2.5cm 的道路上的最大加速度；

3）在标准坑洞为 5cm 的道路上的最大加速度。

把这些规范参数转化成 P 框图中的指标，如街道表面不平度或坑洞是输入参数，最大的加速度是质量指标，目标参数等。同时 P 框图中也示意了控制参数和噪声参数。

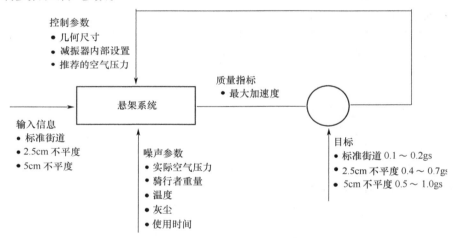

图 10.10　Marin Mount Vision 悬架系统性能的 P 框图

在 P 框图上表示的是控制参数和噪声参数。设计小组已经控制了摇臂的尺寸（即它的长度和其上空气减振器的位置）、在空气减振器内部的一些设置以及推荐的减振器的空气压力。他们还没有控制的是：

1）减振器内真实的空气压力。

2）骑行者的重量。

3）温度。

4）减振器中尘土的积存。

5）减振器的使用时间。

以上这些参数就是所有的噪声。如果这些产品满足质量指标并对这些因素不敏感，那么，顾客将认为此系统是一个高质量产品。

通常，有四个方法来处理这些噪声。首先是保持较紧的制造误差（通常费用较大）；第二，是加上主动的控制来补偿误差（通常比较复杂且费用昂贵）；第三，从产品的使用时间和环境的影响方面加以防护（有时是困难的和不可能的）；第四，使这个产品对噪声不敏感。一个产品对制造、使用时间以及环境噪声不敏感，可被认为是**稳健的**，并可看作是高质量的产品。如果稳健性能够实现，那么，这个产品将像所设计的那样装配起来，并将可靠地、成功地投入使用。因此，稳健性设计关键的哲学思想是：

以容易制造的公差为基础决定参数的值，并且不采取对使用时间和环境有影响的防护，以达到产品的最好的性能。术语"最好的性能"的含义是满足工程需求的目标并且对噪声不敏感。反之，如果通过调节参数不能够实现噪声的不敏感性，那么误差必须是紧的或者产品必须对使用时间和环境的影响进行防护。

以这样的哲学思想，可以认为质量是能够设计到产品中的。例如，施乐公司 1981 年的生产线，其"落线率"是 30‰，即在装配时每 33 个就有一个不能正常装配。这个配合方面的错误，也许是在检验中发现的，也许是装配人员发现不能装配或在机器从部件组装成产品时才发现的。1995 年施乐公司采用稳健性设计的哲学思想后，已经将"落线率"降低到 30 ‰‰‰‰，即每 33000 个以上才发现 1 个。

用稳健性设计产品是第 10.9 节和第 10.10 节要讲述的内容。首先，需要对建模的背景以及误差和敏感性进行分析。

10.6 性能评价的建模

精度和误差，主要从对最好的建模技术的选择来考虑。虽然，每种建模的要求不同，但这里是按照评价时估算的次序来讨论步骤的。讨论集中在分析模型和物理建模上。作图常用来作为对这些模型的形象表达。2008 年以机电一体化产品设计为目标的调查中发现，使用虚拟（分析）模型和物理样机的情况总结为：顶尖的公司在设计中平均使用了 25 个虚拟模型和 6 个物理样机，对于那些难以满足时间和成本目标的一般公司而言，平均使用 5 个虚拟模型和 8 个物理样机。此外，调研还发现在认识复杂系统的匹配性方面，虚拟模型更具有优势，且经济。下面的步骤可以帮助我们在制作虚拟模型或物理样机方面进行决策。

10.6.1 步骤 1：定义需要度量的输出响应（即评判参数或质量参数）

如果一个新的想法是可行的，尽管目标的定义还不完善，但在评价目标时，通常必须清楚地确认那些决定性能的重要评判参数。事实上，在设计过程的工程任务书开发阶段，在开发工程需求和目标时，许多有意义的参数就应该确定了。当产品重新细化时，将增补其他需求和目标。因此，通过产品的开发，要确认一些说明产品性能的参数，并且在对产品进行评价时测定。

10.6.2　步骤 2：标明输出要求的精度

在产品重新细化设计的早期，仅按照一些参数重要性的次序就能找到输出要求的精度。当产品作重新细化设计时，评估模型的精度必须增加到能够同目标值的精度相称。在开始评估之前确定精度要求是非常重要的。如果用常规的材料强度技术做的粗略计算或者用真实材料在实验室中作出的测试其精度已经足够，那么在有限元模型上的花费就是一种浪费。有些方向性的错误会导致产品的细化分析进入死胡同，而使设计过程无法推进。

10.6.3　步骤 3：验证输入信息、控制参数及其上下限和噪声

在对一个系统建模之前，一件重要的事情是画出 P 框图，并且首先对影响输出的因素作初始化的验证和分类。输入信息是能量、信息和在生产过程中被修正的材料，这些信息在通常情况下是重要的；但是在许多设计情况下，它们往往作为次要的控制参数而被忽略。

如果需要，许多噪声是能够控制的，然而，如果一个设计能够作成稳健性设计，控制这些噪声就不需要太多的花费。那样，将所有的噪声按零件、使用时间和环境的变化逐个列表，就能够识别。然后可以确认哪个（噪声）对输出有影响（这可视评价的结果而定）。

控制参数有时难以识别，往往直到模型（分析的或者物理的）建立和测试时才发现某些相关性。有时，建立一个模型仅仅是为了发现某些参数的变化是否不重要，而另一些更重要的参数的变化没有考虑到。

排列控制参数以及它们的上、下限是很重要的，考虑这些上、下限可以理解设计，并且有助于开发总体设计绘图。这些参数的物理上、下限，给出了在设计循环中进行方案修订的限制。上、下限的知识是技术准备的内容之一，这已经讨论过了。

11.6.4　步骤 4：了解分析模型的能力

通常，分析方法花费很少，而且是较物理建模实现得更快的方法。当然，分析方法的应用取决于所需达到的精度水平，以及该方法的足够有效性。如可以用材料力学的方法做出一个跳水板刚度的粗略估算。在这个分析中，板子被假设是一个悬臂梁，用一片材料做成，有固定的棱柱形横截面，具有已知的惯性矩。更进一步地讲，主动负载作用在板的尾端，设定为一种固定点的负载。

用这个分析，重要的因变量——板子能量的存储特性，它的响应，以及最大应力——都能够被预估出来。

利用更高级的、先进的材料强度模型技术能够改善模型的精度。例如，跳水板的斜度、跳水员在时间和空间方面的自然分布以及板的结构，也能够建模。因变量保持不变，而更多的独立参数现在能够在更多实验和更多精度评估下得到应用。

最后，用有限元方法能够达到更高的精度，虽然在时间、专门技术和设备方面需要较多的花费。如果跳水板使用复合材料制成，它也可以不用有限元模型而能够达到足够的、允许的精确性评估。

这三个分析评估方法中的每一个方法，即基本材料力学方法、高等材料力学方法以及有限元分析方法都为跳水板的刚度提供了一个简单的解答。虽然模型的精度不同，但没有一个给出刚度变化的说明。而且这三个方法都是确定的，并且提供了对变化不敏感的因变量的简单回答。在本章后将提供用确定性分析模型，给出随机信息的方法，即目标随因变量变化的数值。

在这些分析模型的讨论中，得出一些结论：

1）需要什么样的精度水平？仅仅是当对它们的精度有较高的把握时才用分析模型来替代物理模型。

2）可用的分析模型能否给出所需的精度？如果不能，就需要物理模型了。常常值得两种模型同时做，以确定对某一产品的理解。

3）是否能有确定的解决办法呢？它们可能在早期评价中是足够的。但是，当产品要最后定下来时，它们是不够的。在开发一个高质量产品时，在因变量方面，噪声影响的知识是很重要的。

4）如果没有分析技术可用，是否能开发新技术？在开发一个新技术时，部分工作常常要用于开发模型性能的分析技术。在设计工作中，一般没有时间来开发非常复杂的分析技术。

5）分析是否能够在有限的时间、金钱、知识和设备资源的条件下完成？如同第1章中所讨论的，时间和金钱是两个设计过程的度量。它们一般只有有限的支持，而对建模技术的选择却有重大的影响。时间和金钱上的限制可能会压倒知识和设备的可用性。

10.6.5 步骤5：对物理模型能力的理解

物理模型，或者说样机，是最后产品全部的或者部分的体现。在设计过程中，大多数的设计工程师喜欢看到和触摸到由他们的概念设计成的物理实型。但是，时间、金钱、设备和知识限制了开发物理模型的条件，也同样限制了分析模型的采用。一般来说，物理模型的费用较高，并且需要花费时间来制造和控制它们的使用。

　　开发复杂零件物理样机的能力，在 20 世纪 80 年代中期已经有了巨大的改善。在此期间开发了**快速样机**制造技术，它使用零件的 CAD 模型对复合材料或激光—硬化树脂快速制造物理模型。一些由这些方法制造出来的零件在测试中是真实可用的，而另一些则只能是看看外观而不能用于测试。

> 你无法对硬件用"头脑风暴"法处理问题。

10.6.6　步骤 6：选择最近似的建模方法

　　在工程中，一个系统的建模在分析和物理两方面是不会都取得令人满意的相同结果的！当然，允许在两种方法之间来寻求需要较少资源者。因此，必须选择那种以最少资源达到所需精度的方法。

10.6.7　步骤 7：完善分析或实验并检验结果

　　目标已经可以满足，而模型给出一个明确的指示要改变某个参数，这时就可以直接在文件上修改这个参数，并写出具体修改量。在评价模型中，不仅结果像在科学实验中那样重要，而且由于模型的结果是用来修改或重新精化产品的，因此这个方法必须给出一个修改目标和改变量的指示。在分析模型中，通过敏感度分析，这是可能的，如同下一节将要讨论的内容。用物理模型则较为困难，除非模型自身设计成可以容易地改变参数，否则可能很难意识到下一步该如何去做。

　　对于 Marin Mount Vision 悬架系统，在 10.5 节（图 10.10）开发的 P 框图中已经包含了步骤 1~3。步骤 4 的目的是理解分析模型的能力，工程师们在 Marin Mount Vision 上已经有了一些模拟能力，不过这些仅够用来确认性能在目标范围之内。他们觉得最好的结果应该由物理硬件来求得（步骤 5 和 6），于是，在一辆测试自行车上安装了测试加速度的仪器。他们还设置了一个具有 2.5cm 和 5cm 坑洞的跑道，用不同重量的骑行者，以及用不同于所推荐的压力进行了测试。他们也将灰尘放在减振器上，并施加蒸汽和冷气，其目的是找到参数的最好构成，设法控制它并要求对噪声不敏感。

10.7　误差分析

　　本节侧重讨论制造误差和公差，我们先作一个公差和制造误差的相关性讨论。这是关于公差的一般性讨论，看它如何影响制造成本，以及它有时怎样同质量相混淆。我们为分析公差如何累加开发了两个方法，并分析一个零件的公差值如何影响总体的装配。这些分析也作为 10.8 节的敏感度分析和 10.9 节的稳健性设计的基础。

成本的增加和精度高呈指数关系。

10.7.1　制造误差和公差之间的区别

图 10.6 所示的零件加工误差是假设其具有相同尺寸，也就是从平均值标出的 ±0.06mm 的线，这些为设计者提供了应给尺寸的公差。制造工程师用这些数值来决定加工零件时用的误差数据。机械师或者质量控制检验员用它来决定何时需要更换刀具。理论上讲，公差被假设为平均值附近加 ±3 倍的标准偏差，这意味着 99.68% 的样品应该落在这个公差范围之内。实际上，误差和工具合在一起控制和检验产品，如图 10.6 所示。

近年来，最好的做法是六西格玛法，即 "6σ"，这意味着实行 "6σ" 标准制造的产品其偏差在允许的公差内，在本书的第 1 章中指出，六西格玛法是使用五个步骤（定义、测量、分析、改进和控制），英文称为 DMAIC 流程。"测量" 步骤是产生数据的过程，如图 10.6 所示。不过现在的质量控制重点转到了 "分析" 步骤上了。

10.7.2　通用的公差条件

关于尺寸公差和其他误差（即材料特性等）对产品的影响集中在**公差设计**中。如果名义上的公差没有达到足够的质量性能的保证，那么应该改变公差以满足这个目标。如果零件图或者用于制造的装配图，在所有的尺寸上没有公差，则是不完善的。这些公差作为对制造误差的约束，示于图 10.6 中。研究表明，常规零件上仅考虑对功能产生影响的少部分尺寸要设置公差。在常规产品上的其余尺寸可以选用公差范围之外的自由公差，仍能满足使用要求。那样，当为不重要的尺寸标注公差时，常常对制造过程加以说明并用名义尺寸来制造零件。如图 10.11 所示为机器加工工艺的**名义公差**。如果是遵循标准实践，这些数值对于钢来说，反映了预期的误差。如果规定了较紧的公差，成本的增加则如图 10.11 所示。大多数公司有公差说明书，对每一道工艺有规定的名义误差。指定更紧的公差应该得到特殊的批准。

当设计者已经在图样上指定一个公差时，是否意味着在产品寿命周期中一直保持下去呢？首先，信息传输到制造部门，这对于决定将要采用的加工工艺来说是基本的依据。其次，公差信息必须建立质量控制准则，如图 10.6 所示。将制造出的零件尺寸及公差与设计图样相比较以保证质量的方法称为一致性质量。这是质量控制的低等形式，它仅仅是和图样一致。

20 世纪 20 年代以后，当大量生产方式在大范围内试行时，便开始了采用检验方法的质量控制。这种质量保证形式常被称为 "在线" 控制，如同它在生产线上操作一样。大多数生产设备设置质量控制检验员，他们的责任是核实

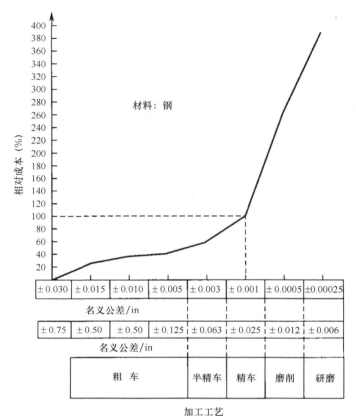

图 10.11　相应于加工工艺的公差

所生产的产品是否在指定的公差范围之内。这种通过检验来提高质量的工作不是非常稳健的，因为，恶劣的生产制造工艺和不好的设计可以使质量检验非常困难。

在 20 世纪 40 年代，许多精力都花费在设计生产设备上，以使制造的零件变得更加一致。这使得质量控制的责任从在线检验转移到离线的生产工艺的设计上来。为了使被加工零件保持规定的公差，为制造工艺开发了许多统计学的方法。然而，即使一个生产工艺能保证零件加工后都满足公差要求，但仍没有一个稳健性、高质量产品（开发）的保证（体系）。直到 20 世纪 80 年代质量控制才成为真正的设计结果。如果稳健性是设计进去的，质量控制的责任就与生产和检验脱开了。

10.7.3　附加的累加公差

以图 9.29、图 10.12 和图 10.13 中把空气减振器和摇臂相连接的铰链为例，介绍零件间的配合公差。这是一个相当复杂的缓冲装置。它由一个轴套和

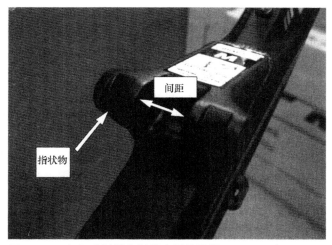

图 10.12 空气减振器和摇臂之间的连接

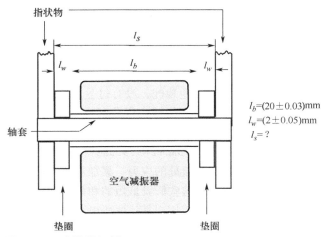

图 10.13 连接的细部

两个垫圈组成，安放在摇臂的两个指状物之间。一只螺栓穿过指状物、垫圈以及轴套将它们组装在一起，并在减振器和摇臂之间传递动力。空气减振器在轴套上摆动，如同摇臂在运动。这里的问题是：两个指状物之间的空间做成多大，才能使所有的零件装配起来更加容易。要是空间太窄，就很难将两个垫圈和轴套放入两个指状物之间，甚至想到它们要有一些柔性才好。要是空间太宽，那么，当螺栓被拧紧时，指状物将产生变形，附加了不必要的应力。指状物是跨骑在管子上的，它们和管子之间的焊接早已经安排好，不该有不必要的附加应力。那么，问题是：空间采取什么尺寸？并且如何设置公差才能使装配合适？

由于轴套的长为 20mm，每个垫圈的厚为 2mm，按照理想的安排，空间应该是 (20+2×2) mm＝24mm。然而，所有的零件都是有误差的，所以理解公差是如何加在一起或者层叠在一起的是很重要的。公差累加是公差分析中最普通的形式。为了进行分析，现定义如下：

$$l＝尺寸，\bar{l}＝名义尺寸，t＝尺寸公差，s＝尺寸的标准差。$$

设定：$b＝$轴套的长度，$w＝$垫圈的厚度，$s＝$两个指状物之间的距离，$g＝$缝隙(+为间隙,-为过盈)。

当铰链装配时，轴套和垫圈如果比指状物间的距离小，将会离开一个间隙。如果轴套和两个垫圈大于两个指状物之间的距离，缝隙将是负的，有过盈。计算公式为

$$l_g＝l_s-(l_b+2×l_w) \tag{10.1}$$

作为一个实例，假设一个随机选择的轴套是有公差的，并具有最小长度 ($l_b＝19.97$mm)。同样地，选择最薄的垫圈 $l_w＝1.95$mm。所说的两个指状物之间的距离指定为 24mm±0.1mm，在这个实例中选择的是允许的最大值，$l_s＝24.1$mm。如果零件可以随机选择，那么这种情况不易发生，选到最薄铰链和最宽空间的机会是很少的。假设，出现了这种情况，可采用公式(10.1)来计算，得到的间隙将是 0.23mm。同样，要是最长的轴套和最厚的垫圈放在最窄的空间里，将要有 0.23mm 的过盈。

这个分析表明，如果想要容易地装配，没有过盈，应该注明 $l_s＝24.33$mm ±0.1mm(两个指状物之间最窄的距离能够适应最宽的零件)，于是，你知道了零件所有可能的组合都能正确装配。当然，一些随机选择组装可以有一个间隙，例如 0.56mm [24.43mm-(19.97mm+2×1.95mm)]。拧紧的螺栓将消除这个间隙，但是将加大指状物根部焊接处的应力。累加最大和最小尺寸来求累积尺寸的方法，叫做**最坏情况分析**。这些假设最短的和最长的零件的方法，不如选择一些中间的尺寸数值。事实上，比起其他那些极端的数值，可能零件更接近平均尺寸。换句话说，在上述从随机选择的零件中所作的两种极端装配的可能性是非常小的。

有个更好的方法是使用统计累加分析。

10.7.4 统计累加分析

要更加精确地计算间隙可以采用统计方法。在一个统计分析的公式中，考虑累加的问题。假设 n 个零件，每个都带有名义长度 l_i 和公差 t_i(假设是对名义值对称的)，$i＝1，\cdots，n$。如果一个尺寸被认定为因变量(在悬架实例中是间隙)，那么它的名义尺寸可以通过加或减其他名义尺寸来求得，如公式(10.1)。通常

$$\bar{l}＝\bar{l}_1±\bar{l}_2±\bar{l}_3±\cdots±\bar{l}_n \tag{10.2}$$

每一项符号和装置的构造有关，同样，标准差是

$$s = (s_1^2 + s_2^2 + \cdots + s_n^2)^{1/2} \tag{10.3}$$

这里的符号常是正的(这些基本的统计学关系将在附录 B 中讨论)。通常,"公差"被假设为对名义值的 3~6 个标准差。近来,在高科技产业甚至可高达 90,以 3σ 为例,那么,一个 0.009in 的公差,意味着 $s = 0.003$,并且全部样品的99.73% 应该在公差之内(即在 3σ 之内)。由于 $s = t/3$,式(10.3)能够改写为

$$t = (t_1^2 + t_2^2 + \cdots + t_n^2)^{1/2} \tag{10.4}$$

对于这个例子,有

$$\bar{l}_g = \bar{l}_s - (\bar{l}_b + 2 \times \bar{l}_w) \tag{10.5}$$

以及

$$t_g = (t_s^2 + t_b^2 + 2 \times t_w^2)^{1/2} \tag{10.6}$$

如果使空间为 24.00mm±0.10mm,那么它的间隙和公差就是

$$\bar{l}_g = 24\text{mm} - (20 + 2 \times 2)\text{mm} = 0.0 \tag{10.7}$$

以及

$$t_g = (0.10^2 + 0.03^2 + 2 \times 0.05^2)^{1/2}\text{mm} = 0.126\text{mm} \tag{10.8}$$

这些结果表明,在平均数上没有间隙,并且空间上的公差是 0.126mm。可以说,当螺栓松开,零件在焊接处没有应力时,指状物可能有 0.07mm 的内部活动余地。反过来,装配人员在指状物之间放置零件,也可能有 0.03mm 的过盈。这个问题于是成为,有多少装配的百分数将满足装配要求?

这个情况表达在图 10.14 中。假设计算公差是 3 个标准偏差,并且用标准的正态概率的方法(附录 B)装配的覆盖区为 71%。这意味着 29% 的时间和 24% 的装配人员会在装配这个装置时发生问题,或者 5% 的焊缝将发生断裂。

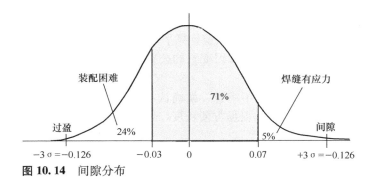

图 10.14　间隙分布

提高质量的办法是检验每一个铰链以及重新制造那些不能满足说明书要求的零件,或者选配铰链零件来满足要求。另一种提高质量的方法是利用分析的结果重新设计铰链。这是通过敏感度分析来实现的。

10.8　敏感度分析

敏感度分析是在评价一个设计问题时，控制参数（尺寸）及其公差统计关系的技术。本节将概述一个简单尺寸问题的敏感度分析及其应用，然后，使用这个方法解决油箱体积问题。

敏感度分析的每一个参数及其误差的分布很容易求得，用 $P_i = s_i^2/s^2$ 重写公式（10.3），即

$$1 = P_1 + P_2 + \cdots + P_n \tag{10.9}$$

这里，P_i 是因变量的公差（或误差）第 i 项分布的百分比。在这个例子中，有

$$P_s = \frac{0.10^2}{0.126^2} = 0.63 = 63\%$$

$$P_b = \frac{0.03^2}{0.126^2} = 0.05 = 5\%$$

$$P_w = \frac{0.05^2}{0.126^2} = 0.16 = 16\%$$

用两个垫圈，总计 = 1.0 = 100%

这个结果清楚地表明，指状物间的空间尺寸公差对间隙有极大的影响。对于一个尺寸公差的累加问题，例如这个实例，敏感度分析的结果能够用来进行**公差设计**。由于空间尺寸在铰链上造成 63% 的噪声，大多数人愿意改变它。

这个技术用在所有的单一度量的问题上，所有的参数都是零件上的尺寸。概括为：

步骤 1：开发一个变量之间的关系式，以及那些如式（10.2）或式（10.5）中的因变量。用每个独立尺寸的名义值计算平均值。

步骤 2：用式（10.4）来计算因变量的公差，或者用标准偏差［式（10.3）］来表示。

步骤 3：如果发现公差不满意，就确认有最大影响的独立变量，如果可能，用式（10.9）进行修正。根据方便程度（或花费），可以选择不同的尺寸来修正。

两个或者三个尺寸的问题是同样求解的，不过公式和变量的关系都变得复杂些，除非是简单得多的尺寸系统。

如果变量在一个线性形式中是不相关的，则给出的公式经常要加以修正。前面章节中介绍过的油箱体积问题是最好的范例。最大的不同是参数 r（半径）以及 l（长度），它们对于因变量来说是非线性关系，V（体积）在图 10.4 中可以看到。下面表示的是一般性线性问题的表达方法。无论参数是尺寸或不是尺寸，对于调查任何功能关系都是适用的。

考虑一般的功能

$$F = f(x_1, x_2, x_3, \cdots, x_n) \tag{10.10}$$

这里，F 是一个因变量（尺寸、体积、应力或者能量），x_i 则是控制参数（独立变量,常常是尺寸以及材料的特性）。每一个参数有一个名义值 $\overline{x_i}$ 和一个标准差 s_i。在大多数问题中，因变量的名义值是建立在独立变量基础上的，如式（10.2）所示。于是

$$\overline{F} = f(\overline{x_1}, \overline{x_2}, \overline{x_3}, \cdots, \overline{x_n}) \tag{10.11}$$

当然，在这里，标准偏差更加复杂了：

$$s = \left[\left(\frac{\partial F}{\partial x_1} \right)^2 s_1^2 + \cdots + \left(\frac{\partial F}{\partial x_n} \right)^2 s_n^2 \right]^{1/2} \tag{10.12}$$

注意，如果 $\partial F / \partial x_i = 1$ 是在线性公式里面，那么式（10.12）就简化为式（10.3）。式（10.12）仅仅是一个以标准偏差的泰勒展开式的第一项为基础的估算值，一般都能满足大多数设计问题。

对于油箱问题，独立参数是 r 和 l，随变参数 V 的名义值按下式给出：

$$\overline{V} = 3.1416\overline{r}^2\overline{l} \tag{10.13}$$

为了评价它，我们必须考虑 r 和 l 的特殊值，这对参数存在可以满足名义体积为 4m^3 的无穷多的配对。例如，考虑图 10.15（那是图 10.4 加上附加的信息）上的 A 点，其中 $\overline{r} = 1.21\text{m}$，$\overline{l} = 0.87\text{m}$。由式（10.13）可知，$\overline{V} = 4\text{m}^3$。

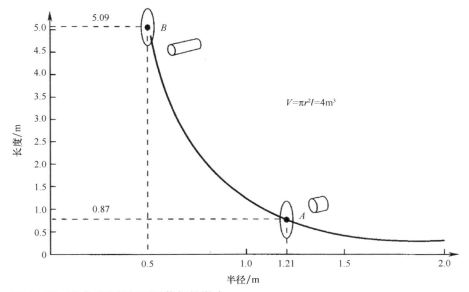

图 10.15　噪声对油箱问题可能解的影响

在这些参数下，可以建立标准制造工艺很容易得到的公差。例如，取 $t_r =$

$0.03\text{m}(s_r=0.01\text{mm})$ 以及 $t_l=0.15\text{m}(s_l=0.05\text{mm})$。这些值表示在图上形成一个围绕 A 点的椭圆。由式 (10.12) 可得体积上的标准偏差为

$$s_v=\left[\left(\frac{\partial V}{\partial l}\right)^2 s_l^2+\left(\frac{\partial V}{\partial r}\right)^2 s_r^2\right]^{1/2} \tag{10.14}$$

这里

$$\frac{\partial V}{\partial r}=6.2830rl$$

以及

$$\frac{\partial V}{\partial l}=3.1416r^2$$

> 谁要是不能设计一个稳健的产品，谁就将被不满意的顾客投诉。

对应于这个例子中 $\partial V/\partial r=6.61$ 以及 $\partial V/\partial l=4.60$ 的值，可得到 $s_v=0.239\text{m}^3$。那样整个容器的 99.68%（三个标准偏差）按目标 4m^3 将有 $0.717\text{m}^3(3\times0.239\text{m}^3)$ 的偏差。这样，每个参数分布的百分比用公式 (10.9) 可以求出，这里长度的分布公差是体积误差的 92.3%。因此，长度公差比起半径来更大些，考虑图 10.15 上曲线的形状，避免使用较长的带有小半径的容器，可以使体积误差较小。如果控制参数取 $r=0.50\text{m}$、$l=5.09\text{m}$（图 10.15 上 B 点），名义体积仍是 4m^3，现在 $\partial V/\partial r=16.00$、$\partial V/\partial l=0.78$，那样 $s_v=0.166\text{m}^3$，比 A 点小了 31%。现在，r 的分布公差是体积误差的 94%。注意，这里我们**仅仅改变它们的名义值**，达到了**不用改变参数公差而减小误差**的目的。第二个设计具有较高的质量，因为体积已经接近 4m^3。要是能够求得使体积变化最小的参数 r 和 l 的值，就可以说是应用了稳健性设计。

10.9 通过分析进行的稳健性设计

稳健性设计常常称为**田口**（Taguchi）**方法**。田口（Genichi Taguchi）博士在美国和日本发表了他的稳健性设计哲学。必须说明，这个哲学与设计者所用的传统思想是有区别的。传统的思想是，参数数值的决定不是参考公差或其他噪声，反之，公差是后来加上的。这些标注的公差都是以公司的标准为基础。这个思想不可能导致稳健的设计，而是需要用严格的公差来达到高质量的性能。

一个稳健的设计对噪声的影响忽略不计，对设计师来说，很难控制噪声，所以设计时常选择不控制。

稳健设计技术的实施相当复杂。这里，为了易于把这个技术解释明白，将作两个简化的假设。首先，仅仅考虑制造误差的噪声；第二仅仅考虑尺寸的参数。作为理解稳健设计的基础，将要建立尺寸公差和敏感度分析。此外，首先解析开发稳健设计，以较好地理解这个原理。田口开发的现行方法是建立在实验方法基础上的，并且需要一个统计数据的背景，这些超出了本书的范围。这样，这些实验方法仅在第10.10节作简要介绍。

在第10.8节中看到，改变油箱的形状就能改善设计的质量。大长度的油箱对于长度公差的增大有较小的敏感度，这样，油箱的体积变化较小。现在的目的是组合敏感性分析和最优化技术，为决定最稳健的参数值开发一种方法。然后，将采用严格的公差来使油箱的参数得到最稳健的数值。

考虑最初的问题：目的是得到精确的 $V=4\text{m}^3$。当 V 随 r 和 l 而变，且它们是随机变化时，不可能得到精确的值。因此，能够做到所谓"最好的"，是保持 V 和 4m^3 之间的差别尽可能地小。换句话说，对 V 的标准差最小化，即必须保持名义体积在 4m^3 并实现误差最小化。定义名义值 ($\bar{V}=3.1416\bar{r}^2\bar{l}$) 和目标 $T(4\text{m}^3)$ 之间的差值为偏差，最小化的目标函数为

$$C=误差+\lambda\times偏差 \tag{10.15}$$

这里，λ 是一个拉格朗日算子⊖。

用公式(10.12)，上式成为

$$C=\left[\left(\frac{\partial F}{\partial x_1}\right)^2 s_1^2+\cdots+\left(\frac{\partial F}{\partial x_n}\right)^2 s_n^2\right]+\lambda(F-T) \tag{10.16}$$

对于油箱，有

$$C=(2\pi rl)^2 s_r^2+(\pi r^2)^2 s_l^2+\lambda(\pi r^2 l-T)$$

现在能解出这个目标函数的最小值。用已知参数 s_r 和 s_l 的标准差(或者公差 t_r 和 t_l)以及一个已知的目标 T，参数 r 和 l 的值能够从目标函数的导数考虑有关参数和拉格朗日算子来求得

$$\frac{\partial C}{\partial r}=0=2r(2\pi l)^2 s_r^2+4r^3\pi^2 s_l^2+\lambda 2\pi rl$$

$$\frac{\partial C}{\partial l}=0=2l(2\pi r)^2 s_r^2+\lambda\pi r^2$$

$$\frac{\partial C}{\partial \lambda}=0=\pi r^2 l-4$$

⊖ 可以采用的优化方法很多，拉格朗日方法对于这种简单的问题是很适用的。

联合求解得

$$r = 1.414l\left(\frac{s_r}{s_l}\right) \tag{10.17}$$

$$l = \left[\frac{2}{\pi}\left(\frac{s_l}{s_r}\right)^2\right]^{1/3} \tag{10.18}$$

于是，对于任何标准差或者公差的比例，最好的(最稳健的)设计解得的参数是唯一的。对于数值 $s_r = 0.01$ ($t_r = 0.03$m)，以及 $s_l = 0.05$ ($t_l = 0.15$m)，方程解得 $r = 0.71$m，$l = 2.52$m。将这些值代入式(10.14)，体积上的标准差是 0.138m^3。把这个结果和敏感度分析中得到的结果作比较(0.239m^3 和 0.166m^3)，在这个设计中质量的改善是明显的。

如果半径比长度难以制造，就让 $s_r = 0.05$，$s_l = 0.01$，然后用式(10.17)和式(10.18)计算，对制造最好的参数是 $r = 2.06$m 和 $l = 0.29$m。这个结果在体积上的标准偏差将是 0.233m^3。

总之，控制参数上的公差和标准偏差的信息已经用于求取因变量数值，使因变量有最小的误差。换句话说，这个推导是考虑尽可能对噪声不敏感而得到的，是一个稳健的、高质量的设计。

如果在体积上的标准偏差还不够小，那么下一步就是要缩小公差。

稳健性设计可以归结为三个步骤的方法：

步骤 1：建立质量特征参数和控制参数之间的关系[如式(10.10)]，为质量特征定义一个目标。

步骤 2：在已知公差(标准偏差)的基础上，建立控制参数对质量特征的标准偏差的方程式[如式(10.12)和式(10.14)]。

步骤 3：对质量特征的最小标准偏差解方程，使得变量适宜于目标。在这个例子中，采用了拉格朗日技术；其他技术也是可用的，有些甚至包含在大多数应用程序中。在优化问题上常有其他约束把参数值限制在可行的范围。如例子给出的，限制了 r 和 l 的最大值和最小值。

在这个方法的开发中，存在一些限制。首先，仅对于设计问题能够用一个方程式表达的情况是适用的。在各个变量间的关系不能用方程式表达的系统中，必须采用实验的方法(第10.10节)。第二，式(10.15)不允许在问题中包含约束。例如，如果半径由于空间的限制必须小于1.0m，那么式(10.15)必须增加包含这个约束的项。

10.10 通过实验的稳健性设计

因为不存在系统的数学模型，所以不可能用分析的方法来评估一个提出的设计。在许多情况下，甚至在分析还是可能的情况下，系统的模型可能不能在所提出的设计上确定噪声的影响。在这些情况下，有必要为实验测试而设计和建立一个物理模型。在第 8 章中的物理模型是用来证实概念的，现在必须重新设计一个物理模型。本节内容是田口对产品进行稳健性设计的实验方法的概述。像许多其他课题一样，有完整的书籍介绍这个课题(见 10.12 节)。总之，本节内容足以使我们懂得这个方法的用途和它的复杂性，并使我们能应用它，以简单的油箱设计为例。假设我们不知道公式 $V = \pi r^2 l$，而仅仅知道 $V = f(r, l)$。为了通过实验得出半径和长度的尺寸，一开始用最理想的尺寸来度量体积。在这个新的度量基础上，可以试着评估体积对于每一个尺寸的依赖关系并进行迭代(即修正)，直至达到目标的体积为止。这是大多数实验所用的方法，这个"随机试验"的方法可能需要很多模型，所以这不是非常有效的。此外，求得的解仍然在图 10.4 和图 10.15 所示的曲线上，不能保证最后的设计是最稳健的。以下步骤能够达到收敛的效果。

10.10.1　步骤 1：识别信号、噪声、控制参数和质量参数(即独立参数)

回顾图 10.9 中的 P 框图，有必要列出产品或系统中所有的因变量和控制参数。然后，还有必要判断哪些参数对产品评价是重要的。有时，这不太容易做到，而且重要的参数和噪声可能被忽略。这种情况往往在获得了试验数据，而且结果表现出广泛的发散时才能显现出来，这意味着模型可能是不完全的或试验做得不好。这里重要的是注意去理解系统。

油箱的 P 框图(图 10.16)表示设计者可以控制长度和半径，但是有许多噪声会影响液体的体积。油箱的功能是保存"液体"，它的性能是表现为如何使油箱有精确的目标值 4m³。噪声包括半径和长度上的制造误差，这里不考虑使用时间和环境的误差。

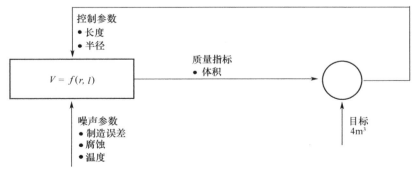

图 10.16　油箱问题的 P 框图

10.10.2　步骤 2：对每一个质量指标(即输出响应)作评价，决定其目标值(MSD)及自然的质量损耗函数(信噪比)

回想在开发 QFD 方法时，目标值已确定，并且损耗函数的形式也已确定(见表 10.2)。如果在参数被测之前没有事先产生这个信息，那么，在实验开发之前，应先做好这件事。

损耗和均方偏差 MSD 是成比例的，输出响应的平均值是脱离目标的。这个值常用信噪比，或者 S/N 表示。通常，S/N 是 $-10\log(MSD)$。其中"$-$"号表示最大的 S/N 有最小的质量损耗，10 是通常给出的分贝的单位，log 是用来压缩数值的。

表 10.2 给出第 6.8 节中确认目标的三种最通用类型的 MSD 和 S/N，当以参数值更小为更好的控制目标时，输出的 y 值越大，意味着更大的 MSD 值和更小的 S/N 比值。换句话，更大的 y 值是噪声，所以该信号相对于噪声来说数值小。当以参数值更大为更好时，y 的较小值被视为噪声。标称值作为最佳的控制目标时，情况更加复杂，有许多方法来计算 S/N 的比值，最常见的方法见表 10.2。均方偏差是关于名义值、精度以及目标的简单的误差总和，通常，误差总和只在计算 S/N 时用，见表 10.2。

表 10.2　名义的 MSD 均方偏差和 S/N 信噪比

质量损耗函数	名义均方偏差(MSD)	S/N 信噪比
小一些较好	$\dfrac{1}{n}\sum\limits_{i=1}^{n} y_i^2$	$-10\log\left(\dfrac{1}{n}\sum\limits_{i=1}^{n} y_i^2\right)$
大一些较好	$\dfrac{1}{n}\sum\limits_{i=1}^{n} \dfrac{1}{y_i^2}$	$-10\log\left(\dfrac{1}{n}\sum\limits_{i=1}^{n} \dfrac{1}{y_i^2}\right)$
名义值最好	$\dfrac{1}{n}\sum\limits_{i=1}^{n} (y_i-\bar{y})^2 + (\bar{y}-m)^2$	$-10\log\dfrac{1}{n}\sum\limits_{i=1}^{n} (y_i-\bar{y})^2$
	m——目标值	

对于油箱问题，$4m^3$ 是一个名义上最好的目标。

参数设计是建立在最大的 S/N 信噪比基础上的，然后将参数调节到设计目标上。换句话说，目的是求得条件，使得产品对噪声不敏感，接下来，用不影响 S/N 信噪比的参数使质量函数达到满意的数值。在这个实例问题上显然可以使用这个原理。

10.10.3　步骤 3：设计实验

目标是设计一个可以不断地产生和承受力的作用的实验。不能满足于设计一个简单的、只是修改一下模型或者只能工作一次的实验，这样不能导出一个稳健性的设计。相反，这个实验必须使人可以清楚地了解改变控制参数对输出参数的影响；同时，也能清楚地了解噪声的影响。一个理想的实验应该显示出怎样调节控制参数来满足目标，并且显示选择哪一个因素可以得到对噪声不敏感的输出系统。

产品或系统的物理模型必须按如下设计，才能达到上述要求：

1）控制因素可以改变，以显示出优良的调节能力。这意味着设计一些不同的物理装置，或者设计一个带有可调节的零件或者结构的装置。这个模型可能不是代表最后的产品，因为它的主要目的是支持数据的收集。

2）可以使噪声被控制在超出期望的范围。这可以要求零件的尺寸精确地在相配公差的上、下限之处，可以要求环境空间具有控制温度、湿度和其他噪声的能力，也可以要求对零件进行人工时效、腐蚀和磨损。这些噪声必须力求达到预期的极限值，以便能够度量出它对输出的影响。

3）能够精确地度量对输出的响应。注意，在度量输出时，附加噪声是被仪器加上去的，应保证附加噪声在量值上比原有噪声和控制变量要低。

假设有 n 个控制因素，每个控制因素设置两个不同的数值，有 m 个噪声变量在两个水平上测试，考虑实验结果的精确性，对于每个条件作 k 次重复运行。于是，要做 $k \times 2^n \times 2^m$ 次实验。例如有两个控制因素、两个噪声和对每个条件重复三次，于是记录 48 个输出响应。为了使实验的数目有一个适当的水平，在大的问题上用统计学技术选择一个实验的子集来运行（见 10.12 节中 Taguchi、Chowdhury、和 Wu 的书）。

表 10.3 为一个带有两个控制因素的实验结果展示表，每个测试有两个噪声在两个水平上进行。16 个实验的输出响应结果 F 见表 10.3。如实验 $F21_{12}$（控制因素 1 在水平 2 上，控制因素 2 在水平 1 上，噪声 1 在水平 1 上，噪声 2 在水平 2 上），如果所有的实验运行三次，这里就有三个 $F21_{12}$ 值，就有 48 次实验。名义值和 S/N 信噪比对于每个控制因素联合计算在最后两栏中。

表 10.3　两个控制因素的实验结果的展示

| | 噪声 1： | 水平 1 | 水平 1 | 水平 2 | 水平 2 | | |
| | 噪声 2： | 水平 1 | 水平 2 | 水平 1 | 水平 2 | | |
控制因素 1	控制因素 2					名义值	S/N
水平 1	水平 1	$F11_{11}$	$F11_{12}$	$F11_{21}$	$F11_{22}$	$\overline{F11}$	S/N11
水平 1	水平 2	$F12_{11}$	$F12_{12}$	$F12_{21}$	$F12_{22}$	$\overline{F12}$	S/N12
水平 2	水平 1	$F21_{11}$	$F21_{12}$	$F21_{21}$	$F21_{22}$	$\overline{F21}$	S/N21
水平 2	水平 2	$F22_{11}$	$F22_{12}$	$F22_{21}$	$F22_{22}$	$\overline{F22}$	S/N22

对于多于两个控制因素的实验，控制因素多于两个水平，以及多于两个噪声的情况下，表 10.3 是易于扩展的。再有，对于大量的控制因素或噪声，有减少实验数目的方法。

对于油箱问题，建立实验模型，可以精确设置长度和半径。可以要求对每个实验建立一个模型，或者把一个模型设计成可以足够的精度来改变这些数据。在表 10.4 中，数值 $r=0.5m$ 和 $r=1.5m$ 被选作半径的两个水平。这些选择作为图 10.4 中的极限值，并仅作为起始数值。同样地，$l=0.5m$ 和 5.5m。噪声被设置在公差水平上，表示长度比半径难制造：$l=\pm0.15m$，$r=\pm0.03m$，这些数值列入表 10.4。为了求得对 $F21_{12}$ 的输出响应，实验需要一个做得尽可能精密的、用 $r=1.53m$ 和 $l=0.35m$ 做成的油箱模型。

10.10.4   步骤 4：求得并简化数据

按照名义值和名义上最好的 S/N 信噪比对油箱的体积的度量显示在表 10.4 中。计算出名义值和 S/N 信噪比来表示每一个设置的控制和噪声条件，有两个名义值相当接近目标 4m^3。这是随意选择的 r 和 l 的起始值，这个结果提出了哪一个是最好的问题，因为它们在半径和长度方面有巨大的差别。

表 10.4   油箱的实验结果

$\partial r/m:$		0.03	0.03	-0.03	-0.03		
$\partial l/m:$		0.15	-0.15	-0.15	-0.15		
r/m	l/m					名义/m^3	S/N/dB
0.5	0.5	0.57	0.31	0.45	0.244	0.396	3.74
0.5	5.5	5.00	4.76	3.91	3.69	4.34	11.87
1.5	0.5	4.81	2.59	4.39	2.40	3.55	4.40
1.5	5.5	41.89	39.53	38.46	36.13	39.00	19.48

10.10.5   步骤 5：分析结果，如果需要，选择新的测试条件

第一次设置的实验可能达不到满意的结果。其原因是由于 S/N 信噪比太大，引起名义值在目标上也偏离太大。为了分析问题，可以求得真正的最大值（第 10.9 节），这里，可以只评估达到的那一点。

对于油箱问题，实验用半径 $r=0.5m$ 以及长度 $l=5.5m$，给出的结果接近目标，并且带有最高的 S/N 信噪比（11.87dB）。如果名义值 4.34m^3 足够接近，就可以停止实验。表中的信息可以用来调节控制参数，以使产品更接近目标。由于实验用 $l=5.5m$ 推导出较好的 S/N 信噪比值，r 能够被估计以达到输出 4m^3。无论如何，r 的改变从数值上来说是不明显的。一个较好的想法是设置新的 r 和 l 的值来完善实验，围绕数值寻求并取得新的读数。这些重复迭代将

得到一个体积 $V = 4\text{m}^3$、S/N 信噪比为 13. 69，以及 $r = 0. 71\text{m}$、$l = 2. 52\text{m}$ 的结果，从分析方面也求得过同样的值。注意最后的结果中，S/N 信噪比的值对于 11. 87 来说仅仅高 1. 78dB，略高于第一个实验求得的值。这意味着仅用一个名义的均方根偏差就引起 50% 的改变[由表 10. 2 末行中S/N的公式得，$(V_i - \overline{V})^2 = 10^{(1. 78/10)}$]。

10. 11　小结

1）产品的评价应该集中在与工程需求的比较和对产品功能的评估上。

2）产品应该被反复重新设计到这样的程度：它们的性能可以与工程需求对比，并用一个数值来表示。

3）P 框图对于验证和表示输入信息、控制参数、噪声和输出响应是有用的。

4）物理模型和分析模型可以用来和工程需求作比较。

5）模型的精度和误差的关系必须被表示出来。

6）参数是随机的，不是确定的。它们从属于三种类型的噪声：使用时间的影响、环境变化的影响以及制造误差的影响。

7）稳健性（Robust）设计是当产品所有的参数确定后，对噪声的计算。

8）公差累加能够用相加的方法并在统计学意义上作评价。

9）分析和实验的方法两者都可用来求得最稳健的设计。

10. 12　资料来源

Barker, T. B.: *Quality by Experimental Design,* 3rd edition, Chapman & Hall, 2005. A very good basic text on experimental design methods.

Mischke, C. R.: *Mathematical Model Building,* Iowa State University Press, Ames, 1980. An introductory text on the basics of building analytical models.

Papalambros P., and D. Wilde: *Principles of Optimal Design: Modeling and Computation,* Cambridge University Press, New York, 1988. An upper-level text on the use of optimization in design.

Rubenstein, M. F.: *Patterns of Problem Solving,* Prentice Hall, Englewood Cliffs, N.J., 1975. An introductory book on analytical modeling.

Taguchi, G., S. Chowdhury, and Y. Wu: *Taguchi's Quality Engineering Handbook*, Wiley Interscience, 2004, The basic book on robust design.

10. 13　习题

10. 1　对原始的设计问题（习题 4. 1）：

       a. 确认关键的参数并为评价做界面。

       b. 为每一个参数作 P 框图。

       c. 对每一个设计问题建立物理模型或者进行一个分析过程。

       d. 完善实验或者分析过程并开发最稳健的产品。

10.2 对重新设计的问题(习题 4.2),重复习题 10.1 的步骤。

10.3 设计一台网球服务器,把它拿到院子里,开动它,并快速地跑到网子的另一边,等待第一次服务。第一次服务是正确地击中中间,漂亮地回球;第二次服务是从左边出界;第三次是长球出界;第四次是触网。

       a. 机器是否有一个精度或者误差问题?

       b. 逐条列出每种错误的潜在原因,并考虑 10.5 节中讨论过的"噪声"类型。

10.4 认识在做以下工作时正态分布的应用:

       a. 最少测量 20 个人的特征并把数据画在正态分布纸上。易于度量的是重量、高度、前臂长度、鞋子尺寸或者头围。

       b. 取 50 个完全相同的垫圈、螺栓或者其他小物体,放在精密天平上称重,将重量画在标准分布纸上,并且计算均值和标准偏差。

11.5 讨论下列设计问题,在采用分析模型和实验模型之间进行权衡比较。

       a. 一种新型弹簧驱动的罐头开启工具。

       b. 一个层压板做成的游泳池。

       c. 一个印刷品橱柜的托架。

       d. 一种跳跃用的弹簧单高跷。

第 11 章

产品评价：面向成本、制造、装配和其他估量的设计

关键问题

- 什么是面向成本的设计（DFC）？如何估计成本？
- 什么是面向价值的设计（DFV）？价格和成本有何不同？
- 如何使产品容易制造（DFM）和装配（DFA）？
- 怎么做失效模型和有效分析（FMEA）、失效树分析（FTA）和面向可靠性设计（DFR）？怎样有助于消除失效？
- 产品能设计成易于检验（DFT）和测量（DFM）的吗？
- 在保护环境方面设计人员能做些什么？（DFE）

11.1 概述

在第 10 章中我们认为最切实可行的对产品设计的评价与性能、公差和稳健性有关，本章还要介绍重要的评价内容，即产品成本评价、可装配性评价、可靠性评价、可检验性与维护性评价以及环境的友好性评价。这些评价已经形成众所周知的面向成本的设计（DFC）、面向装配的设计（DFA）、DFR、DFT 等，或用通用词——DFX 来表示，这些是本章内容，用三个首字母缩写词来表示。

11.2 DFC——面向成本的设计

对于设计工程师而言，在新产品开发过程中遇到的最困难也是最重要的事

情之一是产品成本的估计。在设计过程中尽可能早地估计产品的成本并与成本要求进行比较很重要。在概念设计阶段或在进行详细设计的开始阶段，首先进行成本的初步估计，然后随着产品设计的逐步细化，成本也随着细化。对于重新设计问题，设计变化是无止境的，而因为当前的成本是已经知道的，故最初的成本估计可能会相当精确。

随着产品设计逐渐成熟，对成本的估计也逐渐趋于其最终成本，这个过程需要供货商提供货物价格并得到成本评估专家的帮助。许多制造企业有自己的采购部门或成本评估部门，这些部门的责任是对所制造和外购零部件进行成本估计。但设计人员也对此有责任，特别是有许多概念或变化需要考虑，而且当潜在的零部件太抽象而难以做成本估计时。在介绍设计人员用成本估算方法之前，了解设计工程师对产品整个制造成本和产品销售价格的影响非常重要。

因为成本通常是主动约束，许多企业使用面向成本的设计（DFC）这一术语，以强调成本的重要性，这意味着产品成本随产品细化而不断推进。

11.2.1　产品成本的确定

> 20% 的零件耗费了 80% 的成本。

面向客户的产品的总成本（如价格表）和成本的构成如图 11.1 所示。所有的成本可以分为两大类，即直接成本和间接成本。直接成本是指直接由于某一零件、装配或产品而产生的成本，所有其他成本称为间接成本，这里定义了一

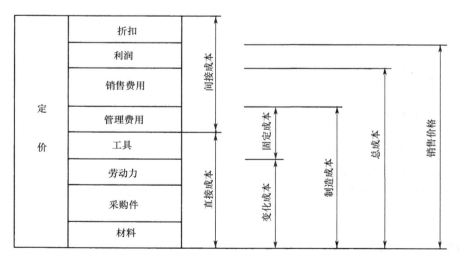

图 11.1　产品成本明细表

般用于描述与直接成本和间接成本有关的术语。每个企业都有自己的估算成本的方法，故这里给出的定义方式可能并不与各个企业的估算方案一致，但各个企业都需要考虑以下所讨论的各部分成本。

材料成本占了直接成本的主要部分，它们包括为生产产品所需要购买的所有材料的开支，包括由于废料和废品引起的损耗费用。废料是一个重要的考虑因素，对于绝大多数材料而言，废料可以回收利用，通过回收利用可以降低材料成本。废品包括不可用的零件和材料，可能是由于制造缺陷、劣质或其他损坏引起的。无法装配的零件，即那些配合差而不能装配的零件也属于废品。

从供货商处采购来的零件在企业内不能组装，这部分成本也认为是直接成本。在最小成本情况下，采购部件的成本包括运货过程中用的紧固材料和包装材料的成本。最大成本情况是所有零部件可能均在企业外制造，企业只在本厂完成装配，在这种情况下，无材料成本。

劳动力成本是指制造和装配产品所需劳动力的工资与福利，包括雇工的薪水和一切附加福利，如医疗保险、退休金和带薪休假。此外，一些企业还把计算直接成本的管理费用（马上会定义）计入直接成本。考虑附加福利和管理费用时一个工人的劳动成本将是他工资的 2~3 倍。

最后一项直接成本是工具成本。这项成本包括夹具、定位工具、模具和其他为生产产品特殊制造或购置的工具。对于有些产品，这部分成本很小，需要加工的项目很少，部件简单或装配容易。另一方面，因为产品中用了注射成形零件，制造模具的成本高，此部分成本将占零件成本的绝大部分。

图 11.1 表示材料、劳动力、采购件和工具成本之和为直接成本。制造成本为直接成本加管理费用，即使没有产品出厂，管理费用也包括行政管理、工程管理、文秘工作、清洁和水电费、房租等其他每天发生的费用。一些企业将管理费用分成工程管理费用和行政管理费用，工程部分包括与产品研究、开发和设计有关的费用。许多企业将管理费用分成固定与变化两部分，如车间供给、设备折旧、设备租金和人力资源成本归为变化部分。

制造成本可以另一种重要的方式分解。材料、劳动力和采购件成本是变化成本，它直接随生产量变化。对绝大部分大批量生产过程，这一变化近似线性，产品量两倍，成本两倍。但对于小批量生产，成本随产量急剧变化。这一点可以从图 11.2 中所示的生产少量电动机的销售商所提供的价格中反映出来。

其他制造成本，如工具和管理费用是固定成本，因为它们保持不变，与生产量无关，即使生产量为零，用于工具的费用、与日常有关的消耗以及非生产劳动力仍将保持不变。

通常，一个零件的成本 C 可用以下公式计算：

$$C = C_m + \frac{C_c}{n_1} + \frac{C_1}{n_2}$$

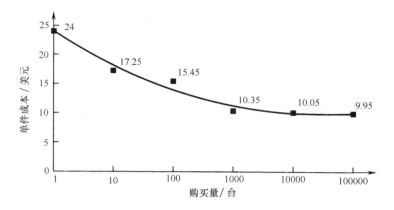

图 11.2   批量购买时每个零部件的成本样例

式中，C_m 是部件所需材料成本（原材料减去废料回收价格）；C_c 是加工工具的资本成本和所需机床与工具的部分成本；n_1 是需要加工的零件数量；C_1 是单位时间的劳动力成本；$\dot{n}_2$ 是单位时间的零件生产量。此外，如果零部件是从供货商处买的，那么文书工作与每项产品小量销售的其他管理费用也出现在 C_c 中。由上述公式绘制的曲线一般形如图 11.2 所示。在销售量低的情况下，第二项和第三项占主要部分，而在销售量大的情况下，第一项即材料成本呈渐近线。

产品总成本是制造成本加销售费用，它囊括了从生产一个产品到出厂销售的全部费用。实际的销售价格是总成本加利润。最后，若产品卖给分销商或零售店（除直接出售给客户的其他任何一种形式），那么面向客户的实际价格（即定价）是销售价加折扣。折扣是定价的一部分，它包括零售价和利润。如果设计工作是针对用在厂内的生产机械，那么诸如折扣和销售费用就不存在了。根据个别企业的核算实际，利润可能仍包括在成本中。

设计人员、描图人员和工程师的工资以及为他们提供的设备与用具都属于管理费用。设计人员除了能够有效地利用他们的时间和设备外，几乎不能控制固定费用。设计人员的最大影响在于直接成本：工具、劳动力、材料和采购件的成本。图 11.3（同图 1.2）所示为福特公司的制造成本数据，强调设计活动是低成本的。如果把采购件的成本和工具成本包括在材料成本中，那么这些成本占制造成本的 50%。劳动力成本占 15%，管理费用和设计费用占 35%。根据经验，如果一个企业生产的产品主要在工厂内完成且批量大，生产成本大约是材料成本的 3 倍，销售价格大约是材料成本的 9 倍或生产成本的 3 倍。有时把它称为材料—生产—销售的 1-3-9 法则。这一比值因产品不同而异。图 11.3 所示数据由福特公司提供，材料成本与生产成本之比为 1：2，低于上述预测值。

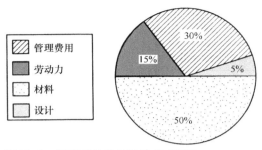

图 11.3 制造成本中的设计成本部分

将图 1.3 重新绘制为图 11.4，它表示出设计质量对生产成本的影响。正如已经提及的，设计人员会影响产品的所有直接成本，包括所有材料的类型、特殊件的购置、生产方法和由此而来的劳动时间和工具成本；另一方面，管理对生产成本的影响小，管理体现在购买设计人员要求的特殊材料时价格的谈判、工人最低工资的谈判或削减管理成本。考虑到这些因素，图 11.4 所示设计控制生产成本的 50%。

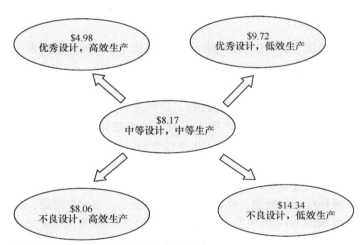

图 11.4 设计好坏对制造成本的影响

要求工程师明白的最后一个术语是利润率，它通过利润与销售价之比计算。典型情况下，对于产品开发型企业，40% ~ 50% 的利润率会带来好的利润，但若是大批量产品，利润率会下降到 10%，而对于定制型企业，利润率可能高达 60% ~ 70%。

为了更好地理解这些成本，现用价格为 750 美元的自行车举例，如图 11.5 所示。正如我们所看到的，事实上，仅有定价（List Price）的一半体现在自行车生产中(直接成本等于 360 美元)，而生产厂家仅有 171 美元的利润。但这看起来是合理的，29% 的利润率刚刚够维持生意运转。

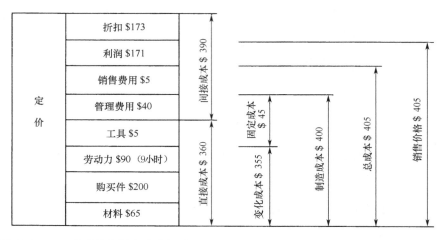

图 11.5　750 美元的自行车成本组成

11.2.2　成本估计

工程师有责任了解他所设计零部件的生产成本，而成本估计能力是通过自身的经历和有经验的团队成员以及销售商的帮助获得的。许多企业，成本的估计工作由职业人士完成，他们擅长确定不论是自己厂生产的还是外购零部件的成本。在估计成本时必须尽可能地准确，因为关于产品的绝大多数决策是建立在这些成本基础上的，在进行此项工作时，成本估计人员需要相当详细的信息。如以草案方式提供给评估人员 20 种概念设计并期待他们给予任何合作是不现实的。在许多小企业，所有的成本估计都由工程师完成。

第一次成本估计应在产品设计初期阶段进行，且需要足够的精确，以便决策原设计中哪种设计应取消，哪种设计要继续细化。在这个阶段，估计的成本在最终直接成本的 30% 以内是可能的。随着设计逐步深入并趋于最终产品，成本估计的准确性也在提高。评估人员对同类产品的估计经验越丰富，其早期的估计越准确。

成本估计过程依赖于产品部件的来源，有三种得到产品部件的渠道，即从供货商处购买的已经加工好的零部件、自己设计外协加工或制造商自己生产。

正如在第 9 章所讨论的，从供货商处购买已有零部件有很强的激励性，若购买量足够大，许多供货商会与产品设计人员合作，修改现有零部件，以满足新产品的需要。

若现存零部件或改动后的零部件没有现货，那么就必须要生产。在这种情况下，必须决定是由供货商生产还是自己生产，这是经典的"制造或采购"决策。复杂的决策是根据零部件所引入的设备资本、生产人员投入和将来企业使用相似生产设备的计划来决定的。

不管零部件是制造的还是采购的，成本估计都是极其重要的，现在来看两个基本生产方式的成本估计，即加工和注射成形。

11.2.3 加工件成本

零件的机械加工就是将不需要的材料去除，因此加工成本主要由库存材料的成本和形状、加工过程中材料去除量的多少和形状以及必须去除的精度决定。这三方面还可以继续细分成七个重要因素，由此决定加工零件的成本。

1）用什么材料加工零件？材料以三种方式影响成本，即原材料成本、加工废料量、材料去除的难易程度。前两项是直接材料成本，后一项影响劳动力投入、时间量以及零件加工所需制造机器的选择。

2）用什么类型机器生产零件？机器的类型——车床、卧式磨床、立式磨床等，它们的选用影响零件成本。不论对哪种机器，它们的选用不仅影响机加工时间，而且影响所用工具成本和夹具。

3）零件主要尺寸有哪些？它有助于确定加工零件所选用机器的大小。工厂的每一台机器的使用成本是不同的，它取决于机器的最初成本和寿命。

4）有多少个面需要加工？材料去除量有多少？正如我们所知，加工面的多少与材料去除量之比（零件的最终体积与初始体积之比）有助于估计加工零件所需时间。要想估计得更准确，还需要准确知道加工时采用何种加工方法。

5）加工零件数量是多少？一批加工零件数量对成本有很大的影响，如一件零件，使用夹具最少，但需要的安装与调整时间长；如几个零件，需要使用简单的夹具；如大批量，生产过程是自动化的，需要大量的夹具和数控加工。

6）需要什么公差与表面粗糙度？公差与表面粗糙度要求越高，需要的时间和加工设备越多。

7）机械师的劳动力费用是多少？

以图 11.6⊖所示加工零件为例分析这七个因素对零件加工成本的影响，具体分析如下：

1）材料为 1020 低碳钢。

2）主要加工机床是车床，此外还需要另外两种机床磨表面和钻孔。

3）主尺寸为：直径 57.15mm，长 100mm。原料尺寸必须比零件主尺寸大。

⊖ 通过在电子表格模板中录入这些影响因素，进行机加工零件的成本估计。

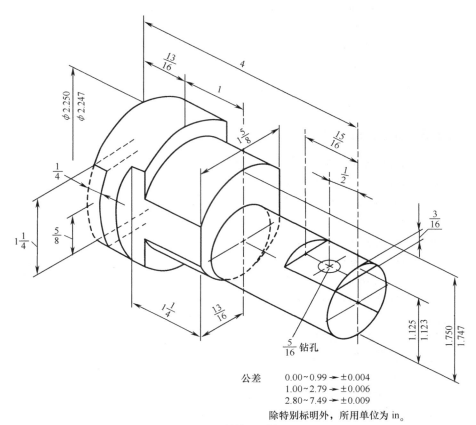

公差   0.00~0.99 → ±0.004
       1.00~2.79 → ±0.006
       2.80~7.49 → ±0.009

除特别标明外，所用单位为 in。

材料：20 钢
表面粗糙度 32μm

图 11.6 估计机加工成本的典型零件

4）有三个旋转面和七个其他类型面要加工。加工好的零件的体积大约是毛坯体积的 32%。

5）零件的加工量在下面一段讨论。

6）不同零件表面的公差不同。绝大多数平面采用一般公差，但直径是配合公差。表面粗糙度为 0.8μm(32μin)，认为是中等要求。

7）劳动力费用为每小时 35 美元，包括一般管理费用和额外福利。

图 11.7 所示为该产品零件成本与产品数量的关系曲线，表示生产每件零件所需的全部加工成本值。虽然每件产品的材料成本保持在 1.48 美元，但劳动时间和因产量引起的劳动力成本却出现下降。对于机加工零件，因为使用了计算机辅助制造 CAM，只要生产数量大于 10，批量大小对成本的影响很小。

影响制造成本的其他因素即公差、表面粗糙度和材料见表 11.1，前三行

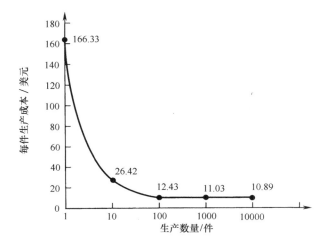

图 11.7　批量对价格的影响

表示随公差的变化。图 11.7 所示曲线采用精细公差条件下的数据,见表 11.1
中第 1 行,随着公差放松到一般要求(第 2 行)和粗糙要求(第 3 行),成本跟
着降低。

　　第 4 行和第 5 行表示表面粗糙度对制造成本的影响。图 11.7 所示曲线是
基于中等表面粗糙度要求的,随着表面粗糙度要求提高(第 4 行),成本上升,
反之则下降(第 5 行)。表 11.1 中第 6 行表示当加工材料由低碳钢变为高碳钢
时(第 6 行),因为材料成本(增加 4 美元)和加工时间增加了,生产成本变为
原来的两倍(与第 1 行比)。

表 11.1　公差、表面粗糙度和材料价格的影响

控 制 参 数		制造成本/美元
公　　　差	表面粗糙度	
1. 精细	中等	11.03
2. 一般	中等	8.83
3. 粗糙	中等	7.36
4. 精细	抛光	14.85
5. 精细	车削的	8.17
6. 高碳钢		22.45

注:生产零件 1000 件。

　　产品成本随着产品数量的增加呈指数下降。

11.2.4 注模零件的成本

大批量产品生产时较广泛采用的加工方法是塑料注射成形，这种方法对零件的形状限制少，当批量超过 10，000 件时，这种方法通常是经济的。粗略地来讲，所有影响机加工零件成本的因素也都影响注射成形零件，唯一不同的是仅用一种机器即注射机，与几何形状有关的问题发生了变化。除零件的主尺寸外，还需知道零件的壁厚和零件的复杂程度，以便确定所需注射机的大小、足够的注件脱模冷却时间、注射中空腔的数量（一次注射的零件数）和模具的成本，这很重要。

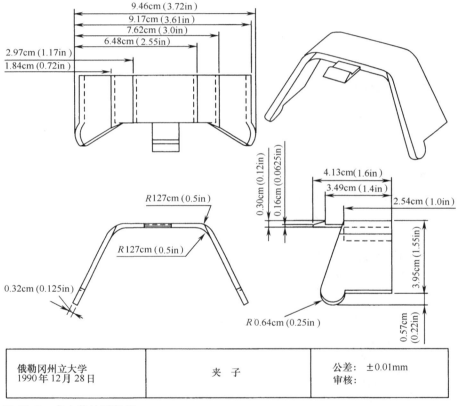

俄勒冈州立大学 1990 年 12 月 28 日	夹　子	公差： ±0.01mm 审核：

图 11.8　成本估计零件图

为证明各因素的影响，我们给出了一个夹子的成本。夹子形状和参数如图 11.8[注]所示，各因素对成本的影响如下：

⊖　通过在电子表格模板中录入这些影响因素进行机加工零件的成本估计。

1）零件平面内总尺寸是 9.46cm(3.72in)×4.52cm(1.77in)，深 4.13cm(1.6in)。

2）壁厚为 3.2mm(0.125in)。

3）零件生产量为 1，000，000 件。

4）劳动力费用为 35 美元。

5）公差要求为中等。

6）表面粗糙度不重要。

零件如图 11.8 所示，生产该零件的成本与产量的关系如图 11.9 所示，在小批量情况下，与零件成本比，制造模具的成本太高，这就是仅制作 1000 件注射产品会非常贵的原因。从经验来讲，如果产量小于 10，000 件，从成本角度讲不用注射成形。

制造成本还受零件壁厚的影响。图 11.9 中零件的壁厚为 3.2mm，若零件壁厚小于 2.5mm，零件成本会下降 18%，

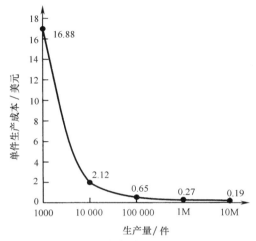

图 11.9 批量对塑料件成本的影响

其主要原因是模具需要的冷却时间由 18s 降至 13s，缩短了生产周期。

11.3 DFV——面向价值的设计

价值工程(也称价值分析)的概念是由通用电气公司在 20 世纪 40 年代提出的，在 20 世纪 80 年代发展起来的。价值工程是客户导向的方法在设计全过程中的体现，它将从关注产品成本改变为关注用户价值。价值工程的一个关键点是仅仅得到成本是不够的，还需要得到产品生产中每一特征、每一零部件和装配件的价值。价值定义为

$$价值 = \frac{特征、零部件或装配件价值}{它的成本}$$

例如一个零部件某一特征的价值由这个产品为客户提供的功能确定，因此对价值的进一步定义为每美元成本所提供的功能。

价值公式是这里谈到的整个价值工程步骤中应用的一方面，这些步骤关注零件的特征，这个方法也可以用在零部件和装配的价值工程中。

第 1 步 确保所有功能已知。对于零件的每一个特征都要问：这个特征是干什么用的？若该特征提供多个功能，这一事实必须注意。在最精细的制造水平下，采用特殊制造过程所获得的特征需要考虑，如图 11.6 所示的机加工零

件，每个旋转直径和表面、每个磨削面和孔都要考虑。如图 11.8 所示的注射塑料件，其底部半径为 6.4mm 的过渡面就是一个要多加以考虑的特征，这个面提供了许多功能。

第 2 步　识别特征成本的寿命周期。除了考虑对客户的任何下游成本外，特征成本应包括制造成本。如果特征提供了多种功能，成本应分为单项功能成本。为实现这一点，考虑当量特征，它在讨论的问题中提供唯一功能，虽然因为各功能是相互关联的，当量特征并不准确，但它给出了一个估计。

图 11.8 所示的圆弧 $(R=0.64cm)$ 特征的成本不显著。经与工具和制造工程师咨询发现当批量为 100，000 件时(图 11.9 中零件成本为 0.65 美元)，由这一特征所带来的成本为 0.02 美元，它们的合理性在于这个特征不影响劳动成本，因为即使把这一特征去掉，寿命周期也不会变化。工程师们估计，因为这个特征在模具中难以加工，它将影响注模成本的 5%，分摊在每件产品上的费用有 0.017 美元。最后，为这一特征所花的材料费为 0.003 美元，所以这一特征总成本为 0.02 美元。同时也会有争论，因为零件的结构与圆弧特征功能有关，零件结构中应包括这一特征。分析时需要决策如何分配零件的所有成本，这是对于价值工程的挑战之一。

第 3 步　识别功能对用户的价值。在理想状况下，能向用户了解产品的每项功能对他们的价值，但这不现实。为获得最少的定性的功能价值指标，需要用基于 QFD 的信息开发。如果没有正式的方法去发现用户的需求和重要性的度量，最好是问这样一个问题：这个特征对用户有多重要？

所举例子的特征与许多对用户来讲非常重要的功能有关，复杂的事情是这些功能的每一项都与其他特征相互包含。能做的最好的事情是与圆弧特征相关的功能对用户来讲价值很大，用户不需要付许多钱买到附有此特征的产品，工程师估计价值在 2.00 美元。记住这种方法比较的是相对价值，不是特征本身的价值。

第 4 步　比较价值与成本来识别相对值低的特征。如果一个特征的成本高于其他成本，但对产品又提供重要的特征，它的价值也许等同或高于其他特征；另一方面，如果成本超过其价值本身，那么就认为此特征价值低，应该重新设计。

圆弧特征对许多重要功能有作用而成本低，因此认为特征价值高。

价值的概念将在 11.5 节中面向装配的设计中继续讨论。在 11.5 节中，特征增加了可装配性，即使这些特征又减少了装配时间和由此带来的成本，它们常常提高生产成本，是否采用这些特征最好通过考虑它们的价值来裁定。

11.4　DFM—面向制造的设计

术语面向制造的设计或 DFM 已被广泛使用，但定义不够明确。制造工程师常用这个术语囊括本书中讨论的所有或一些好的实践讨论。其他人对定义的限定为仅包括易于制造的设计的改变，而对产品的概念和功能不修改。这里，我们把 DFM 定义为考虑效率、高质量生产的零件形状的获得，注意定义对象是零件。事实上，DFM 可以称为 DFCM，即面向零件制造的设计，以区别于面向装配的设计 DFA。零件的装配将在下一节中讨论。

DFM 的关键点在于详细说明零件最好的制造过程和确保零件形状加工所选择的制造工艺。对于任何零件都有许多可用的制造工艺，对于每个制造工艺都有设计指导原则，若遵循此原则，零件是一致的，几乎没有废品。例如生产图 11.8 所示夹子的最好方法是注模，因而，如果此产品免于收缩痕迹、表面缺陷和其他引起降低质量的问题，那么夹子的形状需要遵循塑料注模的设计原则。

机加工零件的制造过程要考虑加工用工具和夹具。零件在加工时必须夹紧、从模具中取出以及在制造过程中移动，零件的设计可能影响所有这些加工问题。进一步讲，工具和夹具的设计应该在零件设计过程中一起考虑，工具和夹具的设计与零件的设计遵循同样的过程，即建立需求、形成概念然后是最终产品。

> 若你对你想要选用的制造工艺没有经验，那在你使用之前一定要咨询已用过此工艺的人。

在专业分隔设计(直译为"抛过墙设计"，形容设计师与制造师隔离——译者)的时代，对难以制造或不能制造的零件，设计师有时候会把图放手交给制造师。并行工程的理念是制造工程师作为设计团队的成员，帮助避免出现上述问题。面对成千种的制造方法，如果没有制造专家的辅助，设计工程师是不可能有足够的知识完成 DFM 工作的。

本文涵盖了太多种的制造工艺，其详细内容请参考可制造性设计手册。

11.5   DFA——面向装配的设计

面向装配的设计 DFA，是一种用于检测产品可装配性的最好的方法，DFM 关注零件的制造，DFA 关注制造和装配两者放在一起，因为实际上所有产品都是由许多个零件装配而成的，装配需要花时间(即花钱)，故有足够的理由尽可能使产品的装配容易。

20 世纪 80 年代以来，有许多方法与度量设计的装配效率有关，所有这些方法需要在实施之前很好地细化设计，在本节中提到的方法正基于此。该方法组织整理为 13 个可装配性设计原则，它形成了图 11.10 所示工作表的主要内容。在讨论这 13 个原则之前，先讨论有关 DFA 的许多重要内容。

> 面向装配的设计仅当装配是产品成本的重要部分时才是重要的。

装配一个产品意味着人或机器必须：① 从仓库搬运所需零件；② 把零件

按照相互位置摆放好；③装配。因此，搬运、摆放和装配的零件数量直接与装配的便利性成比例，也与零件从仓库到最终装配位置的便利性成比例。搬运、摆放和装配零件或重新定位装配的每一个动作称为装配操作。

零件的搬运通常始于一些零件输送器，包括简单的装分散零件的箱子和由机器人操纵的每次按适当的方向送进一个零件的自动机。

零件的摆放主要考虑装配质量的检测，摆放的目的是机动地操作装配零件达到装配需要的位置和方向。比如将一个螺钉旋入螺纹孔中，首先必须使螺钉的轴线与孔的轴线对准，螺纹的底部对准孔。把零件从仓库中取出然后按利于装配的方式放置需要有许多动作，如果这些动作由机器人或其他机器完成，这些动作必须设计好或编入设备。如果零件的这些操作由人来完成，那么要考虑完成所需动作的人为因素。

面向装配的设计(DFA)				
装配件评估：　欧文 2007 年前夹钳			组织名称：　例子	
	整体装配			
1	整体零件数量最少		非常好	6
2	独立紧固件使用最小		出色	8
3	有装配特性的基础件		出色	8
4	在装配顺序中需要重新定位		≥2 位置	4
5	装配顺序效率		非常好	6
	检取零件			
6	避免复杂处理（缠绕、嵌套、弹性）的特性		绝大部分零件	6
7	设计考虑特殊送进方式的零件		很少零件	2
	零件处理			
8	头尾对称的零件		一些零件	4
9	关于插入轴对称的零件		一些零件	4
10	对称不可能，　零件很明显的不对称		绝大多数零件	6
	零件匹配			
11	直线运动装配		一些零件	4
12	容易插入和自动对准的倒角和特性		一些零件	4
13	零件可接近性最大		所有零件	8
注意：	仅对相同装配任何设计比较		总分	70
团队成员：	团队成员：	制表人：		
团队成员：	团队成员：	校核人：		审批人：
机械设计过程		由大卫 G. 乌尔曼设计		
Copyright 2008,　McGraw- Hill		Form#21. 0		

图 11. 10　面向装配的设计工作表

零件的配合装配是将零件放在一起的动作。配合装配可能环节很少，如把一个零件放在平面上或可能是将紧固件旋入螺纹孔中。常用配合的同义词是插入，在装配过程中，一些零件要插入孔里，其他零件放在平面上以及其他与销或轴的配合，所有这些情况都称为插入装配，尽管从传统意义讲可能没有什么东西真正插入，而只是放在平面上。

DFA 根据产品整个装配效率以及零件取出、摆放和配合装配的方便程度评价一个产品。装配效率高的产品有少量的零件，容易搬运而又容易装配在一起。现通过考虑对躺骑式自行车（在坐姿下骑的一种自行车）座椅框架的设计来证明装配效率。图 11.11 所示为旧支架结构，共有 9 个独立的零件，把它们装在一起需要 20 个独立操作，包括定位和焊接，装配该框支架需花费 30min。相反的，图 11.12 所示为重新设计的支架，由于在设计时将装配效率作为主要工程要求来考虑，其结果是产品仅由 4 个零件组成，需要 8 个独立操作，约共花费 8min 装配。节约劳动时间是显而易见的，此外还节约零件库存、零件搬运和与零件销售商的交涉。

图 11.11　旧支架结构　　　　**图 11.12**　重新设计的支架

指导原则与图 11.10 的工作表相似，用于新支架的设计，以提高装配效率。工作表设计用于对每件所评估产品的装配效率打分，分数从 0 至 104，分数越高，越好装配。最后的得分是同一产品不同设计或相近产品不同设计的相对评价，得分的绝对值没有任何实际意义。根据设计原则可以对原设计进行修补或改变设计方案，然后再重新评价，原产品的评价得分与重新设计的产品评估得分之差表示装配效率的改进程度。

尽管这一方法仅在设计过程的后期使用，此时产品已经进行了详细设计，以至于个别零件和紧固方法都已经确定，但是它的价值在设计过程的较早期就有体现。因为填几次评价工作表后，设计者在开发时对怎样使产品易于装配已经有感觉——这些知识会对今后的产品设计有影响。

产品的装配难易作为设计质量的一个指标仅对大批量生产有意义，因为可装配性设计原则鼓励产品中使用少量复杂零件，这类零件通常需要昂贵的工具，只有在大批量生产时才划算。

最后，根据可装配性设计原则考虑在多大程度上修改设计方案时，必须牢记装配成本与整个产品成本的关系。对小批量机电产品，装配成本仅占总制造成本的 1%～5%，因此为更容易装配而改进设计所带来的回报几乎为零，但改变设计需要额外的设计投入，并由此可能提高制造成本，因而几乎没有经济回报。

对 13 项面向装配的设计的指导原则的任何一项措施将在 11.5.1 节至 11.5.4 节中讨论，11.5.1 节给出指导原则，所有都是关于装配效率的，11.5.2 节至 11.5.4 节给出面向装配的设计的指导原则，只针对每个零件的取件、处理和配合。

> 单一零件的成本对装配没有意义。
>
> M. M. 安德森

11.5.1   整体装配评价

原则 1：整体零件数最少   装配效率评估的第一方法是基于产品中所用的零件数或子装配体数，通过估计零件可能的最小数和比较这个最小数的设计评估得到零件数，其具体评估如下：

（1）找到零件数的理论最小值   假设没有产品或材料限制，在设计中检查相邻零件组，看它们是否是真的相互分离的零件，包括紧固件螺钉、螺母和垫片。①如果设计要做机械动作，零件必须分开，如必须有相互移动或转动的零件。但如果相对运动小，可以在设计中使用弹性结构，以满足需要，这一点已经在塑料零件中使用弹性铰、用薄片耐疲劳材料充当单自由度铰链实现了。②如果零件必须由不同材料制造，零件必须分开。例如，当一个零件为电绝缘或绝热，而另一个相邻件为导体时。③如果零件不可能装配或拆开，零件必须分开（注意这里用词是"不可能"，而不是"不方便"）。

检查每一组相邻零件，看看它们是否完全需要分开。如果不是，理论上讲它们必须组成一个零件。用这种方式审查整个产品，我们提出零件数目的理论最小值。支架最小零件数目为 1，而在支架的重新设计中，实际零件数目为 4。

（2）发现改进潜力   对于任何评估产品，可以计算它的改进潜力：

$$改进潜力 = \frac{实际零件数 - 零件数理论最小值}{实际零件数}$$

（**3**）在工作表（见图 **11.10**）中评估产品

1）如果改进潜力小于 10%，说明目前设计是卓越的。

2）如果改进潜力在 11% ~ 20%，说明目前设计是非常好的。

3）如果改进潜力在 20% ~ 40%，说明目前设计是好的。

4）如果改进潜力在 40% ~ 60%，说明目前设计是合理的。

5）如果改进潜力大于 60%，说明目前设计是差的。

图 11.12 中支架的改进潜力为（4-1）/4 = 75%，说明这种设计方案是差的，但由于批量太少，而没有价值用一种方法进一步减少零件数。

对重新设计的一个产品，类似可以得到实际改进：

$$实际改进 = \frac{初期设计零件数 - 重新设计零件数}{初期设计零件数}$$

经过重新设计，典型的实际改进量变化范围在 30% ~ 60%，这让人们意识到通过重新设计产品可达到降低零件数的目的。

> 每一个紧固件都增加成本并降低强度。

为了正确地表达本原则，把本原则与设计过程的初期阶段比较，在这部分设计原理中，产品的功能性尽可能地细分，以此作为概念形成的基础（第 7 章），然后用形态学的方法对每一种功能形成开发概念。像最小化零件数目的工作一样，这会导致差的设计结果。考虑普通指甲刀的设计（见图 11.13），如果假设所有的功能是独立的而且针对每一项功能形成概念，设计结果如图 11.14 所示，这种设计是一个灾难。注意：每一个功能设计为一个至多个界面，另一个极端是用 DFA 理念设计的产品，如图 11.15 所示。

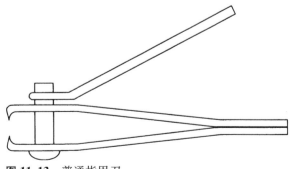

图 11.13 普通指甲刀

在产品可装配性设计的评估中，这个原则鼓励将尽可能多的功能集中在一个零件中，但这一设计理念也有它的问题。由于最小化零件数目而导致的成形

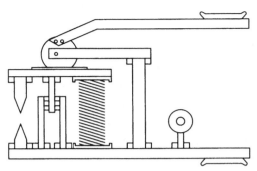

图 11.14 每一个功能有一个界面的指甲刀

（来源：由 MIT Sloan 管理学院 Karl T. Ulrich 设计开发）

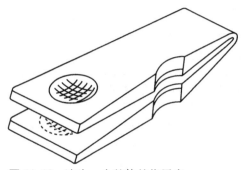

图 11.15 连为一个整体的指甲夹

工具（铸模或冲模）的成本可能高——在这儿并没有考虑进去。此外，复杂零件的公差可能更关键，制造的变化可能影响相互组对的许多功能。

原则 2：用最少的独立紧固件 减少零件数目的一种方法是将所用的紧固件降为最少，这从很多方面讲都是有意义的。第一，每用一个紧固件就要增加一个零件的操作，一个螺钉就有不止一件，还带有螺母、垫片和锁紧垫片，而每一个零件的操作一般都需要时间，典型的每个紧固件要求 10s 的时间。第二，紧固件的总成本除了零件自身成本外，还包括采购成本、盘点成本、统计成本和质量控制成本。第三，紧固件处出现应力集中，在设计中，此处是潜在的结构失效的地方。综合以上原因，在设计中，尽可能减少紧固件个数，对于大批量产品更容易做到这点，如产品可以设计为搭扣式的，而小批量生产或是使用许多采购件的产品时就难以做到这一点。

此外，在评价设计时要考虑的一点是有效利用标准紧固件的情况。采用标准化零件的最好案例是大众甲壳虫汽车，一种在 20 世纪 70 年代流行的汽车，它可以仅用一套螺钉拧紧工具和 13mm 扳手完成装配。

最后，如果紧固在一起的零件必须要拆开以便维护，要使用接合式紧固件

（即便松开紧固件,紧固件仍松松地留在被连接件上）。有很多种这样的紧固件,这种设计可以防止装配或维护时装错。

在独立紧固件个数设计方面尚无通用的规则来评价,因为评价工作表只是两种设计间的相对比较,绝对评价没有必要。显然,一项卓越的设计几乎没有分开的紧固件,即使使用紧固件,也选用标准件和尽可能用上述接合式紧固件。此外,差的设计会用到许多不同的紧固件实现装配,如果产品中有超过三分之一的件为紧固件,从逻辑上讲,此种装配是有问题的。

图 11.16 和图 11.17 所示为减少紧固件数目的方式。在注射成形的塑料制

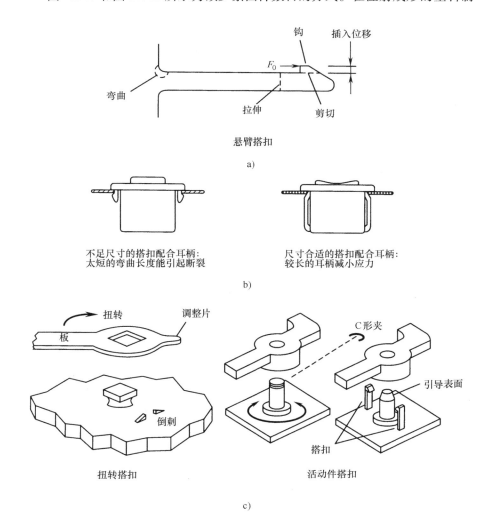

图 11.16　搭扣紧固设计

品设计中，最好的办法是通过使用搭扣配合省掉紧固件。典型的悬臂搭扣如图
11.16a 所示，在设计搭扣时最重要的考虑是插入时和连接后的载荷。在插入
过程中，搭扣像一根由插入位移引起弯曲变形的悬臂梁，因此，插入时的主应
力是梁根部的弯曲应力。所以，此点弯曲应力不能很大，以确保搭扣可以在到
达材料的弹性极限前有足够的变形（见图 11.16b）。连接后，搭扣的主要载荷
是力 F_0，它使零件连接在一起，但也会造成钩面被压碎、钩子剪切破坏和搭
扣体被拉坏（这里考虑力流）。

此外，设计时也必须要考虑解开搭扣的情况。如设备需拆开维修，设计时
考虑允许用工具或手指在 $F_0 = 0$ 时让搭扣弯曲。另一种搭扣形状如图 11.16c
所示，注意每一件有一个特性，即插入时一件弯曲，另一件承受支撑载荷。

降低紧固件数目的另一个方法是仅用一件紧固件和一个销、钩或其他界面
辅助实现零件的连接。例如，图 11.17 所示为用塑料和金属片实现该方法。

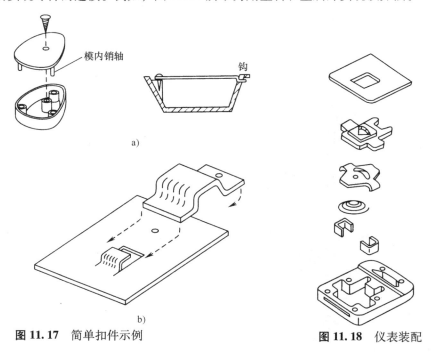

图 **11.17** 简单扣件示例 图 **11.18** 仪表装配

原则 3：设计产品中用基础件定位其他件 这一设计原则鼓励使用一个简
单的基础件，所有其他件装配在此基础件上。如图 11.18 所示的基础件为确定
其他零件位置、固定、运输、定位和支撑提供了基础。理想的设计可能像做夹
心蛋糕，一个零件或子装配体上面再有另一件。如果没有这一基础件，整个装
配可能由许多子装配组成，每一个子装配都有各自固定和传动的需要，最后的
装配需要大量的重新定位和固定。仅用一个基础件缩短了由于上述原因引入的

一些装配线的长度。

基于以上诸多方面的考虑，没有绝对的标准来确定产品的好与坏。记住基于工作表的评价是相对的。

原则4：在装配过程中不需要重新定位基准　如果在装配中使用了如机器人或专门设计的零件布局机，已经有精确的定位基准。在大批量生产中，重新定位需要花费时间和金钱，好的设计不需要重新定位基准。产品如需要两次定位，认为产品设计差。

原则5：使装配顺序高效　若有N件零件需要装配，那么就有可能存在$N!$种不同的装配方式。实际装配中，有些零件必须先于其他零件进行装配，因此，可能的装配方式就远少于$N!$种。但是高效的装配方式仅有一种。

1）努力让装配步数减少。

2）避免损坏零件。

3）在装配过程中避免产品、装配人员和机器设备笨拙、不稳或某些条件下位置不稳。

4）避免产生许多不连续的要求后续加入的组件。

因为即便是设计中一个很小的变化都会引起装配方式的最终选择，故在设计中就要考虑装配。这里举一个装配圆珠笔的简单例子来说明（见图11.19）。

第1步：列出与装配过程有关的所有零件和处理过程　从产品设计图或装配图和材料清单开始，圆珠笔装配中所有的零件如图11.19所示。对某些产品，装配零件本身包括组件和处理过程。例如，在圆珠笔中称为"墨水"的零件实际包括把墨水装入管内的处理过程。此外，某些产品需要在装配过程中检测，这些测试也可视为零件包括在装配中。最后，紧固件也可与其他固定位

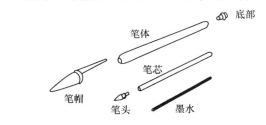

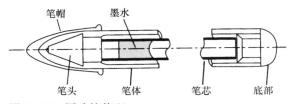

图11.19　圆珠笔装配

置的零件组装在一起。

第 2 步：列出零件间的联系，形成联系图   圆珠笔的联系图如图 11.20 所示。在图中，节点代表零件，连接代表它们之间的联系。联系图可以有环路。例如，笔可能用底部支撑着笔芯的一端，产生分界面 6，形成笔芯和笔底部之间的连接（见图 11.20 中虚线所示，并假定例子中无残余物）。

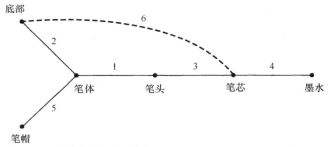

图 11.20   圆珠笔的联系图

第 3 步：选择基础件   基础件，可能在联系图的一端，亦或是一个大部件。此部件应该满足组件最少，而且允许的装配方向最少的要求。对于圆珠笔来讲，笔帽、底部或笔芯都是可选择的基础件。笔帽需要笔头在笔芯上的子装配件，因此做基础件不具有代表性。笔体需要两个方向的装配。底部也许是最好的基础件，但它难以支撑。笔体和底部哪件为基础件还需要进一步分析。

第 4 步：递归地增加下一件   用联系图为指导增加零件，对装配先后顺序的认识是很重要的。例如，在墨水装入之前，笔芯必须装在笔头上。在开始这一步之前，列出全部优先要求很有用。对于圆珠笔而言，优先要求是：

联系 3 必须优先联系 4

联系 1 必须优先联系 5

第 5 步：明确组件   组件可能由零件组成，并有严格的相互间联系，在没有拆散前可重新定位，并与其他装配零件有简单的联系。组件仅在使装配过程简化时使用，对于上述笔来讲，笔头、笔芯和墨水组成了一个组件，这可简化装配。

对于圆珠笔的装配来讲，有许多可能的装配方式。下面是其中一种，即

[2, [3,4], 1, 5] 或 [笔底部、笔体、[笔头、笔芯、墨水]、笔帽]

第一种装配顺序列出了联系，第二种列出了装配零件，括号内表示组件。

这里给出的过程对于评价装配顺序和确定顺序变化时对设计的影响非常有意义，同时也衡量了装配顺序的效率。如果所有的联系按一定的逻辑顺序连接，无组件产生且无不好使用的联系，那么这种装配顺序是高效的。如果连接顺序不能实现，有组件存在且有不好使用的联系（Awkward Connection），那么这种装配方式是低效的。

11.5.2 零件分检评价

以下措施与分检"全部零件"到"没有零件"范围的每一项指导原则相关。如果所有零件满足分检原则，那么就零件分检而言，设计质量是高的。对于不满足分检原则的零件则要重新考虑。

原则6：避免使分检变复杂的零件特征 零件的三种特性使得分检复杂化：缠绕、嵌套和挠性。如图 11.21a 所示，零件要装在箱子或盘子中，由于它们会缠绕在一起，几乎不可能被单独检出。如果设计成图 11.21b 所示方式，就不会引起缠绕。

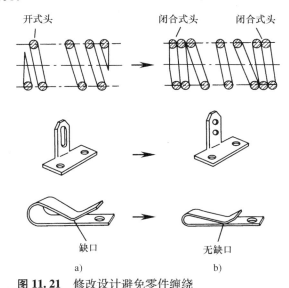

开式头　　　　　　　　闭合式头　　闭合式头

缺口　　　　　　　　无缺口

a)　　　　　　　　　　b)

图 11.21　修改设计避免零件缠绕

引起分检复杂化的共性问题是嵌套，图 11.22 所示零件互相挤塞在一起。有两种简单的解决方法，即改变内部相互锁紧平面的角度或增加防止挤塞的特征。

最后零件的挠性，如垫圈、管和金属线绳，特别难以分检和处理。在可能的情况下，尽可能不用或尽可能用短的或硬的挠性件。

原则7：为专门分检、处理和配对设计零件 在设计时就考虑到零件的装配方法。有三种装配系统：手工装配、机器人装配和专门用途的传输机器装配。一般来讲，如果年产量低于 250，000 件，最经济的装配方法是手工装配；如果年产量为 2，000，000 件，一般来讲，机器人装配方法最好；如果年产量超过 2，000，000 件，用专门用途的传输机器装配合理。这种系统需要零件分检、处理和配对。例如，手工装配的零件可以进行大量输送，必须有容易抓取的特征。另一方面，机器人的手可以自动送进，且能像人手一样从外部抓住零件，或从内部在平面上用一吸杯或用许多其他终端效应器抓取零件。

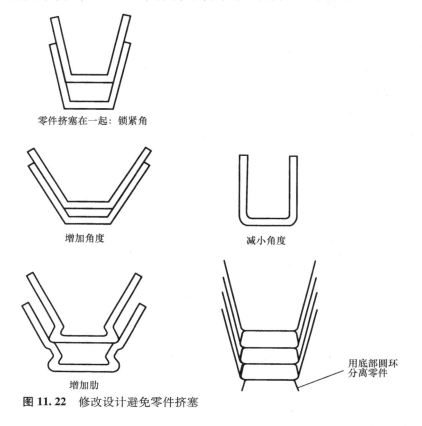

图 11. 22　修改设计避免零件挤塞

11. 5. 3　零件处理评价

下面三个基于装配的设计原则都是针对单个零件的。

原则 8：所有零件两端设计为对称的　如果在装配中零件仅能以一种方式装入，那么零件必须定好方向并以这个方向装入。此零件的定向和装入需要花费时间，且对工人的灵巧性或装配机器的复杂性有一定要求。如果装配由机器人完成，仅能从一个方向插入就要求机器人是多轴的。相反，如果零件是球形的，装配没有因果关系，装配处理就容易得多。绝大多数装配都介于上述两种极端装配情况之间。

有两种对称方式：两端对称（关于垂直于插入轴的轴对称）和与插入轴对称（在后面第 9 条中讨论）。两端对称意味着在装配时，可以从零件的任何一端首先装入。图 11. 23 所示的轴对称零件计划沿轴向装入，左边一栏零件设计为仅按一种方式装入。同样的零件进行了修改后如图 11. 23 右侧所示，它们可以从任何一个方向首先装入。对每一种情况，轴对称特性都重复使用，使零件头部、尾部两端相互对称，以便容易装配。

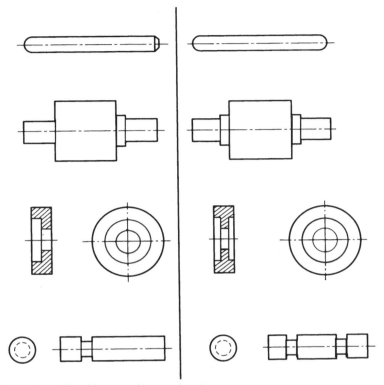

图 11.23   修改轴对称零件为两端对称

在为满足此原则或相似原则作修改之前，校核所作修改的价值非常重要。修改特性的设计会增加该特征的成本，但可能并不提高装配性。

原则 9：将所有零件设计为关于装入轴对称   虽然上述原则称为头尾对称，而设计者仍然要考虑旋转对称性。如果沿着图 11.23 所示零件的中心线装配，它们均为轴对称。图 11.24a 所示零件，如果它们在图示平面装入，就仅有一个装配方向是正确的，但是通过在零件顶部开无使用功能的槽或增加一个洞或把零件底部倒圆的办法，可以让零件在插入时有两种方向。这是一个决定性的改进。

图 11.25a 中，零件的最初设计仅适合一种方式装配。图 11.25b 所示零件，它所增加的部分并无实际有用功能，而零件有两种可能的插入方式。最后，通过修改零件的功能，如图 11.25c 所示，零件变为轴对称。设计中思考改变功能而换得装配方便是否值得很重要。如果这种变化不值得，那么要容忍不对称性。

原则 10：所设计零件关于插入轴不对称时，要将不对称性表征清楚   图

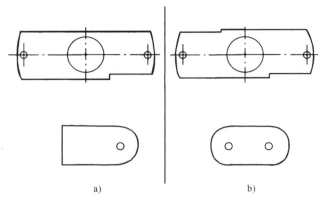

图 11.24　修改特性以实现插入轴对称

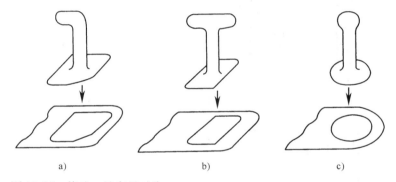

图 11.25　修改一处实现对称

a) 仅有一种装配配合方式　b) 两种可能的插入方式　c) 360°旋转对称

11.25a 所示零件明显的不对称，如果零件不对称，装配时可能会被装错，导致不能实现设计意图。在图 11.26 中左栏的四个设计零件修改后位于右栏，易于定向。这条原则的目的是让零件仅能按规定的方式装入。

11.5.4　零件配合的评价

最后，零件配合的质量应该评价。原则 11~13 提供了改进装配性的辅助设计。

原则 11：设计零件通过直线式装配实现配合，从同样的方向完成所有操作

本原则的目的是使装配运动最少，有两方面含义：零件应通过直线运动配合，而这个运动应总保持同一方向。如果满足这两个推论，装配就与前面内容结合起来了，因此，装配过程将不需要基准的重复定位，也不需要其他的装配运动，而只是直线向下（由于考虑重力对装配过程的帮助，向下是唯一受欢迎的方向）。

图 11.27a 所示零件装配中需要三个运动，而在图 11.27b 中，通过重新设

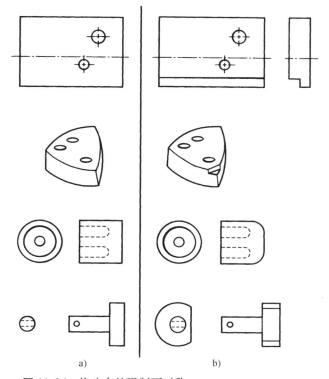

图 11.26 修改多处强制不对称

计零件间的界面，装配所需运动数减少。注意到，在图 11.27b 中，通过提高所有紧固件的质量，设计中对插入的难度减小，这再一次证明在设计中要权衡考虑。

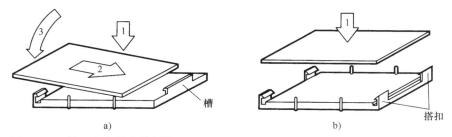

图 11.27 单一方向装入的例子

原则 12：充分利用斜面、倒角和自对准实现插入和调整 为尽可能使实际插入或配合容易，每一个零件能自对准进入所装配位置，这可以通过三种工艺实现。一种常用的方法是倒角或圆角，如图 11.28 所示。图 11.28a 所示的四个零件通过用倒角(见图 11.28b)变得易于装配。

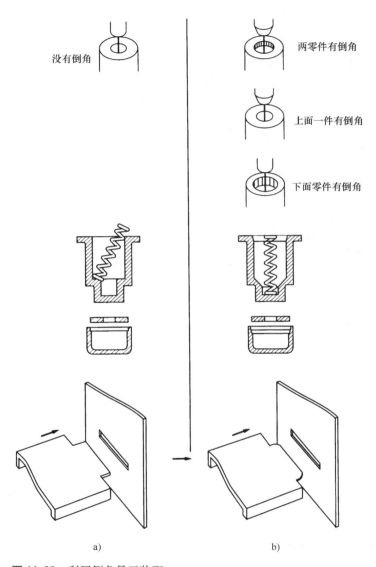

图中标注：
没有倒角
两零件有倒角
上面一件有倒角
下面零件有倒角

a)   b)

图 11.28 利用倒角易于装配

如图 11.29a 所示，在轴上倒角后，盘形件仍然难以调整并压入其最终位置，通过减小轴的一部分直径，使装配难度下降，允许盘形件与最终直径配合，如图 11.29b 所示。轴的导程部分强迫盘进入并与要求尺寸部分配合好。相似的再设计从图 11.29 下面的零件中体现，在图 11.29b 中，轴从右侧插入支架，此时轴的位置也校准了。

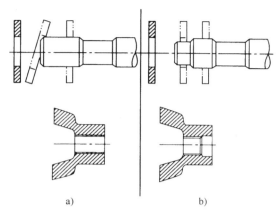

图 11.29 利用导向部分易于装配

最后，零件的顺应性或弹性用于实现易于插入的同时也放松了公差。图 11.30b 零件的配合方案不需要严格的公差；即使棒比孔大，零件也能装配在一起。

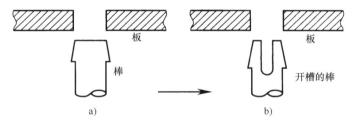

图 11.30 利用柔顺性使装配容易

原则 13：零件的最大可接近性 原则 5 考虑自身装配顺序的效率，而本原则是针对足够的可接近性。如果零件没有抓取间隙，装配会有困难。如果零件必须在不方便的情况下装入，装配效率也就相应降低。

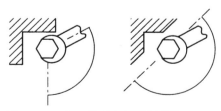

图 11.31 为工具留空间进行维修

除了要考虑装配，维修也要考虑，如为了更换一个普通计算机打印机中的熔丝而必须把整台机器拆开。在装配和维修中，必然要使用工具，必须留有空间允许放入工具和进行操作，如图 11.31 所示，有时简单的设计变化会使工具使用更方便。

11.6　DFR—可靠性设计

可靠性可用于衡量产品质量随时间的保持性。这里的质量通常是指在规定的操作条件下产品令人满意的性能。不满意的性能被认为是失效的，在计算产品的可靠性时也是如此，用于识别失效潜在性的技术称为失效模式和影响分析，即 FMEA。其最实际的应用是用作设计评估工具以及作为辅助工具来进行危险估计，这在 8.6.1 节中已经讲述（失效但不是必须出现危险；它称为危险仅在其引起的后果足够严重时）。传统意义上，机械失效定义为零件、装配体或系统在尺寸、形状或材料特性上发生的变化，这种变化使得产品失去了其设计功能。失效可能是由于时间（如磨损、材料特性退化或蠕变）或环境条件（过载、温度效应和腐蚀）引起的硬件变化所导致的。如果考虑退化或老化噪声，那么机械失效的潜在性最小（见10.7 节）。

为了用失效潜在性做设计辅助，扩展失效的含义很重要，它不仅包括在产品使用中出现的不满意变化，而且也包括设计和生产误差（如运动部分的干涉、部件不匹配或系统不满足工程需求）。

因此，更一般的机械失效的定义是指引起部件、装配体或系统无法按照原设计功能工作的任何变化或任何设计或制造误差。基于这个定义，失效有两种属性：功能影响和失效来源（如操作变化或设计或制造误差产生的失效）。典型的失效原因或失效模式是磨损、疲劳、屈服、失灵、黏结缺陷、特性变化、屈曲和不平衡。

11.6.1　失效模式和效应分析

失效模式和效应分析（FMEA），可以用于整个产品开发过程，随着产品细化而细化，此方法有助于识别哪里可能需要冗余，在失效发生后诊断失效。失效分析有五步：

第 1 步：识别功能影响　在产品开发中，对每一个明确的功能设问"如果此项功能失效会怎样？"如果功能开发与形状开发并行，这一步就容易，因为功能已经明确。但是，如果详细的功能信息得不到，这一步可以通过列出每个零件或装配体的所有功能来完成。对于重新设计的产品，某零件或装配体的功能通过检查连接或零件界面以及通过识别它们的能量流、信息流或物质流来发现。此外，从基本问题延伸出的几点考虑是"在哪个时刻，这个功能失效会发生什么?"、"在哪个序列中，这个功能失效会发生什么?"和"这个功能完全失效会发生什么?"

第2步：识别失效模式 对于每个功能，有不同的失效模式，失效模式是失效发生的一种描述，在失效发生时，其即为观察到的和检测到的。

第3步：识别失效影响 在第1步中分析的失效对系统其他部分有什么后果?换言之，如果这种失效发生了，还可能再发生什么?这些影响可能在系统中很难识别，因为系统的各功能不是独立的。许多大的灾难是由于一个系统的正常失效导致另一个系统出现了人们没有预料到的情况而产生极大灾害。如果系统保持独立，每一个失效的后果就应可以跟踪。

第4步：识别失效原因或过失 列出引起失效的变化或设计或制造过失。把它们分为三组：设计过失(D)、制造过失(M)和操作变化(O)。

第5步：确定校正的行动 正确的行动要求三部分，推荐什么行动，谁负责及实际做什么，在第3步列出的每一项设计过失中，注意在重新设计中是采用了什么措施确定过失不再发生。对于每一项潜在的制造过失也如此。对于每一项操作变化，用其产生的信息建立明确的方式来进行失效模式检测，这非常重要，而且是问题发生时对问题进行诊断的基础。对于操作变化，重新设计装置，以便降低失效模式对功能的影响非常重要。这可能包括考虑用其他设备来确保系统功能(如熔丝或过滤器)，但是所加设备的潜在失效也要考虑。使用冗余系统是另一种防止失效的方式，可是冗余可能增加其他失效模式和成本。

FMEA最好作为自下而上的工具，这意味着聚焦于一个详细功能，并剖析其所有可能潜在的失效。故障树分析(FTA，见11.6.2节)较为适于"自上而下"的分析，当使用自下而上的工具时，FMEA会增加或补充FTA，识别许多导致顶层问题的原因和失效模式，它不能发现在一个问题中涉及多重失效的复杂失效模式，或报告一直到顶层子系统或系统的特殊失效模式的预期失效间隔。

FMEA及其对FTA的依赖举例是基于火星探测器漫游者MER推进系统的设计，在其开发过程中，喷气推进实验室团队广泛应用了FMEA和FTA，这里的例子和下一节不完全以他们的工作为基础。

图11.32的FMEA分析以一个简单的模板为基础，考虑到功能是"漫游者推进"，对系统的整个分析可能有数百种失效模式，仅将其中一小部分分析展示于本例中。所识别的失效模式研究的是推进漫游者的六个轮子之一失效，正如所看到的，失效模式会有多方面影响、原因或推荐的措施。

FMEA(失效模式和效应分析)							
产品：　火星漫游者			组织名称：　喷气推进实验				
#受影响的功能	潜在失效模式	潜在失效影响	潜在失效原因	推荐措施		负责人	采取的行动
1 漫游者推进	轮子没有力矩	轮子停转	发动机失灵	确保发动机可靠性高，至少 100h99.9%可靠性		蒂姆史密森电子部	供货商需要提供故障测试结果
2		轮子停转	发动机失灵	对推进漫游者 1 个或 2 个不起作用的驱动轮的测试能力		巴布罗霍	离线对两个发动机进行测试
3	轮子被岩石卡住	轮子停转	没有能力感觉岩石	开发感觉能力，避免岩石或力矩，增加反馈		B. J 史密斯	工作进行中
4	轮子表面损伤	轮子表面太软	能抵抗磨损的特殊表面			N. 克努瓦	开展硬度测试
团队成员：		团队成员：		制表人：			
团队成员：		团队成员：		校核人：		审批人：	

机械设计过程　　　　　　　　　　　由大卫 G. 乌尔曼教授设计
Copyright 2008，McGraw-Hill　　　　　Form#22.0

图 11.32　MER 的 FMEA 举例

11.6.2　FTA——故障树

　　故障树分析(FTA)有助于发现失效模式，FTA 是在民兵导弹系统开发过程中于 20 世纪 60 年代形成的，从那时到现在一直得到应用，该方法的目标是用图表形成所有会引起系统出现失效及这些故障间逻辑联系的故障树，而且有分析方法进行故障概率计算，但是这里将仅给出该方法基本的、可用的介绍。

　　故障树由代表事件及其逻辑关系的符号建立，最基本的内容列在表 11.2 中，以 MER(见图 11.33)的故障树为例。本故障树是对"漫游者失去移动性"这一故障的一部分分析，全部故障树有数百个事件要识别。故障树自上而下构建，从一个不希望的故障(漫游者失去移动性)开始，并将其视为根("顶层事件")。构建故障树的步骤如下：

　　步骤 1：确定顶层事件。应该仅有一个顶层事件。

　　步骤 2：确定可能引起顶层事件的事件，要问"出了什么问题"，该问题不断重复直到引起失效的所有事件都确定了。寻找硬件和软件失效及人为因素。在 MER 举例中，失去移动性可能是由于驱动机构故障、操纵故障或悬架故障。

　　步骤 3：确定在步骤 2 中确定的事件间的逻辑关系，目标是确定这些新近识别的事件会独立发生(或)，或者需要一起发生(与)。例如，漫游者失去移动性可能是由于驱动机构故障或操纵故障或悬架故障，因此，在故障树中，一个"或"符号用于连接三个事件与顶层事件，故障树再往下，轮子表面损坏的原因一定是轮子搌入岩石且发动机继续转动，损坏了轮子表面。

　　步骤 4：注意故障树中哪些故障将不进一步发展，这些既不需要在今后考虑（其他考虑集中于特殊事件），也不需要细化。例如"发动机不能停止"仅是因为控制系统失灵，发动机动力无法关掉，由 MER 团队开发的控制系统的独立故障。

　　步骤 5：确定基本事件。故障树底部的每一个事件应该以基本或初始事件结束，基本事件是不能进一步分解的事件，例中"轮子卡住"、"发动机失灵"和"齿轮系失灵"不能再做任何进一步的分解。

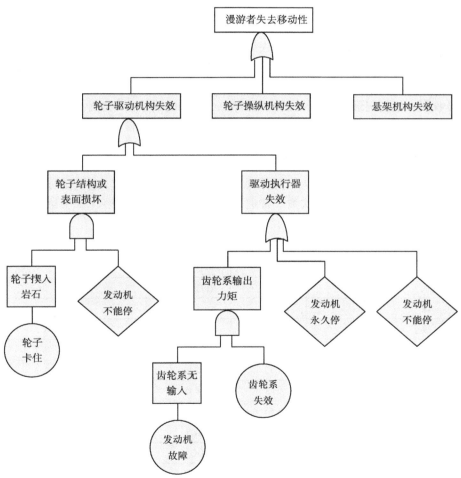

图 11.33　MER 移动性部分故障树

表 11.2 基本故障树符号

事件模块	FTA 符号	说　明
事件		一个事件，发生的事件和引起功能失效的事件
基本事件	○	基本的开始故障或失效事件
未开发事件	◇	不进一步开发的事件
逻辑操作	FTA 符号	说　明
与		如果所有输入事件发生，输出事件发生
或		如果至少一个输入事件发生，输出事件发生

11.6.3　可靠性

一旦识别出产品不同的潜在失效，就可以得到系统的可靠性，以可靠性单位表达，称为失效间的平均时间（MTBF），或失效间的平均运行时间。MTBF数据一般通过有代表性的产品样本测试后逐渐积累出。通常这些数据由服务人员收集，他们记录下所更换或修理的每一个部件的编号和失效种类。

这些数据对新产品的设计有帮助。例如，球轴承的制造商收集了多年的数据，数据显示在制造企业特定的条件下，球轴承的 MTBF 是 77,000h。一般来讲，在正常操作条件下，球轴承能持续 8.8 年[77,000/(365×24)]。当然，恶劣的条件或缺乏润滑油会大大降低轴承使用寿命。通常 MTBF 的倒数称为失效率 L，即单位时间的失效次数。普通机器部件的失效率在表 11.3 中给出，其中球轴承的失效率为 1/77,000，或每 100 万小时失效 13 次。

表 11.3 普通部件的失效率

机械失效/(次/10^6h)		电气失效/(次/10^6h)	
轴承		计程器	26
球	13	电池	
滚子	200	铅酸	0.5
轴套	23	汞	0.7
制动器	13	电路板	0.3
离合器	2	连接器	0.1
压缩机	65	发动机	
差速器	15	AC	2
风扇	6	DC	40
热交换器	4	加热器	4
齿轮	0.2	灯泡	
泵	12	白炽灯	10

（续）

机械失效/（次/10^6h）		电气失效/（次/10^6h）	
吸振器	3	氖	0.5
弹簧	5	电动机	
阀	14	分马力	8
		大马力	4
		螺线管	1
		开关	6

实际零件的可靠性由失效率信息确定。假设失效率对零件的寿命是常数———一般情况下是成立的，除了开始（早期失效）和最后（磨损）时期。可靠性定义为

$$R(t) = e^{-L}$$

式中，R 是可靠性，零部件不失效的可能性。对于球轴承

$$R(t) = e^{-0.000,013t}$$

t 为时间，因此有

t/h	R
0	1.000
100	0.999
1000	0.987
8760（1 年）	0.892
10,000	0.878
43,800（5 年）	0.566

如果测试 1000 个球轴承，在规范内其中应有 892 个一年后仍可以工作。

在产品中如果有 4 个球轴承，是否任何一个轴承失效，产品将会失效呢？设备的整体可靠性是指其所有组成的可靠性（这常称为串联可靠性）。

$$R_{产品} = R_{轴承1} R_{轴承2} R_{轴承3} R_{轴承4}$$

根据可靠性定义的指数本质，设备的失效率为

$$L_{产品} = L_{轴承1} + L_{轴承2} + L_{轴承3} + L_{轴承4}$$

对于有 4 个球轴承的产品，$L = 4 \times 0.000,013 = 0.000,052$。因此，一年后，$R = 0.634$；大约三分之一的产品会有一个轴承失效。

从本质上讲，可通过两种方式增加可靠性：第一种减少失效率，这一点可以通过减轻轴承的承载或减少轴承的转动速度实现；第二种方式是通过冗余增加可靠性，通常称为并行可靠性。对于冗余系统，失效率为

$$L = \frac{1}{1/L_1 + 1/L_2 + \cdots}$$

因此，如果产品中用了球轴承和滑动轴承，它们都可以承受载荷，那么

$$L = \frac{1}{1/0.000,013 + 1/0.000,023} = 8.3 \text{ 次失效}/10^6 \text{h}$$

可靠性评估的这种方法也可以用于复杂系统。评估中需要用失效模式模型和 MTBF。

11.7　DFT 和 DFM——面向测试和维修的设计

测试性是指测量关键功能的容易程度。例如，在 VLSI 芯片的设计中，允许关键功能检测的电路包括在芯片中。在制造过程中能进行检测，以保证在芯片制造中无错误。在芯片的整个寿命中，都可以检测，直至芯片失效。

在机械产品中，通常不可能增加结构，以使测试容易。但是，如果在前面部分已经为识别失效开发了技术，至少可以实现针对产品的可测试性措施。比如，在第 4 步 FMEA 方法中（11.6.1 节）要求列出可能引起每个失效的错误。这里附加的步骤将介绍测试性。

第 4A 步：有可能识别引起失效的参数吗？ 如果是大量的案例，其参数不能测量，产品就缺乏可测试性。

在开发可接受程度的可测试性方面，没有严格的指导原则。但是设计人员能够确保影响关键功能的关键参数能检测，在这方面，诊断生产问题和出现失效的能力增加。

可维护性、使用可靠性和维修性这些术语均可用来描述产品诊断和修理的方便程度。在 20 世纪 80 年代以来，主流理念是去设计完全可以任意使用的或由可以任意使用的能拆卸和置换的模块组成的产品。这一点与在第 1 章介绍的汉诺威原则及第 11.8 节 DFE——面向环境的设计直接矛盾。这些模块通常包含功能尚存的零部件连同不合格的零部件。模块结构强迫更换同时存在好零部件和坏零部件的模块。这种理念是当时典型的"丢弃"态度特征，在这个时期设计的产品通常易于更换而难以修理。一种不同理念是设计的产品在任何功能水平上都易于诊断、拆开和修理。正如人们所讨论的，将可诊断性设计用在机械产品中是可能的，但这需要额外的努力而且其价值可能会遭到质疑，这也适用于设计易于拆装和修理的产品。因为面向装配的设计方法的指导原则并不指导易于拆卸的产品的设计，所以还需要特殊考虑，以确保易于拆卸，如果需要，搭扣装配要考虑解开，拆开顺序也应像装配顺序一样仔细考虑。甚至如果产品在其使用寿命结束后可重复利用，产品可拆卸性也很重要。这一话题将在11.8 节讨论。

在你希望的地方失效，设计机械中的熔丝。

可维修性设计的一个重要特征是"机械熔丝"的概念，在电气系统中，让熔丝熔断以便保护其余的电路，在机械设备中也应这样，在厨房大马力桌面搅拌器中用好机械熔丝，可以搅拌做面包的生面团的大功率设备足以把手指和手臂折断，因此若有什么东西挤入搅拌器，机器就停止工作。为了修理，你必须把外罩取掉看到众多齿轮之一发生故障，这个齿轮是塑料做的，而其他全部是由钢材做的，该齿轮为折断设计，能在当地维修店买到。

11.8 DFE——面向环境的设计

面向环境的设计也常称为绿色设计、环境意识设计、寿命周期设计或可再利用性设计。在设计过程中，考虑环境因素作为重要要求始于 20 世纪 70 年代。直到 20 世纪 90 年代，它才成为设计领域的一个重要问题。面向环境的设计主要考虑内容如图 11.34 所示，其中的箭头代表从地球上或生物圈获得的且最终返回其中的材料。图中所有的主要的绿色设计问题都考虑到了。

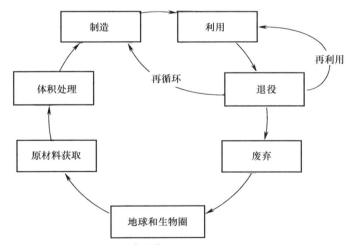

图 11.34 绿色设计寿命周期

当一个产品的使用寿命结束时，零件可能有三种处理方式：处理掉、再利用或回收。对许多产品来讲，除了处理之外没有其他考虑。但是，在 1995 年，美国 94% 拆毁的小轿车和货车被拆卸和切碎，它们总重量的 75% 的东西被回收。在 20 世纪 70 年代和 80 年代，有一种设计强调处理产品，现在，越来越多的工厂正试图进行基于再生或重复利用退役产品零部件能力的设计。

例如，即便对于单用途照相机也出现在使用后处理的现象，柯达（Kodak）

回收了 41,000,000 台或占销售量 75% 的相机。此外，施乐（Xerox）重新利用或回收了 97% 的他们制造的碳粉墨盒零件和组件。

> **你要对你产品的资源利用负责。**

对整个产品寿命周期的关注因经济学家、客户的期望和政府的规定而增加。首先，对一些材料再生的消耗比处理新的原材料的成本低，特别是如果产品所在设计易于从单一材料制造的部件中拆卸时。如果材料难以分离或一种材料中包含了另一种，相反地影响了材料性能，分离成本增加。而且近年来许多工程师和客户逐渐具有原材料资源有限的意识。

此外，消费者增强了环境意识，意识到回收的价值。因此，如果生产厂家污染环境、产生额外的废物或生产的产品明显对环境有负面影响，会被公众蔑视。

最后，政府的规定推动了人们对环境的注意。在德国，制造商对他们产生和使用的所有包装负责，他们必须收集和再循环利用这些包装。而且，奔驰和宝马正在设计新型小轿车，以实现能收集和再生。欧洲联盟的法律正强制这些公司对其产品的整个寿命周期负责。

在评价产品的"绿色"中，下面要提到的指导原则帮助确保环境设计问题受到重视。指导原则是第 1 章介绍的汉诺威原则的工程设计细化，用于比较在 11.5 节中谈到的面向装配的设计（DFA）的两个设计实例。

指导原则 1：意识到产品所使用材料的环境影响　图 11.34 中，每一步都需要能量、产生废品并可能耗尽资源。尽管对于设计工程师来讲要求他们知道所用的每种材料对环境影响的详细情况是不现实的，但是了解对环境影响大的那些材料是非常重要的。

指导原则 2：设计可分离性高的产品　考虑可拆卸的设计指导原则与考虑可装配的设计指导原则相似。即如果使用极少的部件和紧固件、它们容易分开、零部件易于处理，那么产品易于拆卸。其他有助于提高可分离性的方面有：

1）使紧固件紧、松容易。

2）避免层压不相似的材料。

3）少量使用粘胶，并尽量使用水溶性胶。

4）线路电线容易清理。

表示可分离性的一个简单指标是从其他材料中容易分离的材料的百分数。

如果零部件的某些部分可再使用，设计人员必须考虑拆卸、清理、检查、分类、改进、更新和再装配。

指导原则 3：可再利用的零件设计为再生的零件　一个设计目标是仅使用可再生材料。汽车制造商正在向此方向努力。循环利用有五步：取回、分离、识别、再处理和销售。这五步中，设计工程师最有影响的是在分离和识别方面。分离在指导原则 2 中强调了。识别的含义是在拆卸后能够准确分清制造的每一个零件所用的材料。除个别外，绝大多数材料在不用实验测试的情况下很难区分。通过使用标准符号使识别变得容易，如用在塑料中的符号可识别聚合物的类型。

指导原则 4：意识到不能再利用或回收的材料对环境的影响　目前，18% 的掩埋固体垃圾是塑料，14% 是金属。所有这些材料都是可再利用或可回收的。如果产品没有设计为可再回收或再利用，它至少应是可以降解的。设计者应该意识到产品中可能降解的材料的百分数和降解这些材料所用的时间。

11. 9　小结

1）成本估计是产品评价过程的重要部分。

2）特性应依据功能价值——成本来进行判断。

3）面向制造的设计应集中在零件的生产上。

4）面向装配的设计是评估产品装配难易的方法，对于大批量生产的模铸产品最有意义。对这种技术的评估给出了 13 条指导原则。

5）功能性开发引发了洞察潜在失效模式。这些模式的识别会引导设计出更可靠和容易维护的产品。

6）环境设计强调关注能源、污染和在产品原材料处理过程中资源的转化，同时也特别关心在产品使用寿命结束后，产品的回收、再利用或处理。

11. 10　资源来源

Boothroyd, G., and P. Dewhurst: *Product Design for Assembly,* Boothroyd and Dewhurst Inc., Wakefield, R.I., 1987. Boothroyd and Dewhurst have popularized the concept of DFA. The range of their tools is much broader than that of those presented here.

Bralla, J. G.: *Design for Manufacturability Handbook,* 2nd edition, McGraw-Hill, New York, 1998. Over 1300 pages of information about over 100 manufacturing processes written by 60+ domain experts. A good starting place to understand manufacturing.

Chow, W. W.-L.: *Cost Reduction in Product Design,* Van Nostrand Reinhold, New York, 1978. An excellent book that gives many cost-effective design hints, written before the term *concurrent design* became popular yet still a good text on the subject. The title is misleading; the contents of the book are a gold mine for the designer engineer.

Lazor, J. D.: "Failure Mode and Effects Analysis (FMEA) and Fault Tree Analysis (FTA)," Chap. 6 in *Handbook of Reliability and Management*, 2nd edition, 1995, http://books.google.com/books?id=kWa4ahQUPyAC&pg=PT91&lpg=PT91&dq=fault+tree+analysis+fmea&source=web&ots=3WLMe58qxy&sig=by3Lbbpi3Uxy8KIMEEnEbsyc9qM&hl=en

Life Cycle Design Manual: Environmental Requirements and the Product System, EPA/600/
R-92/226, United States Environmental Protection Agency, Jan. 1992. A good source for
design for the environment information.

Michaels, J. V., and W. P. Wood: *Design to Cost,* Wiley, New York, 1989. A good text on the
management of costs during design.

Nevins, J. L., and D. E. Whitney: *Concurrent Design of Products and Processes,* McGraw-
Hill, New York, 1989. This is a good text on concurrent design from the manufacturing
viewpoint; a very complete method for evaluating assembly order appears in this text.

Rivero, A., and E. Kroll: "Derivation of Multiple Assembly Sequences from Exploded Views,"
Advances in Design Automation, ASME DE-Vol. 2, American Society of Mechanical
Engineers—Design Engineering, Minneapolis, Minn., 1994, pp. 101–106. More guidance
on determining the assembly sequence.

Trucks, H. E.: *Designing for Economical Production,* 2nd edition, Society of Manufacturing
Engineers, Dearborn, Mich., 1987. This is a very concise book on evaluating manufac-
turing techniques. It gives good cost-sensitivity information.

11.11　习题

11.1　在习题 4.1 中，为使开发的产品适应设计问题，估计材料成本、制造成本
和销售价格。你估计的准确程度怎样？

11.2　在习题 4.2 的重新设计问题中，估计由你的工作导致的销售价格的变化。

习题 11.3 和 11.4 假设可获得成本估计的计算程序或供货商提供评估帮助。

11.3　估计简单机加工零件的制造成本：

a. 比较生产量分别为 1、10、100、1000 和 10,000 件，中等公差和中等表面粗糙
度要求时的制造成本。解释为什么 1~10 件价格有很大变化，而 1000~10,000 件价格
变化较小。

b. 比较配合公差、中等公差和表面粗糙度在批量为 100 件时的成本。

c. 比较使用不同材料时的制造成本。

11.4　估计塑料注模件的制造成本：

a. 比较产量为 100、1000、10,000 和 1,000,000 的制造成本。公差等级为中等，
表面粗糙度不重要。

b. 比较公差改变时的成本。

c. 为什么材料的变化对于小批量(如 100 件)塑料注模件的成本没有本质的影响？

11.5　对所列设备之一进行可装配性设计评估。根据你的评估，提出改进产品的
建议。注意所提出的改变建议不影响设备的功能。对于每一个改进建议，估计其价值。

a. 简单玩具(少于 10 件)。

b. 电烙铁。

c. 厨房搅拌机或食物处理器。

d. ipad、盒式磁带机或磁盘播放器。

e. 由设计问题(习题 4.1)或重新设计问题(习题 4.2)产生的产品。

11.6　选择习题 11.5 中的设备进行失效模型和影响分析。

11.7 对习题 11.5 中的产品之一，进行可拆卸、再利用和回收的评估。

11. 12　网络资源

以下文档模板在书的网站上获得，网址：www. mhhe. com/Ullman4e

1）机加工件成本计算。

2）塑料件成本计算。

3）DFA。

4）FMEA。

第 12 章

设计过程包装和产品支持

关键问题

- 发布产品还需要哪些文档？
- 在支撑供货商和顾客之间的关系中什么是重要的？
- 工程如何改变管理？
- 你如何申请专利？
- 为产品的全寿命设计是什么含义？

12.1 概述

我们已经取得很大进展。我们从产品的需求开始到为产品的开发进行计划。然后，我们从产品的定义进行到概念设计。随后，我们又努力把这个概念变成可以制造的产品。图 12.1 是图 4.1 的重印，让我们更容易了解这个过程。

这一章包装设计过程讨论是设计过程最后阶段的一些工作。即使一些技术得到了最终由一个包含具体细节的固体模型组成的设计，而且由这些模型绘制出零件图和装配图，得到材料清单，这个过程也还没有结束。我们还需完成全部文件，并在产品投入生产和进入市场以前通过最后的设计审查。此后，设计者还可能要参加产品的更新和退役。

图 12.2 给出了产品支持所需要的各种活动的细节。虽然在本书中使用的所有最优方法可以编制出产品开发所需的许多文件，但还是需要一些其他的文档，将在本章第 2 节中介绍。

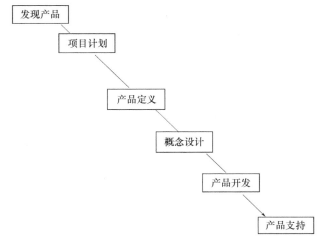

图 12.1 机械设计过程

当一个产品接近于生产阶段时，工程师的大部分活动可能要和供货商、制造商和装配工程师相互沟通。没有这些合作者，产品永远也不会到达顾客手中。如果一个产品是为某个特定客户开发的，当产品接近最终完成时，可能和客户代表之间还会有大量的交流。一个工程师与利益相关者的关系本质将在本章中阐述。

理想情况是，在产品开发过程中都做出了正确的决定。然而，现实是，零件的制造过程中将会有些变化。处理好这些变化是工程师的一个重要责任。事实上，工程师在承诺已有产品的维护时，工作的全部可能就是这些变化。处理变化并不容易，这里介绍保证成功变化的方法。

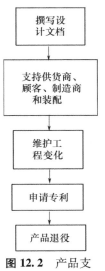

图 12.2 产品支持的细节

如果一切进展顺利，其中的一些概念可能就会发展成专利。在概念设计阶段，可以把专利文献当作创意的来源。在本章中，会阐述怎样申请专利。

最后，还会关注产品的退役。在第一章中，介绍了汉诺威原则，在第 11 章中又介绍了为环境而设计。这些内容集合起来都是关注与在产品处于它的有用寿命周期最后阶段将会发生什么。本章的最后部分也会关注这些内容。

一旦完成所有的这些活动，当产品最终完成，而且所有文档都就绪时，一般最后还有一个设计审查。只有通过这些审查后，产品才能够作为成果进行发布。即使一个产品已经经过这个审查后进行改善，也不意味着它能够被制造。一个工程师能够花很多年的时间设计一个产品，但在产品发布之前项目也能被取消。然而，如果一个产品的设计质量在及时性和成本效益方面契合了顾客的要求，则产品被核准的可能性就会大大增加。本书中给出的一些技术、经验关注于这种正面的输出。

> 文件好像美味的馅饼上难啃的硬壳，你必须吃掉它才可以清洁你的盘子。

12.2 设计文档和交流

前面几章介绍了很多最好的设计实践，是为了帮助开发产品。这些技术成果的文件连同设计团队成员的个人设计笔记本、图样和材料单，组成了产品研发演进的记录。此外，还有回顾设计过程的总结。所有这些信息组成了设计过程的完整记录。大多数公司把这些信息资料归档保存用作产品演进的历史，或在专利有争议或受到诉讼时使用。

除在设计过程中产生的信息资料以外，还有许多在产品寿命周期中后期需要交流的信息。这一节简述需要开发和交流的各种类型的附件和文件。

12.2.1 质量保证和质量控制

即使在设计过程中质量已经作为主要问题考虑过，也还是需要进行质量控制（QC）验证，为了与设计文件相一致，必须注意检查所进的原材料、加工成的零件和装配件。设计团队的工业工程师通常有责任对提出的问题推出质量控制措施：什么是必须检测的项目？如何测试？间隔多长时间测试？

如果产品是由政府机关的标准制约的，则必须编写质量保证（QA）文件。例如药品是由食品与药物管理署（FDA）控制的，所以医疗设备生产单位必须持有在生产产品中所用的各种材料和工艺过程的质量保证详细文件。FDA 的检验员可能不预先通知就来调查且要求查阅这些文件。

12.2.2 制造规程

一份好的生产图样应该有制造一个零件所需的全部资料。尽管如此，每个工厂都有一定数量的加工设备、模具和夹具，以及制造每个零件的工艺过程。工业工程师的主要责任是开发这些制造规程。在小型工厂中，若没有工业工程师，则编制制造规程就可能成为产品设计师的任务了。

12.2.3 装配、安装、操作和维护说明书

所有购买到的产品，打开包装就会看到有一个"安装说明"。然后，在读这些指南时会发现它们很费解。类似的，许多软件使用手册也不能够解密。在

一些小型机构中，工程师常被要求撰写装配、安装、操作和维护的说明书。在大的机构中，工程师可能是和专业的人士来完成这些文档。无论如何，了解撰写一套好的说明书需要些什么是重要的。

对于许多产品安装说明是全部设计包装中的一部分。这些说明对产品的安装讲得很清楚，一步接一步。无论是用机械安装还是手工安装，这些说明都是必要的。撰写安装说明尽管很乏味，但也能启发设计师使安装（如装配顺序，11.5 节）进一步完善，也可开发安装所需的模具和夹具。安装说明书包括开包取货的介绍和连接电源、支架及环境要求。同时包括初始启动和开机检测。对于许多系统，这些是产品最后包装时的主要部分。操作说明包括如何在常规活动范围内的操作方法。各种模式——启动、暂停、应急操作和关机都需要描述。如何判断设备失效也应包括在说明书中。最后，所有的产品都需要维护。维护说明要和操作说明一起提供。维护说明的范围，从最简单的设备表面清洁到整体的分解和检测都应包括。

虽然撰写说明书看起来不太像是适合"工程师"的工作，但是撰写过程有助于工程师从一个独特的角度了解产品。它迫使工程师扮演装配者、安装者、操作者和维护者的角色。事实上，如果在产品设计的初期就开始撰写说明书，有助于理解产品。

一些撰写说明书的方法如下：

1）尽可能多地阅读类似的安装说明。许多公司都把安装说明发布在网上，或者可以打电话给公司总部索取一个副本。

2）将说明书分成几个部分，使它们容易获得答案。不要按照开发产品的顺序去写说明书，应该按照将要进行的装配、安装、操作或维护的顺序去写。了解它们之间不同之处的最好方法是顺着产品装配、安装、操作和维护的顺序走一遍，假设没有任何知识，就如手拿说明书的读者一样。

3）招募一些不熟悉这个产品的使用者来检验安装手册。最好是将手册发给他们，看着他们根据说明书进行装配、安装、操作或维护产品。在观察中不要说任何话，这是很重要的。目睹设想中有多少是对的是非常奇妙的事情。需要观察说明书是否容易使用，或者是否需要查找、重读和解释。说明书需要包括一些短的段落说明过程，加上一些相关的数字或项目符号列表、图片、照片或截屏及使用者遵循的步骤。大段的说明文字是很难使人接受的。

4）使说明书内容集中。解释最基本的行为和如何去完成。使说明简洁明了，不必解释每一个把手、按钮和菜单项。

5）在附录中加上法规警示。在说明书需要这些时，要采用正确的方法加上；否则满页是法规警示会增加使用者的焦虑水平和减少使用该产品的快乐感。更进一步的，人们会跳过它，所以他们是无效的。咨询律师以确认使用了正确的词语，以保护公司和雇员避免负担一些潜在的责任。如果产品可能产生潜在的危险时，必须要说明，这一点是非常重要的。

6）聘任一个出色的专业作者。说明书作者应该是设计团队的一部分。如果理想，应该先写说明书，帮助理解来自用户的声音。

12.3 支持

虽然没有常常考虑到把这项工作作为设计过程的一部分，但是后面的支持工作常占去工程师大量的时间。估计工程师 20% ~ 30% 的时间用在支持现有产品上。支持工作包括保持与供货商的关系、与顾客接触、支持制造和装配以及保持变更（见 12.4 节）。

12.3.1 与销售者的关系

自家独立制造的产品是极少的。实际上，很多公司自己并不加工零件，而只是指定产品、装配、销售或销售别家制造的产品。其他仅仅是定购而且不生产任何产品。因此对于大多数公司来说，与供货商的关系是至关重要的。在 1980 年以前，大公司可能有几千个供货商，从每一个当中选择低价制造的零件或部件。然而，这些公司意识到这是不良的经营方式，因为价格最低的零件即使符合规范的要求也并不总有最好的质量。另外，管理好成千上万的供货商证明是花费非常高而且是困难的。

到 20 世纪 90 年代，从设计项目一开始就把供货商吸收到设计团队里来。这样做是为了容纳较少的供货商，授权他们为产品的"利益相关者"，并要求采用有组织的设计过程。实现从采用低价投标者转变到现实的合伙者，需要改变关于公司与供货商关系的观点。大多数公司把供货商的数量减少了一个数量级。现在许多公司只从小规模的名单中选用供货商。在某些情况下，产品制造公司与供货商有经济权益，反之亦然。

下面的一些指导方针有助于建立和维护与供货商之间一个良好的关系：

1）知道和供货商的目标。构建与供货商之间的强健关系不只是意味着降低产品和服务的成本，它还能提高投入到生意中的价值，减小解决供货方案的时间，减小编制等。确定好部门或公司的目标和宗旨，而且仅和那些与公司目标一致的供货商合作。供货商的目标可能包括建立一个卓越的中心，进入一个新的市场，通过分享一个产品生产线获得市场，拓展工业领域等。在两者关系中，了解供货商的目标及确定公司怎样适应这些策略是非常重要的。当供货商的目标和工程师目标一致时，这种关系就会成功，因为两者为了一个共同的结果而工作。

2）定义一个清楚关系原则。仅仅在产品出现问题的时候才和供货商见面从一开始就是一个有问题的关系。两者都失去了之间的关系。清楚地确定一个定期的，并且有确定时间表的与供货商会议制度，对于双方了解目标、需求、想法和其他行动项是非常关键的。两个团队都要清楚双方的责任，即谁该负责预期的结果。预先明确这些是成功的关键因素。

3）早些引入供货商。在与供货商接洽时，工程师不能够承担延误和大量的改变。应在产品开发早期把他们作为顾客，把他们引入团队，在设计产品时，引入他们的专门技术。

4）建立关系。使供货商认识到这种关系对双方团队来说是双赢的，是重要的。如果和一个特别的供货商做了很多生意，他或她就会因为你的忠诚，通过打折来回报你和激励你。他们甚至可以摆脱常规来帮助你，例如你需要加快某个订单的运送速度，他们会加快装船；或者接受延期的订单。双方需要有一个接触点，而且他们之间需要互相了解。

5）对供货商要尊重。任何一种关系的黄金定律是："希望别人尊敬和诚实地对待你，你就要这样对待别人。"对待供货商就像对待你的客人一样，作为回报，他也会像对待客人一样地对待你。所有成功的关系都是建立在相互信任的基础上。只有和供货商之间以一种良好的关系工作，才能够保持住你们的关系。同样的，和供货商的沟通要坦诚和热心。

6）沟通。撰写出的任何内容都要体现责任感，不仅仅是销售量、支付、支付方式及其他。任何认为造成误解或者后期造成与供货商之间紧张关系的问题必须事先写出来。当有疑问时，要说出来。人际关系中起作用的法则同样是维持你与供货商之间健康关系的可靠经验。不良的沟通将有损于你们之间的关系，如用"这不包括在合同中"而不是用"我们怎样才能帮助你？"

7）要专业。事物在寿命周期内总是会出问题的。当在关系中出现问题时，聪明的做法是冷静和实事求是地处理这些问题，以便于不破坏你们之间的关系。

12.3.2 与客户关系

虽然许多公司隔绝他们的工程师与客户的联系，但是其他一些公司却努力使客户与工程师密切联系，以便直接得到反馈信息。大多数公司都设有产品服务部，可以每天掌握客户的信息，并将这些信息进行整理，再交给工程师。这对开发新产品既是必需的，但也带来问题，即减慢了速度。但一些直接的接触促进了产品开发者了解产品是怎样使用的、产品的良好性能和不好的性能。

其他一些公司，特别是那些批量小的生产厂家直接使工程师和客户一起工作。采用质量职能调度这类方法使这种沟通产生正面和有用的作用。

12.3.3 与制造和装配的关系

在第 1 章关于按专业分隔设计方法中介绍了由设计到生产的信息流，而没有信息反馈。现代大多数公司都试图努力保持这两组人员之间的交流，目的是使制造和装配中导致改变的问题能够最少。这些方法已经在产品寿命周期中有所阐述，DFM、DFA 和 PLM 都有助于消除商业活动中的分隔设计。例如，援引一个克莱斯勒霓虹灯设计经理的话："过去常常习惯于工程师将项目在批量生产之前的 28 周移交给装配工厂……现在，霓虹灯项目中，工人们在第一项工作之前 186 周就和工程师见面了。"在霓虹灯开发的不同阶段，工程师和制造商、装配者进行交流，共同为汽车产品做准备。这些会议关注如何使产品更易于制造和装配。对于克莱斯勒这样规模的公司，这些信息交流是有意义的。

12.4 工程变更

虽然本书鼓励在设计过程中早些进行改动，但是在产品投产后还是会发生变更（见图 1.5）。变更的发生是由于：

（1）改正那些以前不显著，直到检验、建模或者客户使用时才发现的设计中的错误。

> 只有完美的产品永远不会改变，然而没有什么东西可以称为是完美的产品。

（2）客户要求改变，需要对产品的某一部分重新设计。

（3）材料或者制造方法的改变。它可能是由于材料的短缺、供货商的改变或对设计错误的补救。

改动一个验收过的结构，需要有工程变更通知（ECN），也称为工程变更指令（ECO）。工程变更通知是要改变验收过的最终文件的内容，因此它本身也要经过验收签署。如图 12.3 所示，工程变更通知中至少有如下内容：

1）说明要求改动什么。这部分必须包括零件号和名称、表明零件或部件细部的图样。

2）改动的原因。

3）对改动的描述，包括改动前后的零件图。一般只画出改动影响到的那部分的细部图形。

4）列出改动影响到的文件和部门。进行改动时，最重要的是所有相关部门都要通知到，而且全部文件都要更新。

5）对改动的审核认可。对于零件图和装配图的改动，必须得到管理部门的审查认可。

6）规定什么时候开始改动——立即执行改动（废弃现有库存）、在下一轮生产周期或某些其他重大事件时开始改动。

工程变更通知单	
设计部门：	日期日期：
变更的主题：	
变更原因：	
变更描述(包括作为附件的图样及页数)	
变更的影响： □材料清单	团队成员：
	团队成员：
	团队成员：
	团队成员：
	编　写：
	审　核：
	批　准：
机械设计过程 Copyright 2008，McGraw-Hill	由大卫 G. 乌尔曼教授设计 Form#26.0

图 12.3　工程变更通知

12.5　专利申请

　　在第 7 章中，已经把专利文献作为概念产生的一个来源。在开发产品过程中，有时萌发出新的概念，而且是还没有被已有专利覆盖的概念，此时可申请专利。

　　几乎任何新的、有用处的，而且没有发现的机械装置或工艺过程都可申请专利。在获得申请的专利时，发明人主要是与美国政府有关组织订立合同，如在相关专利章程中规定的，发明人被授予从申请批准授权之日开始，对这一概念的专利权为 20 年⊖。在许多情况下，合同是由发明人的雇主被称为"代理人"的人，与政府有关组织签订的。许多雇主都要求发明人和其签署一份同意书以声明所有的想法均属于雇主，所以许多工程师的名字作为代理人出现在专利中。

　　作为接受专利授权的回应，发明人必须通过专利的公布全部公开其概

⊖　1995 年以前，专利由颁布之日开始有效期为 17 年。

念内容。这一专利制度允许全社会从这一概念受益，而仍然保护了发明人的利益。

> **专利给你自诩的权利和按法律诉讼的许可。**

实际上，专利只是给予发明人推广它的权利。换句话说，如果专利的持有者没有能力对侵犯专利的机构提出诉讼，则这个专利实际上没有用处。因为诉讼可能是很贵的，持有专利的个人或公司必须做出决定，是容忍侵犯还是提出诉讼。

不论是否申请专利，每当出现新的有申请专利潜力的概念时，就写一份技术交底书，这是一个好的想法。技术交底书是概念的描述，内容有：署名、日期、证明人。对设计概念的描述应写出特定的范围——专利权项。专利权项应写明此装置新的或独有的结构特征及其用途或功能。技术交底书是提出概念的第一时间的法律文件。

专利通常有两种形式：设计专利和实用专利。设计专利只与申请对象的形式或外形有关。因此有多种牙刷的设计专利，每种牙刷的外形都不相同。相反，实用专利保护概念的功用或功能方面的要求。在第 7 章讨论过的和这里涉及的只是实用专利。实用专利适用于工艺过程、机器、加工技术或材料组成。

申请专利要花费时间，但并不特别昂贵。图 12.4 表示出由个人或通过律师提出申请专利所涉及的各个步骤。

第一步是准备专利说明书或内容说明书，成为专利文件。专利说明书的基本内容如图 12.5 所示。在准备专利说明书时，最好请专利律师协助或参考写有专利有关细节和专利申请书典型格式的参考书。专利管理机关在收到专利申请书后三个月内确认提交并接受申请，以供考虑。在申请接受以后，会使用"专利申请已受理"的说法（"专利申请在进行中"一词常见于产品的说明，没有法律意义）。

专利申请的第二个步骤在申请书归档后开始。专利管理机关把申请书送给在该专利应用领域对专利技术熟悉的审查人员。审查人员审阅申请书并调研专利文献。对申请书的初审和其后与申请人沟通的复审需要几个月甚至几年时间。第一次的申请极少能立即被审查人员接受。更可能的是他或她不同意文件本身或专利说明，或者否决一个（或更多的）专利权项要求。

文件中的问题常是专利正文和插图的格式不符合硬性规定。专利说明中的问题与专利权项要求的内容有关。因为专利权项要求界定了发明内容，它们是专利的核心，所有其他信息资料都是为了支持专利权项要求。

在申请人和专利审查人员对专利申请书取得一致意见以后，专利管理机关发出许可的通告。这就意味着这一专利将被发布，并缴纳发布的费用。专利申请的批准量大约是 65%。实际上所有这些专利已经在申请过程中作了大量的修改。

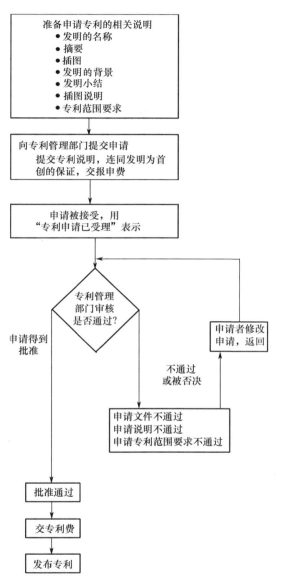

图 12.4　申请专利的步骤

专利说明书	
设计单位	日期
发明名称：	
摘要：	
发明背景：	
发明汇总：	
说明图片：	
权利请求：	
如果需要请附上插图	
专利机关填写有关说明：	团队成员：
	团队成员：
	团队成员：
	团队成员：
	编　写：
	审　核：
	证　明：
机械设计过程 Copyright 2008，McGraw-Hill	由大卫 G. 乌尔曼教授设计 Form#27.0

图 12.5　专利说明书

12.6　全寿命周期设计

为环境而设计(DFE)的一部分就是要关注在产品寿命后期要做些什么。在汽车工业中这点尤其是这样，因为在美国注册的 2.5 亿辆轿车和小型货车中(欧洲大概是同样的数量)占用了很多材料。因此，努力寻求汽车寿命终止后的循环再利用是非常值得的。在美国，大约有 1250 万辆的轿车和小型货车被回收再利用。这些车辆的平均组成成分在表 12.1 中列出。这个组成是变化的。为了减轻重量，与 15 年前相比，现在使用了更多的铝材和塑料。塑料使用数量的增加，减少了制造的成本。在回收利用寿命终结的车辆时，其基本流程和恢复利用的材料百分数如图 12.6 所示。这里有四个步骤：

表 12.1　按重量计的典型的轿车组成成分

材料	百分数	最近 15 年的变化
金属		
铁	65%	下降 7%
铝	8%	上升 4%
其他	4%	
塑料	9%	上升 3%
橡胶	6%	
玻璃	3%	
杂项	5%	

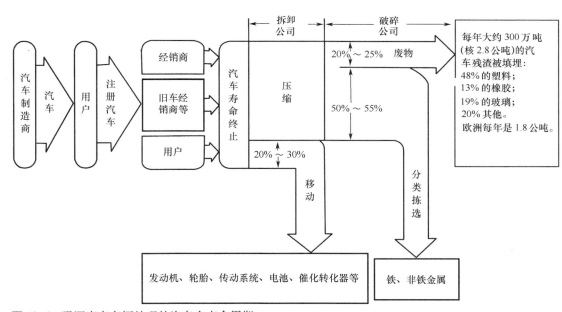

图 12.6　强调废弃车辆处理的汽车全寿命周期

（1）拆卸　此项工作一般是在救助站或者废品收购站一辆车接一辆车地进行，在那里各式零件、所有汽车的液体和轮胎都被拆散。剩下易"消化"的汽车部分（废车）被打扁后用船运到破碎工厂。

（2）破碎　废车被运送到工厂中进行破碎、分离，进行工艺处理。首先，用破碎机经过几分钟的处理将废车变成拳头大小的废片。

（3）分离和工艺处理　破碎后的材料用磁铁吸出铁金属（所有的铁、钢，除了不锈钢），使它们和非铁材料（包括金属和非金属）分离。这些铁材料重新回炼钢炉熔化。非铁材料部分接着进行分离成其他金属，典型的材料包括铝、黄铜、青铜、铜、铅、镁、镍、不锈钢和锌；同时，也分离出汽车残渣（ASR）或"无价值的东西"。这些残渣包括塑料、玻璃、橡胶、泡沫、地毯料、纺织品等。

（4）填埋处置汽车残渣　在很大程度上，汽车残渣被认为是不可回收利用的废弃材料，被送到填埋场进行填埋处理。

由于塑料材料百分数的增加及汽油的成本增加，从汽车残渣中回收利用塑料变得非常有价值。这个工作最大的挑战是在汽车残渣中混有多种类型的塑料。

欧洲在处理报废汽车方面已走在了美国的前面。在 2000 年 12 月签署的一项协议中，欧洲同意：

1）对报废汽车的管理提出生产者责任扩展任务（EPR），要求制造商和汽车进口商为寿命后期的管理成本付费。

2）增加回收要求。截止到 2006 年 1 月，重新使用和恢复使用的最小量为平均重量的 85%。到 2015 年 1 月，占重量的 95%。

3）逐步淘汰一些重金属的使用，如铅、水银、镉和六价铬，除了一些特定的零件（如铅酸电池中的铅，作为防腐涂层时使用的六价铬，含有铅的合金钢材、铝、铜，油箱中作为涂层的铅和前照灯中的镁）以外。

4）鼓励为环境而设计（DFE）的实践。

5）在零件和材料上标记编码，以便于材料被重复利用和恢复利用时的识别。

6）提供汽车结构中每一个部分的拆解信息。

美国政府对于报废汽车做了一小部分的全国性工作，但是有些州，如加州走在了前面。另外，汽车制造商也在慢慢地改变他们的商业模式和设计实践。福特公司购买了回收设备。戴姆勒-克莱斯勒也通过减少 40% 使用材料的种类和增加汽车中回收内容的方法，建立了达到 95% 回收率的目标。

恢复材料是需要花费成本的。首先，汽车要被运送到拆卸工厂。然后废车和拆除的零件必须被送到粉碎工厂和其他工艺处理厂。破碎每辆车需要 30kW·h 的能量（每年需要 3.75 亿 kW·h）和其他能量消耗，以满足破碎材料的工艺需要。

为全寿命周期而设计，汽车设计者和其他产品的设计者需要：

1）为拆卸而设计。

2）为零件挂牌，以易于材料的识别。

3）用最少的材料类型。

4）设计更长使用寿命的产品。

12. 7　资料来源

Burgess, J. A.: *Design Assurance for Engineers and Managers,* Marcel Dekker, New York. 1984. A very complete and well-written book on the development and control of engineering documentation.

Guide to Filing A Non-Provisional (Utility) Patent Application, U.S. Patent and Trademark Office http://www.uspto.gov/web/offices/pac/utility/utility.htm http://ec.europa.eu/environment/waste/index.htm gives some details on the European Union's effort for retiring products

Kivenson, G.: *The Art and Science of Inventing,* Van Nostrand Reinhold, New York, 1977. Good overview of patents and patent applications; however, it is out of date on application details.

Stevels, Ab: "Design for End-of-Life Strategies and Their Implementation," Chapter 23 in *Mechanical Life Cycle Handbook,* by M. S. Hundal, Marcell Dekker, 2001.

Management of End-of Life Vehicles (ELVs) in the United States

Staudinger, Jeff, Gregory A. Keoleian, and Michael S. Flynn: "A Report of the Center for Sustainable Systems," Report No. CSS01-01, University of Michigan, 2001, http://css.snre. umich.edu/css_doc/CSS01-01.pdf

End-of-Life Vehicle Recycling in the European Union

Kanari, N., J.-L. Pineau, and S. Shallari: JOM, August 2003, C:\Documents and Settings\D\My Documents\MDP 4th\Chpt 12 Launch\End-of-Life Vehicle Recycling in the European Union.htm

12. 8　网络资源

如下的文件模板可以在本书的网站上下载：www. mhhe. com/Ullman4e

1）工程变更通知单。

2）专利说明书。

机械设计中常用的 25 种材料的特性

A. 1 概述

在产品中使用的材料几乎有无限种。此外,现在还可以设计材料,以满足特殊需要。设计工程师不可能通晓所有的材料,但是每一个设计师都应该熟悉在产品设计中最常用的材料。在多种材料表中,这些常用材料几乎是最有代表性的。设计师可以以他(或她)的材料知识为基础,与材料工程师交流关于不常用材料的知识。

在附录 A 中除了介绍 25 种重要的常用材料性质以外,还包括在许多一般项目中使用的特殊材料表。在选择材料时,知道过去在相同应用下使用的什么材料是不可缺少的,这些表格提供了这方面的信息。

本附录后面给出了扩展的参考书目,给出了哪些出版物是此处基本数据以外信息的来源。

A. 2 常用材料的性质

下列 25 种材料是在机械产品设计中最常使用的,这些材料代表了广大范围的其他材料:

钢铁

1. 1020
2. 1040
3. 4140
4. 4340
5. S30400
6. S316

7. 01 工具钢

8. 灰铸铁

铝合金和铜合金

9. 2024

10. 3003 或 5005

11. 6061

12. 7075

13. C268

其他金属

14. 钛合金 6-4

15. 镁合金 AZ63A

塑料

16. ABS(丙烯腈-丁二烯-苯乙烯三元共聚物)

17. 聚碳酸酯

18. 尼龙 66

19. 聚丙烯

20. 聚苯乙烯

烧结材料

21. 烧结氧化铝

22. 烧结石墨

复合材料

23. 红松

24. 玻璃纤维

25. 石墨环氧树脂

在图 A.1~图 A.12 中给出了上述 25 种最常用的材料在设计中最常用的性质。⊖在本附录的最后有这些材料其他性质的参考资料。这些性质被给出一个范围,因为它们与专门的热处理(金属材料)和添加物(塑料)有关。

⊖ 一本好的参考书,有较多这样安排的材料和协助材料选择的计算机程序:M. F. Ashby, *Materials Selections in Mechanical Design*, 3rd edition, Butterworth Heinemann, 2005.

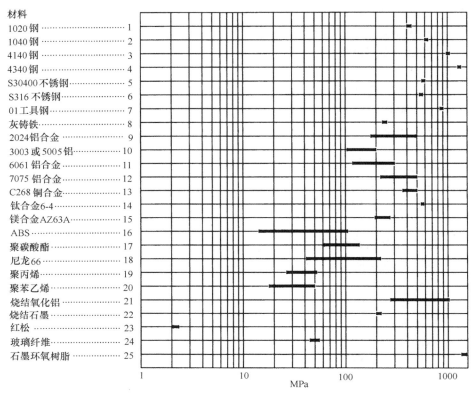

材料
1020 钢 ……………………… 1
1040 钢 ……………………… 2
4140 钢 ……………………… 3
4340 钢 ……………………… 4
S30400 不锈钢 ……………… 5
S316 不锈钢 ………………… 6
01 工具钢 …………………… 7
灰铸铁 ……………………… 8
2024 铝合金 ………………… 9
3003 或 5005 铝 …………… 10
6061 铝合金 ………………… 11
7075 铝合金 ………………… 12
C268 铜合金 ………………… 13
钛合金 6-4 …………………… 14
镁合金 AZ63A ……………… 15
ABS ………………………… 16
聚碳酸酯 …………………… 17
尼龙 66 ……………………… 18
聚丙烯 ……………………… 19
聚苯乙烯 …………………… 20
烧结氧化铝 ………………… 21
烧结石墨 …………………… 22
红松 ………………………… 23
玻璃纤维 …………………… 24
石墨环氧树脂 ……………… 25

注: 石墨 / 环氧基树脂纵坐标值
    1MPa=144.7psi

图 A.1   抗拉强度

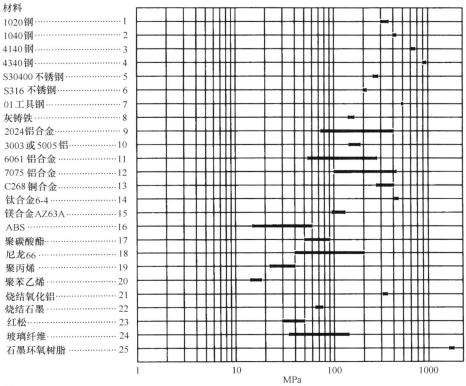

材料
1020钢 ……………………… 1
1040钢 ……………………… 2
4140钢 ……………………… 3
4340钢 ……………………… 4
S30400 不锈钢 …………… 5
S316 不锈钢 ……………… 6
01工具钢 ………………… 7
灰铸铁 …………………… 8
2024铝合金 ……………… 9
3003 或 5005 铝 ………… 10
6061 铝合金 …………… 11
7075 铝合金 …………… 12
C268 铜合金 …………… 13
钛合金6-4 ……………… 14
镁合金AZ63A …………… 15
ABS ……………………… 16
聚碳酸酯 ………………… 17
尼龙66 …………………… 18
聚丙烯 …………………… 19
聚苯乙烯 ………………… 20
烧结氧化铝 ……………… 21
烧结石墨 ………………… 22
红松 ……………………… 23
玻璃纤维 ………………… 24
石墨环氧树脂 …………… 25

注：1MPa=144.7psi

图 A. 2　屈服强度

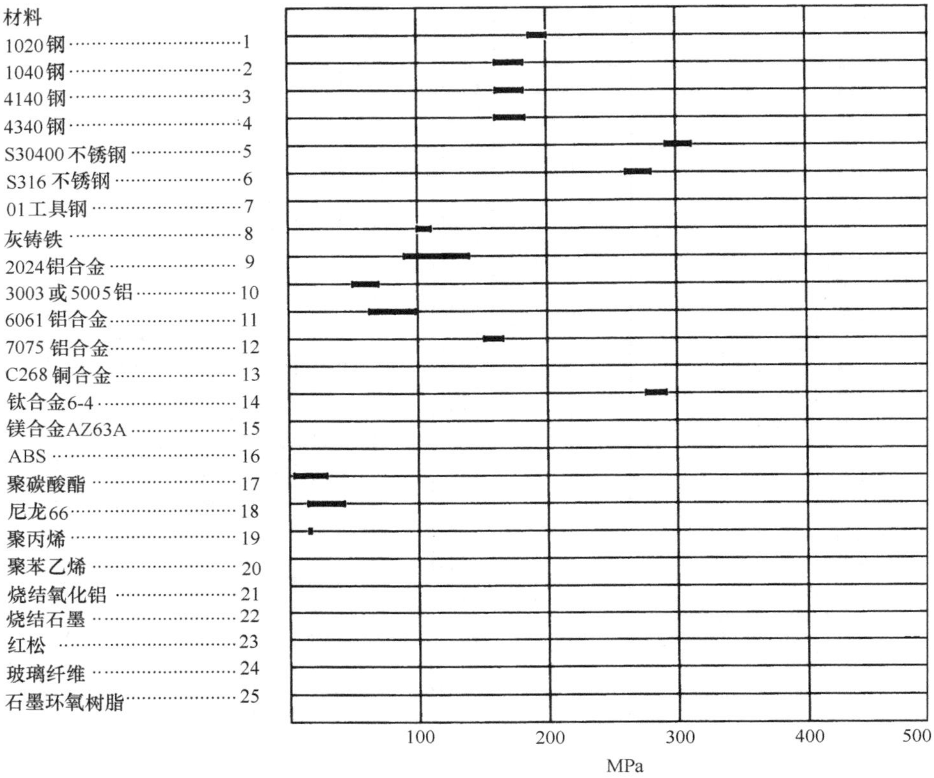
材料
1020钢……1
1040钢……2
4140钢……3
4340钢……4
S30400不锈钢……5
S316不锈钢……6
01工具钢……7
灰铸铁……8
2024铝合金……9
3003或5005铝……10
6061铝合金……11
7075铝合金……12
C268铜合金……13
钛合金6-4……14
镁合金AZ63A……15
ABS……16
聚碳酸酯……17
尼龙66……18
聚丙烯……19
聚苯乙烯……20
烧结氧化铝……21
烧结石墨……22
红松……23
玻璃纤维……24
石墨环氧树脂……25
100
200
300
400
500
MPa

注：有些材料没有疲劳极限。
1MPa=144.7psi

图 A.3 疲劳极限

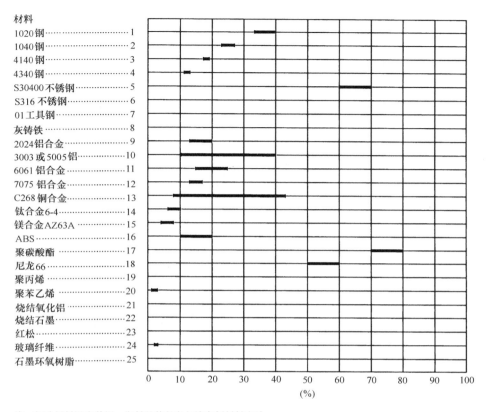

材料
1020钢⸳⸳⸳⸳⸳⸳⸳⸳⸳⸳⸳⸳⸳⸳⸳⸳⸳ 1
1040钢⸳⸳⸳⸳⸳⸳⸳⸳⸳⸳⸳⸳⸳⸳⸳⸳⸳ 2
4140钢⸳⸳⸳⸳⸳⸳⸳⸳⸳⸳⸳⸳⸳⸳⸳⸳⸳ 3
4340钢⸳⸳⸳⸳⸳⸳⸳⸳⸳⸳⸳⸳⸳⸳⸳⸳⸳ 4
S30400不锈钢⸳⸳⸳⸳⸳⸳⸳⸳⸳ 5
S316 不锈钢⸳⸳⸳⸳⸳⸳⸳⸳⸳⸳⸳ 6
01工具钢⸳⸳⸳⸳⸳⸳⸳⸳⸳⸳⸳⸳⸳⸳⸳ 7
灰铸铁⸳⸳⸳⸳⸳⸳⸳⸳⸳⸳⸳⸳⸳⸳⸳⸳⸳⸳⸳ 8
2024铝合金⸳⸳⸳⸳⸳⸳⸳⸳⸳⸳⸳⸳ 9
3003 或 5005铝⸳⸳⸳⸳⸳⸳⸳ 10
6061 铝合金⸳⸳⸳⸳⸳⸳⸳⸳⸳⸳ 11
7075 铝合金⸳⸳⸳⸳⸳⸳⸳⸳⸳⸳ 12
C268 铜合金⸳⸳⸳⸳⸳⸳⸳⸳⸳⸳ 13
钛合金6-4⸳⸳⸳⸳⸳⸳⸳⸳⸳⸳⸳⸳⸳ 14
镁合金AZ63A⸳⸳⸳⸳⸳⸳⸳⸳⸳ 15
ABS⸳⸳⸳⸳⸳⸳⸳⸳⸳⸳⸳⸳⸳⸳⸳⸳⸳⸳⸳⸳ 16
聚碳酸酯⸳⸳⸳⸳⸳⸳⸳⸳⸳⸳⸳⸳⸳⸳⸳ 17
尼龙66⸳⸳⸳⸳⸳⸳⸳⸳⸳⸳⸳⸳⸳⸳⸳⸳⸳ 18
聚丙烯⸳⸳⸳⸳⸳⸳⸳⸳⸳⸳⸳⸳⸳⸳⸳⸳⸳⸳ 19
聚苯乙烯⸳⸳⸳⸳⸳⸳⸳⸳⸳⸳⸳⸳⸳⸳⸳ 20
烧结氧化铝⸳⸳⸳⸳⸳⸳⸳⸳⸳⸳⸳⸳ 21
烧结石墨⸳⸳⸳⸳⸳⸳⸳⸳⸳⸳⸳⸳⸳⸳⸳ 22
红松⸳⸳⸳⸳⸳⸳⸳⸳⸳⸳⸳⸳⸳⸳⸳⸳⸳⸳⸳⸳⸳ 23
玻璃纤维⸳⸳⸳⸳⸳⸳⸳⸳⸳⸳⸳⸳⸳⸳⸳ 24
石墨环氧树脂⸳⸳⸳⸳⸳⸳⸳⸳⸳ 25

(%)

注：部分材料没有数据，塑料的伸长率与填充剂材料有关。

图 A. 4　伸长率

材料

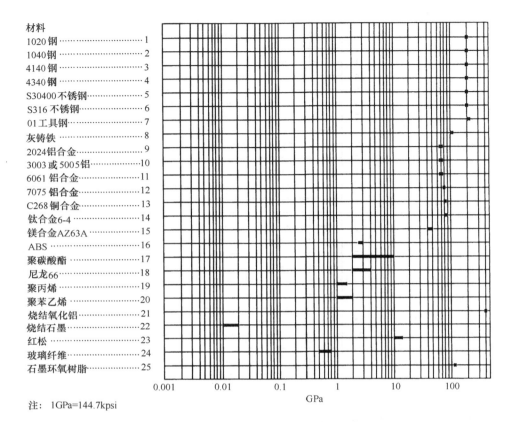

注：1GPa=144.7kpsi

图 A. 5　弹性模量

材料

1020 钢 ·············· 1
1040 钢 ·············· 2
4140 钢 ·············· 3
4340 钢 ·············· 4
S30400 不锈钢 ·········· 5
S316 不锈钢 ·········· 6
01 工具钢 ·········· 7
灰铸铁 ·············· 8
2024 铝合金 ·········· 9
3003 或 5005 铝 ········ 10
6061 铝合金 ·········· 11
7075 铝合金 ·········· 12
C268 铜合金 ·········· 13
钛合金 6-4 ·········· 14
镁合金 AZ63A ········ 15
ABS ·············· 16
聚碳酸酯 ·········· 17
尼龙 66 ·········· 18
聚丙烯 ·············· 19
聚苯乙烯 ·········· 20
烧结氧化铝 ·········· 21
烧结石墨 ·········· 22
红松 ·············· 23
玻璃纤维 ·········· 24
石墨环氧树脂 ········ 25

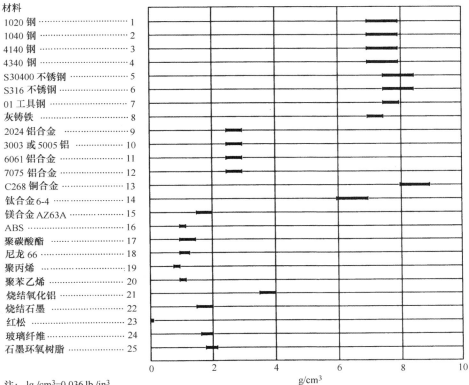

注： lg /cm³=0.036 lb /in³

图 A.6 密度

材料

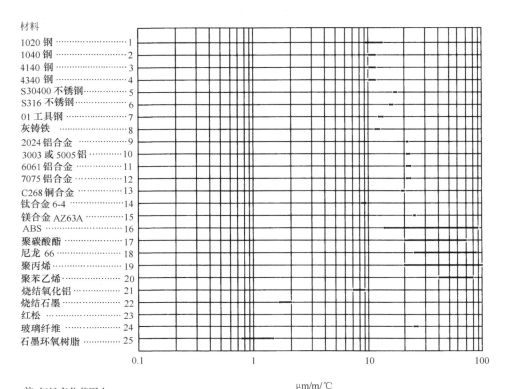

1020 钢 ················· 1
1040 钢 ················· 2
4140 钢 ················· 3
4340 钢 ················· 4
S30400 不锈钢 ··········· 5
S316 不锈钢 ············· 6
01 工具钢 ·············· 7
灰铸铁 ················· 8
2024 铝合金 ············· 9
3003 或 5005 铝 ········· 10
6061 铝合金 ············ 11
7075 铝合金 ············ 12
C268 铜合金 ············ 13
钛合金 6-4 ············· 14
镁合金 AZ63A ··········· 15
ABS ·················· 16
聚碳酸酯 ··············· 17
尼龙 66 ················ 18
聚丙烯 ················· 19
聚苯乙烯 ··············· 20
烧结氧化铝 ············· 21
烧结石墨 ··············· 22
红松 ·················· 23
玻璃纤维 ··············· 24
石墨环氧树脂 ··········· 25

0.1   1   10   100

μm/m/℃

注：红松变化范围大。
   1μm /m/ ℃ =0.55μin/in/°F

图 A.7 热膨胀系数

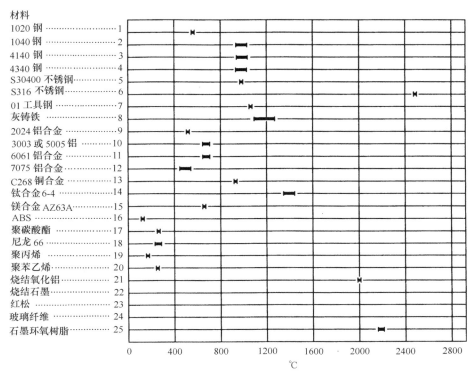

材料

材料	编号
1020 钢	1
1040 钢	2
4140 钢	3
4340 钢	4
S30400 不锈钢	5
S316 不锈钢	6
01 工具钢	7
灰铸铁	8
2024 铝合金	9
3003 或 5005 铝	10
6061 铝合金	11
7075 铝合金	12
C268 铜合金	13
钛合金6-4	14
镁合金 AZ63A	15
ABS	16
聚碳酸酯	17
尼龙 66	18
聚丙烯	19
聚苯乙烯	20
烧结氧化铝	21
烧结石墨	22
红松	23
玻璃纤维	24
石墨环氧树脂	25

℃

注:图中没有石墨、红松和玻璃纤维的数据。

$1^\circ F = 32.2 + {}^\circ C \times \dfrac{9}{5}$

图 A. 8　熔化温度

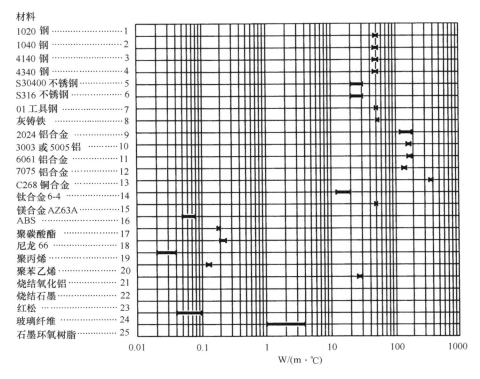

注: 部分材料没有数据。

　1W /(m · ℃)=0.57Btu /(h · ft · °F)

图 A.9   传热系数

材料

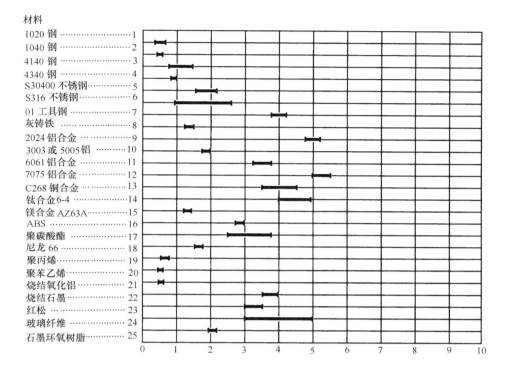

1020 钢 ················ 1
1040 钢 ················ 2
4140 钢 ················ 3
4340 钢 ················ 4
S30400 不锈钢 ·········· 5
S316 不锈钢 ············ 6
01 工具钢 ·············· 7
灰铸铁 ················· 8
2024 铝合金 ············ 9
3003 或 5005铝 ········ 10
6061 铝合金 ··········· 11
7075 铝合金 ··········· 12
C268 铜合金 ··········· 13
钛合金6-4 ············· 14
镁合金 AZ63A ·········· 15
ABS ················· 16
聚碳酸酯 ·············· 17
尼龙 66 ·············· 18
聚丙烯 ················ 19
聚苯乙烯 ·············· 20
烧结氧化铝 ············· 21
烧结石墨 ·············· 22
红松 ················· 23
玻璃纤维 ·············· 24
石墨环氧树脂 ··········· 25

注:这是2000年的价格。 $ /lb

图 A.10 每磅的价格

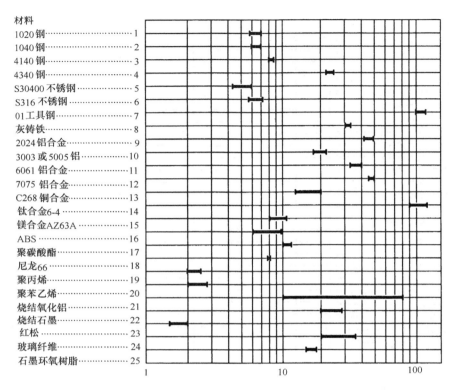

注：这是2000年的价格。

图 A.11　单位体积的价格

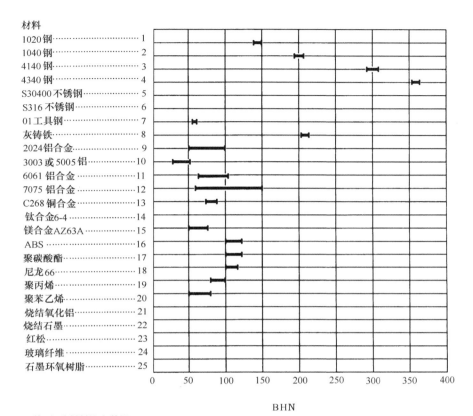

注:部分材料没有数据。

图 A. 12 硬度

A. 3 一般产品中使用的材料

表 A. 1 中给出了许多制造零件经常使用的材料。表中列出了新产品使用材料的大致趋势。表中有星号的材料是 25 种材料之一,其性能在图 A. 1～图 A. 12 中给出了。

表 A. 1 普通零件使用的材料

零 件	材 料
飞机零件	铝合金* 2024,5083,* 6061,* 7075;* 钛合金 6-4;* 4340 钢,* 4140 钢;* 石墨环氧树脂;聚酰胺-酰亚胺;马氏体时效钢
汽车发动机	* 灰铸铁
汽车仪表盘	* 聚丙烯,改性聚苯醚

（续）

零　件	材　料
汽车内部件	* 聚苯乙烯；聚氯乙烯；* ABS（丙烯腈-丁二烯-苯乙烯三元共聚物）；* 聚丙烯
汽车车身，配电盘，零件，机盖	* 1020 钢，* 1040 钢；* ABS；氧化铝；* 尼龙；聚苯硫醚；5083 铝合金；* S316 不锈钢；* 玻璃纤维；* 聚碳酸酯
汽车尾灯	* 聚碳酸酯
自动调节装置	* ABS；苯乙烯-丙烯腈；* 聚丙烯
轴承和轴瓦	* 尼龙 66；缩醛塑料；青铜；聚四氟乙烯（PTFE）；铍铜合金；* S316 不锈钢
船身	苯乙烯-丙烯腈；* 6061 铝合金；聚乙烯；* 玻璃纤维
容器	* 聚碳酸酯；热塑性聚酯；高密度聚乙烯；* 聚丙烯；聚氯乙烯；PET
电池壳	* 聚苯乙烯
办公设备外壳	* ABS；* 聚苯乙烯；* 聚碳酸酯
按钮	三聚氰胺塑料；尿素塑料
凸轮	* 尼龙 66；* 6061 铝合金
箱体和壳体	* ABS；缩醛塑料；* 聚碳酸酯；聚砜；* 尼龙 66；* 聚丙烯；* 聚苯乙烯；聚氯乙烯；* 1040 钢
小型盘	* 聚碳酸酯
计算机外壳	* ABS
运输链	缩醛塑料；* 1040 钢
低温零件	硼、铝合金；* 石墨环氧树脂；5086 铝合金
模具	* 01 工具钢；硬质合金
电插头	聚砜；酚醛树脂塑料；* 尼龙 66；PES；* ABS
风扇叶	* 尼龙 66；* 4340 钢
锻件	* 1020 钢，* 4340 钢；铜合金；铝合金
夹具	* 01 工具钢，02 工具钢；环氧树脂；* 6061 铝合金
齿轮	缩醛塑料；* 灰铸铁；* 1020 钢，* 4340 钢；* 尼龙 66；* 聚碳酸酯；聚酰胺；填充酚醛树脂塑料；铝合金；青铜
手柄和把手	酚醛树脂塑料；三聚氰胺塑料；尿素塑料；* 尼龙 66；* ABS；缩醛塑料
安全帽	* 聚碳酸酯；* ABS
热交换器	不锈钢
软管	* 尼龙 66；* 聚碳酸酯
罩、箱板和管道	* 聚丙烯
键	* 1020 钢，* 4140 钢
杠杆和连杆	缩醛塑料；* 4140 钢，* 4340 钢

（续）

零　件	材　料
机座	*灰铸铁；*1020 钢；可锻铸铁
船舶零件和仪表	苯乙烯-丙烯腈树脂；*1020 钢；5083 铝合金，*6061 铝合金；*聚碳酸酯；*钛合金 6-4
微波炊具	热塑性聚酯；*聚碳酸酯；*聚丙烯
浇铸容器	*ABS；*聚丙烯；*聚碳酸酯；*聚苯乙烯；聚苯硫醚；玻璃态石墨
管道	聚苯硫醚；铜合金
螺钉和螺栓	*1020 钢，*1040 钢，*4140 钢；缩醛塑料；*尼龙 66
轴	*1020 钢，*1040 钢，*4140 钢，*4340 钢
弹簧	1080 钢，*4140 钢，6250 钢；不锈钢；铍青铜；*尼龙 66；*钛合金 6-4；马氏体时效钢；磷青铜；缩醛塑料
结构构件	铸铁；*红松；*氧化铝；*2024 铝合金，*6061 铝合金，*7075 铝合金；*1020 钢，*4140 钢
储存箱	*聚苯乙烯
开关和电线被覆层	含氟聚合物；热塑性聚酯；改性聚苯醚；*尼龙 66；C11400 铜合金
电话外壳	*ABS
玩具（塑料）	*ABS；高密度和低密度聚乙烯；*聚苯乙烯；聚氯乙烯
器皿	3003 铝合金；聚碳酸酯；硫化聚乙烯，聚四氟乙烯
阀门	缩醛塑料；聚酰胺-酰亚胺；*氧化铝；*尼龙 66；*铝合金；青铜

A.4　资料来源

下列书籍能很好地提供有关材料性质的数据：

Steels

American Society for Metals: *Properties and Selection: Stainless Steels, Tool Steels, and Special Purpose Metals,* vol. 3 of *Metals Handbook,* ASME, Cleveland, Ohio, 1979.

Harvey, P. D.: *Engineering Properties of Steels,* American Society for Metals, Metals Park, Ohio, 1982.

Metals Handbook, Vol. 1, *Properties and Selection: Iron, Steels and High Performance Alloys,* 10th ed., ASM, Cleveland, Ohio, 1990.

Peckner, D., and I. M.Bernstein: *Handbook of Stainless Steels,* McGraw-Hill, NewYork, 1977.

Other metals

Copper Development Association: *Standards Handbook: Copper-Brass-Bronze*, Copper Development Association, New York, 1988.

Mantell, C. L. (ed.): *Engineering Materials Handbook,* McGraw-Hill, New York, 1958.

Metals Handbook, Vol. 2, *Properties and Selection: Non-ferrous Alloys and Pure Metals,* ASM, Cleveland, Ohio, 1989.

Neale M. J. et al.: *Engineering Materials Selector,* Butterworth-Heinemann, 1998.

Ross, R. B.: *Metallic Materials Specification Handbook,* 4th edition, Chapman & Hall, London, 1992.

Plastics

Flick, E. W.: *Engineering Resins: An Industrial Guide,* Noyes, Park Ridge, N.J., 1988.

Harper, C. A.: *Handbook of Plastics and Elastomers and Composites,* 4th edition, McGraw-Hill, New York, 2002.

Juran, R.: *Modern Plastics Encyclopedia 96,* Vol. 72, No. 12, McGraw-Hill, New York, 1996.

Lubin, G.: *Handbook of Composites,* Van Nostrand Reinhold, New York, 1982.

Pethrick, R. A.: *Polymer Yearbook 12,* Routledge, New York, 1995.

Others

Ashby, M. F.: *Materials Selection in Mechanical Design,* 3rd edition, Butterworth Heinemann, 2005.

Avallone, E. A., and J. T. Baumeister: *Mark's Standard Handbook for Mechanical Engineers,* 11th edition, McGraw-Hill, 2006.

Bever, M. B. (ed.): *Encyclopedia of Materials Science and Engineering,* MIT Press, Cambridge, Mass., 1986.

Budinski, K. G.: *Engineering Materials, Properties and Selection,* 8th edition, Prentice-Hall, Englewood Cliffs, N.J., 2004.

Callister, W. D.: *Materials Science and Engineering,* 7th edition, Wiley, New York, 2006.

Ceramic Source, Vol. 4, American Ceramic Society, Columbus, Ohio, 1989.

Clark, A. F., and R. P. Reed: *Materials at Low Temperatures,* American Society for Metals, Metals Park, Ohio, 1983.

Gere, J. M., and S. P. Timoshenko: *Mechanics of Materials,* 3rd edition, PWS-Kent, Boston, 1990.

Horton, H. L., and E. Oberg: *Machinery's Handbook,* Vol. 25, Industrial Press, New York, 1996.

Kutz, M.: *Mechanical Engineer's Handbook,* Wiley-Interscience, New York, 1986.

Shaw, K.: *Refractories and Their Uses,* Wiley, New York, 1972.

Summitt, R., and A. Sliker: *Handbook of Material Science,* Vol. 4, CRC Press, 1980.

U.S. Forest Products Laboratory: *Wood Handbook: Wood as an Engineering Material,* http://www.fpl.fs.fed.us/documnts/fplgtr/fplgtr113/fplgtr113.htm

正态概率

B. 1 概述

在本书中认为所有的数据分布都呈正态(高斯)分布。这一假设对于机械设计中的大多数情况都是相当精确的。

用图 B.1 中的数据演示正态分布。此图画出所测 1035 钢制造的 913 个试件的强度极限的直方图。图中相邻两点之差为 1kpsi。圆整后的数值见下表:

强度极限/ kpsi	事件件数	强度极限/ kpsi	事件件数
75	4	86	87
76	10	87	93
77	6	88	66
78	19	89	66
79	21	90	67
80	24	91	39
81	46	92	21
82	57	93	24
83	74	94	10
84	85	95	11
85	83		总计 913

这些数据只是由全部试件母体取出的一组样本。全部试件母体是由 1035 钢制造的所有可能试件。目的是用这一组样本的统计结果推测全部试件母体的

统计结果。

图 B.1 的数据重画在图 B.2 正态分布坐标纸上（用于这类绘图的坐标纸一般都有供应）。每一个强度极限值在图上以小于该值的件数（译者加入）占总试件数的百分数画出。例如，取图中 $S_u = 79\text{kpsi}$，小于 79kpsi 的试件数为 39 个（4+10+6+19），占试件总数的百分数为 39/913 = 4.3%，此点即图 B.2 中所示涂黑的点。实际上这些数据与一条直线符合得很好，说明它们可以采用正态分布模型。

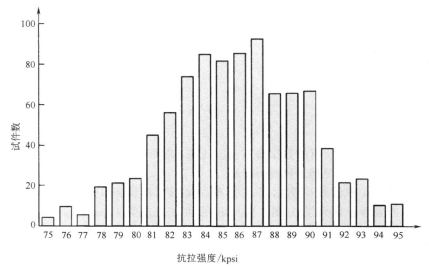

图 B.1　1035 钢试件的抗拉强度分布

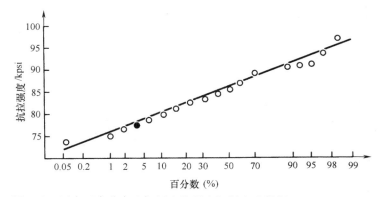

图 B.2　画在正态分布坐标纸上的强度极限实验数据

因为任意一条直线可以用两个参数描述，所以这些数据也可以用两个参数描述。这两个参数是试件的均值 $\bar{x}$ 和试件的标准差 σ，它们定义为

$$\overline{x} = \frac{1}{N} \sum_{i=1}^{N} x_i$$

$$\sigma = \sqrt{\frac{1}{N-1} \sum_{i=1}^{n} (x_i - \overline{x})^2}$$

式中，x_i 是 S_u 的值；N 是数据的总个数（913）。对上述数据，$\overline{x} = 86\text{kpsi}$，$\sigma = 4\text{kpsi}$（都圆整到与输入数据精度相同）。在继续分析以前还要求的另一个量是方差，它等于标准差的平方。

上面定出的三个统计量只给出描述试件的信息。由实验数据还可以求得某一特殊试件的强度极限在两个给定值之间的概率。例如，强度极限为大于或等于 80kpsi 而小于 85kpsi 的概率为

$$Pr(80 \leqslant S_u < 85) = \frac{24+46+57+74+85}{913} = 31.3\%$$

此外，强度极限在均值的两个标准差（$86-2\times4 = 78, 86+2\times4 = 94$）以内的概率是

$$Pr(78 \leqslant S_u < 94) = 95.29\%$$

在以上两例中计算概率的公式为

$$Pr(a \leqslant x < b) = \frac{1}{N} \sum_{i=a}^{b-1} x_i$$

上式中求和的极限值是概率界值的不等量和等量。

暂时搁下样本数据，下面分析总体的正态分布，然后与样本数据进行比较。正态分布是一种连续的分布，而样本处理为离散的分布（它们被圆整成最接近的、单位为 kpsi 的整数）。总体分布的基本参数是两个：均值 μ 和标准差 s，其定义为

$$Pr(a \leqslant x < b) = \int_a^b \frac{e^{-(1/2)[(x-\mu)/s]^2}}{\sqrt{2\pi}s} dx$$

这里给出的积分很少使用，而变量 x 用公式 $x' = (x-\mu)/s$ 标准化。这一标准化的均值为 0，而对于新的变量 x'，标准差为 1。正态分布的计算公式可以写为如下形式：

$$Pr(a \leqslant x < b) = \int_{(a-\mu)/s}^{(b-\mu)/s} \frac{e^{-(1/2)x'}}{\sqrt{2\pi}} dx'$$

用表 B.1 可以得到上面的概率。例如，假设总体的均值和标准差的值与 1035 钢试件的样本相同，也是 86kpsi 和 4kpsi，显然 $Pr(S_u \leqslant 86)$ 为 50%。可以把数值 86 标准化得到，即从 86 减去均值再除以标准差得到，其结果是 0。在表 B.1 的左上角 $x' = 0$，得到的结果是 0.5000 或 50%。如果要求强度极限小于均值加 1 个标准差的概率，则 x 值为 90 = (86+4)，而 $x' = 1.000$，结果 $Pr(S_u \leqslant 90) = 84.13\%$，见表 B.1。显然，强度极限大于 90kpsi 的概率是 1−0.8413，或

者 $Pr(S_u>90)=15.87\%$。

表 B. 1 按正态分布的百分率求小于或等于表中 x' 值的概率 $[\,x'=(x-\mu)/s\,]$

x'	0. 00	0. 01	0. 02	0. 03	0. 04	0. 05	0. 06	0. 07	0. 08	0. 09
0. 0	0. 5000	0. 5040	0. 5080	0. 5120	0. 5160	0. 5199	0. 5239	0. 5279	0. 5319	0. 5359
0. 1	0. 5398	0. 5438	0. 5478	0. 5517	0. 5557	0. 5596	0. 5636	0. 5675	0. 5714	0. 5753
0. 2	0. 5793	0. 5832	0. 5871	0. 5910	0. 5948	0. 5987	0. 6026	0. 6064	0. 6103	0. 6141
0. 3	0. 6179	0. 6217	0. 6255	0. 6293	0. 6231	0. 6368	0. 6406	0. 6443	0. 6480	0. 6517
0. 4	0. 6554	0. 6591	0. 6628	0. 6664	0. 6700	0. 6736	0. 6772	0. 6808	0. 6844	0. 6879
0. 5	0. 6915	0. 6950	0. 6985	0. 7019	0. 7054	0. 7088	0. 7123	0. 7157	0. 7190	0. 7224
0. 6	0. 7257	0. 7291	0. 7324	0. 7357	0. 7389	0. 7422	0. 7454	0. 7486	0. 7517	0. 7549
0. 7	0. 7579	0. 7611	0. 7642	0. 7673	0. 7704	0. 7734	0. 7764	0. 7794	0. 7823	0. 7852
0. 8	0. 7881	0. 7910	0. 7939	0. 7967	0. 7995	0. 8023	0. 8051	0. 8078	0. 8106	0. 8133
0. 9	0. 8159	0. 8186	0. 8212	0. 8238	0. 8264	0. 8289	0. 8315	0. 8340	0. 8365	0. 8389
1. 0	0. 8413	0. 8438	0. 8461	0. 8485	0. 8508	0. 8531	0. 8554	0. 8577	0. 8599	0. 8621
1. 1	0. 8643	0. 8665	0. 8686	0. 8708	0. 8729	0. 8749	0. 8770	0. 8790	0. 8810	0. 8830
1. 2	0. 8849	0. 8869	0. 8888	0. 8907	0. 8925	0. 8944	0. 8962	0. 8980	0. 8997	0. 9015
1. 3	0. 9032	0. 9049	0. 9066	0. 9082	0. 9099	0. 9115	0. 9131	0. 9146	0. 9162	0. 9177
1. 4	0. 9192	0. 9207	0. 9222	0. 9236	0. 9251	0. 9265	0. 9279	0. 9292	0. 9306	0. 9319
1. 5	0. 9332	0. 9345	0. 9356	0. 9370	0. 9382	0. 9394	0. 9406	0. 9418	0. 9429	0. 9441
1. 6	0. 9452	0. 9463	0. 9474	0. 9484	0. 9495	0. 9505	0. 9515	0. 9525	0. 9535	0. 9545
1. 7	0. 9554	0. 9564	0. 9573	0. 9582	0. 9591	0. 9599	0. 9608	0. 9616	0. 9625	0. 9633
1. 8	0. 9641	0. 9649	0. 9656	0. 9664	0. 9671	0. 9678	0. 9689	0. 9693	0. 9699	0. 9706
1. 9	0. 9713	0. 9719	0. 9726	0. 9732	0. 9738	0. 9744	0. 9750	0. 9756	0. 9761	0. 9767
2. 0	0. 9772	0. 9778	0. 9783	0. 9788	0. 9793	0. 9798	0. 9803	0. 9808	0. 9811	0. 9816
2. 1	0. 9820	0. 9825	0. 9829	0. 9833	0. 9837	0. 9841	0. 9845	0. 9849	0. 9853	0. 9856
2. 2	0. 9860	0. 9863	0. 9868	0. 9870	0. 9874	0. 9877	0. 9880	0. 9883	0. 9886	0. 9889
2. 3	0. 9882	0. 9895	0. 9897	0. 9900	0. 9903	0. 9905	0. 9907	0. 9910	0. 9912	0. 9915
2. 4	0. 9917	0. 9920	0. 9921	0. 9924	0. 9926	0. 9928	0. 9929	0. 9931	0. 9933	0. 9935
2. 5	0. 9937	0. 9938	0. 9940	0. 9941	0. 9943	0. 9944	0. 9946	0. 9947	0. 9949	0. 9950
2. 6	0. 9951	0. 9953	0. 9954	0. 9955	0. 9957	0. 9958	0. 9959	0. 9960	0. 9961	0. 9962
2. 7	0. 9963	0. 9964	0. 9965	0. 9966	0. 9967	0. 9968	0. 9969	0. 9970	0. 9971	0. 9971
2. 8	0. 9972	0. 9973	0. 9974	0. 9974	0. 9975	0. 9976	0. 9976	0. 9977	0. 9977	0. 9978
2. 9	0. 9979	0. 9979	0. 9980	0. 9981	0. 9981	0. 9982	0. 9982	0. 9983	0. 9983	0. 9984
3. 0	0. 9987									

达到强度极限大于78kpsi的概率比较困难。当 $x = 78$ 时，$x' = -2.0$。因为分布相对于均值是对称的，这一问题可以按求 $x' < 2.0$ 相同的问题处理，由 1 减去它。由表 B.1，$Pr(x' < 2) = 97.72\%$，因此 $Pr(S_u \leqslant 78) = (1 - 97.72\%) = 2.28\%$。

S_u 是在均值 ±2 倍标准差的范围以内的概率，可以用 $x' \leqslant 2$ 的概率求得，其值为 0.9772，再减去小于 −2 倍标准差的概率，则 0.9772 − 0.0228 = 0.9544，或 $Pr(78 \leqslant S_u < 94) = 95.44\%$。把这一值与由样本求得的值 95.29% 比较。对于 ±1 倍标准差结果是 68.26%，对于 3 倍标准差此值为 99.68%，此最后值是一般用于尺寸公差的极限值。

以一个关于尺寸的正态分布应用作为最后的例子。如果图样上的尺寸是 4.000cm ± 0.008cm，按统计学的观点，此尺寸是要加工的全部样本的均值，公差代表由均值计算的 ±3 倍标准差。这意味着所有样本的 99.68% 的尺寸在公差范围以内。修改这个例子，取尺寸 4.000cm + 0.008cm − 0.016cm，基本尺寸是 4.000cm，但是平均尺寸是 3.996cm。而尺寸的标准差是 0.008cm——$\dfrac{[0.008 - (-0.016)]}{6}$cm = 0.004cm，方差是 1.6×10^{-5} cm²（原文为 1.6×10^{5} cm²——译者注）由正态分布表，这些数据允许进行另外的统计计算。例如，样本的 68.3% 在 3.992~4.000cm 之间（±1 倍标准差）84.1% 小于 4.000cm（小于均值加 1 标准差），而 95.44% 在 3.988~4.004cm 之间（±2 倍标准差）。

B. 2　其他方法

除均值和标准差以外，正态分布也常用其他测得的数值表示。例如，统计人体尺寸或体力时常给出 5% 和 95% 的统计值。5% 男人的身高是 64.1in，而 95% 男人的身高是 73.9in。由此可得均值即 50% 的身高为 69in。此外，因为 95% 是距均值为标准差的 1.645 倍（见表 B.1），而均值与 73.9in 之差是 4.9in，标准差为 $\dfrac{4.9}{1.645}$in = 2.97in。

最后，正态分布函数的方差的和与差的统计很容易求得。如果 x_1、x_2 和 x_3 都是正态分布的，其均值分别为 μ_1、μ_2 和 μ_3，标准差为 s_1、s_2 和 s_3，如果 $y = x_1 + x_2 - x_3$，则均值 $\bar{y} = \mu_1 + \mu_2 - \mu_3$ 及 $s_y = (s_1^2 + s_2^2 + s_3^2)^{1/2}$。注意均值正好是它们的和或差，而标准差都是正号。这些公式可立即扩展到任何项数，如式（10.2）和式（10.3）所示。

作为设计变量的安全因数

C. 1　概述

安全因数是一个无知系数。如果零件在关键部位的应力(工作应力)已精确地知道,且材料的强度(许用应力)也能精确知道,并且许用应力大于工作应力,则这个零件将不会破坏。但是实际工作中,设计的各方面都有某种程度的不确定性,因此需要有一个考虑安全因素的系数,即安全因数。安全因数是考虑那些无法控制的干扰的影响的方法,它已在第 10 章讨论过。

实际上安全因数的使用为以下三种方式之一:①用于减小许用应力,例如材料的屈服强度或强度极限,与工作应力相比较,减小到较低的值;②用于增大工作应力,与许用应力相比较;③用作与许用应力和工作应力的比值相比较。在此采用第三种方式。但是这三种方式都基于以下简单的公式:

$$FS = \frac{s_{al}}{\sigma_{ap}}$$

式中,s_{al}是许用应力;σ_{ap}是工作应力;FS 是安全因数。如果准确地知道材料的性质而且它没有变动,还同样准确地掌握载荷和几何尺寸,则可以在设计零件时取安全因数为 1,即可以使工作应力等于许用应力,而结果所得设计不会失效(正好满足)。但是,不仅这些测得值不能精确地掌握,而且各样本之间或各使用场合之间不可能不变。根据统计学的观点,所有这些量在均值附近变动(见附录 B 均值和方差的定义)。

以典型材料性质为例,例如极限强度,即使由同一材料取下的试件,其测试值也是分布的,(方差)在名义值附近大约 5%。这一分布产生的原因是材料本身的不一致和取得数据时所用测试仪器与方法的误差。如果取自手册中的强度数据,这些值是由不同的试件和仪器测试而得的,这些值的方差可达 15%或更高些。因此,必须把许用应力作为公称值或均值,对应于它有某一统计方差。

更难得到统计值的是工作应力。影响工作应力准确值的因素有作用在零件上的载荷(作用在零件上的力和力矩)、零件危险部分的尺寸和所采用的计算方法的精确度,这些方法用于确定由于载荷的作用形成的危险截面处的应力。

比较工作应力和许用应力的准确程度取决于所采用的失效理论的精确度及其适用程度。如果是静应力而失效形式是塑性变形,则有精确的失效理论可用而且只有很小的误差。然而,如果是多维的应力状态而且是变化的(平均应力不等于零),则没有直接适用的失效理论,必须考虑使用最可用的理论引起的误差。

除以上力学的因素以外,安全因数还是设计要求的可靠性函数。在 C.3 节中将要讲到可靠度,安全因数可以直接与它联系起来。

有两种途径求得适用安全因数的方法:传统估计法(见 C.2 节)和概率或统计法。概率或统计法是把安全因数与预期的可靠度、材料、载荷和几何参数(见 C.3 节)联系起来的方法。

对于标准有一附加的说明。多数形成规范的设计准则和公司有作为标准的安全因数。但是这些数值常常是以失效的或过时的材料规范和质量控制过程为基础的。下面的内容将有助于研究这些标准的基础,至少能够用来适时修正它们。

以喷气推进实验室为例,在他们设计火星漫游者的时候就采用了表 C.1 中的安全因数。这些安全因数既适用于给定金属材料和陶瓷材料的屈服极限,也适用于强度极限。如果零件没有检测过,所需的安全因数要定得稍高一些。注意,没有复合材料的屈服极限值,因为它们没有。

表 C.1　火星漫游者的安全因数

	通过试验考核的		无　试　验
	金属材料	陶瓷材料	
$FS_{强度极限}$	1.4	1.5	2.00
$FS_{屈服点}$	1.25	—	1.60

C. 2　安全因数的传统经验估计法

以前面讨论过的五个测定值变量为基础,能够很快地确定安全因数,这些变量是材料性质、应力、几何要素、失效分析和预期的可靠性。对材料性质和应力了解得越好、尺寸误差范围越小,失效理论越精确和适用,要求的可靠度越低,则安全因数越接近于 1。对材料性质、应力、失效分析和几何要素了解得越少,要求的可靠度越高,则安全因数应取得越大。

实现这一方法的最简单途径就是对每一种因素取一个大于 1 的值，用这些值的连乘定出安全因数。

$$FS = FS_{材料} \cdot FS_{应力} \cdot FS_{几何} \cdot FS_{失效} \cdot FS_{可靠性}$$

下面将详细给出确定这五个值的方法：把教科书和手册中的规定拆分成五个量，并与用 C.3 节所述统计方法得出的值相互验证。

估计材料影响的系数

$FS_{材料} = 1.0$　　能很好地掌握材料的性质，且用与所设计的零件相同的试件进行实验来确定它们的数值，实验中采用了实际作用的载荷。

$FS_{材料} = 1.1$　　材料性质取自手册或制造商提供的数据。

$FS_{材料} = 1.2 \sim 1.4$　　材料性质没有很好地掌握。

估计载荷应力影响的系数

$FS_{应力} = 1.0 \sim 1.1$ 载荷能准确地确定为静载荷或变载荷，没有意外的过载或冲击载荷，并采用了准确的应力分析方法。

$FS_{应力} = 1.2 \sim 1.3$ 载荷的性质作为平均值处理，过载 20% ~ 50%。应力分析方法产生的误差小于 50%。

$FS_{应力} = 1.4 \sim 1.7$ 载荷掌握得不清楚或应力分析方法的精确度有疑问。

估计几何要素影响的系数（单元对单元）

$FS_{几何} = 1.0$　　加工公差严格而且控制很好。

$FS_{几何} = 1.0$　　加工公差取中间值。

$FS_{几何} = 1.1 \sim 1.2$ 尺寸未严格控制。

估计失效分析作用的系数

$FS_{失效} = 1.0 \sim 1.1$ 失效分析用于一维或多维静应力状态，或一维对称循环疲劳应力。

$FS_{失效} = 1.2$ 失效分析用于上述理论的简单拉伸状态，例如多维受力状态、完全反复的疲劳应力或一维平均应力不为零的疲劳应力。

$FS_{失效} = 1.3 \sim 1.5$ 失效分析进行得不够好，例如损伤累积或多维非零平均疲劳应力。

估计可靠性要求的系数

$FS_{可靠} = 1.1$　　零件的可靠度要求不高，例如小于 90%。

$FS_{失效} = 1.2 \sim 1.3$ 可靠度要求平均为 92% ~ 98%。

$FS_{失效} = 1.4 \sim 1.6$ 可靠度必须高，例如大于 99%。

这些数值最好在说明哪些因素综合影响设计和怎样影响设计的经验基础上来估计。零件的应力，如果不是特别大，它对公差变量还算是不敏感的。在统计学安全因数的确定中，不敏感度比较明显。

C. 3　以可靠性为基础的统计学安全因数

C. 3. 1　概述

像可以体验到的那样，确定安全因数的传统方法不是很精确的，而且趋向于保守，这导致大安全因数和过于安全的零件设计。现在来研究以材料性质、零件的应力、应用失效理论和要求的可靠度的统计测量为基础的逐步逼近方法。这一技术使设计师能较好地掌握其工作，知道在保守和不保守方面各达到什么程度。

采用这一技术时，所有的量都假设按正态分布（正态分布的详细内容见附录 B）。这一假设对于表示材料的疲劳特性虽然不如威布尔分布那样精确，但还是一个合理的假设。用正态分布表示所有的量基于一个简单的事实，对于大多数要表示的各种量，没有足够的数据能保证任何一个量都是比较精确的。此外，正态分布容易学习和使用。在后面各节中，要讨论的每一个量要求用两个参数——均值和标准差（或方差）按正态分布表征它。

安全因数的定义为许用应力 S_{al} 与工作应力 σ_{ap} 之比。许用应力是表示材料性质的量，工作应力的数值取决于应力（是作用载荷和求出应力所用的应力分析技术两者的函数）、几何要素和使用的失效理论。由于这两个量都是分布的，安全因数最好定义为它们的均值之比，$\mathrm{FS} = \overline{S}_{al} / \overline{\sigma}_{ap}$。

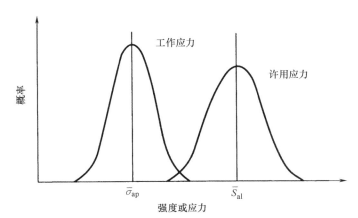

图 C.1　工作应力和许用应力的分布

图 C.1 所示为工作应力和许用应力的均值分布。不论安全因数值多么大，也不论均值之间相距多么远，图中两条曲线总有一部分重叠区。这一重叠区是容许强度有一概率小于工作应力段，因此重叠区是可能的失效区域。注意到正态分布曲线下面的区域表示概率，因此得知重叠区是失效的概率(PF)。可靠度是不失效的概率，它等于 1-PF。因此，通过研究这些曲线的统计性质，可将安全因数与可靠度直接联系起来。

为了进一步研究它们的关系，定义一个新的变量 z，$z = S_{al} - \sigma_{ap}$，即许用应力和工作应力之差。如果 $z > 0$，则零件不会失效，而当 $z \le 0$ 时会产生失效。z 也是正态分布的(两个正态分布量之差仍为正态分布)，如图 C.2 所示。z 的均值由 $\bar{z} = \bar{S}_{al} - \bar{\sigma}_{ap}$ 简单求得。如果把许用应力和工作应力看作独立变量(即图 C.2 所示的情况)，则 z 的标准差是

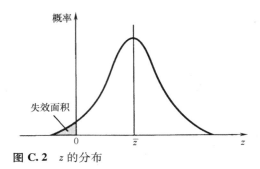

图 C.2 z 的分布

$$\rho_z = \sqrt{\rho_{al}^2 + \rho_{ap}^2}$$

任意 z 值减去其均值后，再除以标准差，可以得到经正态化的变量 t_z，其定义是

$$t_z = \frac{(S_{al} - \sigma_{ap}) - (\bar{S}_{al} - \bar{\sigma}_{ap})}{\sqrt{\rho_{al}^2 + \rho_{ap}^2}}$$

变量 t_z 的均值为 0，标准差为 1。因为当工作应力大于许用应力时将发生失效，要注意当 $z = 0$ 时，$S_{al} = \sigma_{ap}$，即 $z = 0$ 时有一个临界点。

$$t_{z=0} = \frac{-(\bar{S}_{al} - \bar{\sigma}_{ap})}{\sqrt{\rho_{al}^2 + \rho_{ap}^2}}$$

因此，任何一个计算的 t 值小于 $t_{z=0}$ 时，都表示一种失效的情况。于是失效概率是 $Pr(t < t_{z=0})$，假设是正态分布的，它可以直接由正态分布表求得。如果工作应力和许用应力的分布为已知，则 $t_{z=0}$ 可由上面的公式求得，而由正态分布表可以求出失效概率。最后，可靠度等于 1 减失效概率，即 $R = 1 - Pr(t_z \le t_{z=0})$。为了使正态分布表(附录 B)比较容易使用，可以去掉上式中的负号，以 $t_z > t_{z=0}$ 表示失效条件。表 C.2 中给出一些表示 $t_{z=0}$ 与可靠度关系的数值。

把上式简化为便于使用的形式，式中安全因数是独立变量，把上式改写，用工作应力的均值除此式，并利用安全因数的定义，得

$$t_{z=0} = \frac{FS-1}{\sqrt{FS^2(\rho_{al}/\bar{S}_{al})^2+(\rho_{ap}/\bar{\sigma}_{ap})^2}}$$

$t_{z=0}$ 直接与可靠度有关，式中有 4 个有关的变量：可靠度、安全因数、许用应力和工作应力的变异系数（标准差除以均值）。在这里有关的未知数是安全因数。因此，统计学安全因数的最后形式是

$$FS = 1+t_{z=0}\frac{\sqrt{(\rho_{al}/\bar{S}_{al})^2+(\rho_{ap}/\bar{\sigma}_{ap})^2-t_{z=0}^2(\rho_{ap}/\bar{\sigma}_{ap})^2(\rho_{al}/\bar{S}_{al})^2}}{1-t_{z=0}^2(\rho_{al}/\bar{S}_{al})^2} \qquad (C.1)$$

表 C.2　$t_{z=0}$ 与 *R* 的关系

R	$t_{z=0}$
0.50	0.00
0.90	1.28
0.95	1.64
0.99	2.33

　　在仔细研究工作应力和许用应力关系的变异系数以前，先看一下使用上述公式的实例。例如许用应力变异系数（见 C.3.2 节）为 0.08（标准差为均值的 8%），工作应力系数（见 C.3.3 节）为 0.2，要求可靠度为 95%，据表 C.2 可知可靠度为 95% 时，$t_{z=0}=1.64$。因此，利用式（C.1）可计算出设计安全因数为 1.37。如果可靠度增加到 99%，则设计安全因数增加到 1.55。这个设计安全因数值与材料性质或材料中应力的实际值无关，而只与它们的统计学计算和可靠度以及失效理论的适用性有关，这一点是很重要的。

C.3.2　极限强度变异系数

　　测量材料的性质，如屈服强度、强度极限、疲劳强度和弹性模量等，所得数据都是在其均值周围的分布值。这一点在图 B.1 中很清楚地显示出来，该图为由 1035 钢制造的热轧圆棒试件（913 个，直径为 1~9in）静载试验的结果。虽然不像在正态分布纸上的数据完全符合完美的正态分布，但它与直线有差不多的近似。不是全部数据都能这样很好地符合。典型的例子是，疲劳试验数据和陶瓷材料的数据分布就不是很一致，所以用不对称分布（如威布尔分布）表示较好（不幸的是表示威布尔分布所需的四个系数只能由有限的资料求出）。然而正态分布适用且简单，在此成为表示材料性质的最佳选择。由图 B.2 知强度极限的平均值为 86kpsi，标准差为 4kpsi。请注意，这里标准差为均值的 4.6%。因而 1035 热轧钢的变异系数为 0.046。不幸的是，并不总是能简单地发现材料性质的标准差。查阅标准设计手册，可以看到 1035 热轧钢的强度极限有以下数值：72kpsi、85kpsi、72kpsi、82kpsi 和 67kpsi。由这些有限的样本

可以求得均值为 75.6kpsi，标准差为 6.08kpsi，因而变异系数为 $0.08\left(\dfrac{6.08}{75.6}\right)$。

如果不知道材料经受的热处理或准确的成分，这一差值可能太大了些。

许用应力按失效的判据，根据屈服强度、强度极限或疲劳强度或者由它们的组合求得。前面公式中给出的许用应力只是作为标准差和均值的比值出现。对于大多数材料，这一比值的范围是 0.05~0.15，与研究的许用应力无关。推荐选用表示失效特性最好的统计强度，例如对于平均应力不等于零的变应力，如果平均应力小于应力幅，应使用疲劳极限的许用应力系数。而如果平均应力大于应力幅，则应使用强度极限应力系数。超越这一范围的任何复杂情况，是不能保证的。

C.3.3 工作应力变异系数

求工作应力变异系数在某种程度上更加困难。几何要素与载荷的统计值和求应力时使用的方法的精确度一样，明显影响工作应力的统计值。此外，所采用的失效分析方法精确程度的测定也会影响到工作应力的统计计算值（这一测量影响可以在别处考虑，但是把它作为工作应力的修正最为方便）。

了解这些因素如何综合考虑形成工作应力变异系数，请看下面的实例（应力分析技术的统计计算和失效理论精确度将包括在后面的实例中）。有一均匀圆棒受轴向载荷，此棒中的最大平均应力等于平均最大力除以平均面积：

$$\overline{\sigma}_{\mathrm{ap}} = \frac{\overline{F}}{\pi \, \overline{r}^2}$$

应力的标准差是几何要素和载荷的独立统计量的函数，采用标准方法得正态分布关系式。

$$\frac{\rho_{\mathrm{ap}}}{\overline{\sigma}_{\mathrm{ap}}} = \sqrt{4\left(\frac{\rho r}{r}\right)^2 + \left(\frac{\rho F}{F}\right)^2}$$

在此，工作应力变异系数用几何要素的变异系数($\rho r/\overline{F}$)和载荷的变异系数($\rho F/\overline{F}$)表示。一般情况下，对于任何载荷和形状都能导出形式相同的公式。不论是正应力还是切应力，应力计算式的形式都是力/面积，而面积的单位总是长度的平方。

在很多应用中，所加载力和力矩的大小是由试验或测量得到的。实际上，这里考虑有两种载荷：静载荷和动载荷或疲劳载荷。不论考虑哪种形式的载荷，必须求得力和力矩的确切大小。为了求安全因数的统计值，要考虑这一测算的置信度。这一步骤与规划设计（PERT）很相似，而且要求设计师求得载荷三个估计值：最乐观估计值 o、最似然估计值 m 和悲观估计值 p。由这三个值可以求得均值$\overline{m}$、标准差和变异系数：

$$\overline{m} = \frac{1}{6}(o+4m+p)$$

$$\rho = \frac{1}{6}(p-o)$$

$$\frac{\rho}{\overline{m}} = \frac{p-o}{o+4m+p}$$

这些公式的基础是 β 分布而不是正态分布。但是，如果最恰当的估计值是载荷均值，而且乐观和悲观的估计值等于均值±3 倍标准差，则 β 分布简化为正态分布。这样做的好处是，即使估计是不对称分布，也可以进行重要的统计学估计。例如，假设某支架所受的最大力估计为 25000N，此值可作为最似然估计值。还有一种可能，最大载荷小至 15000N，或者由于轻微冲击加载，此力可达到 50000N。因此，由上述公式，载荷的期望值为 27500N，标准差为 5833N，变异系数为 0.21。如果最乐观估计载荷为零，即全无载荷作用，期望载荷为 25000N，标准差为 8333N。在这个例子中，悲观的和乐观的估计值与期望值或均值之间相差±3 倍的标准差，变异系数为 0.33，反映出估计范围较大。再一次提醒，载荷变异系数与载荷本身的绝对值无关，而只给出关于它的分布的信息。

在失效分析中最难考虑的是冲击载荷的影响。在刚给出的例子中，可能的最大载荷是其名义值的 2 倍。没有动载荷模型就没有办法按静应力求出冲击载荷，建议采用以下方法：

（1）如果载荷缓和地施加和移去，乐观估计：最似然估计：悲观估计 = 1∶1∶2 或 1∶2∶4。

（2）如果载荷有中等冲击，取乐观估计：最似然估计：悲观估计 = 1∶1∶4 或 1∶4∶16。中等冲击的应用实例有鼓风机、起重机、绞车、辗光机等。

（3）如果载荷有重度冲击，取乐观估计：最似然估计：悲观估计 = 1∶1∶10 或 1∶10∶100。重度冲击的应用实例有轧碎机、往复式机械或搅拌机。

零件的几何要素之所以重要，是因为它与载荷联系在一起，几何要素确定了工作应力。按惯例，几何要素给出公称尺寸及双向对称公差（3.084in±0.010in），公称尺寸即为均值，而公差值通常为标准差的三倍。这意味着，假设它是正态分布，全部样品的 99.74% 将在公差范围以内。假设有一个尺寸对于应力是最临界的状态，在分析这一问题时要使用对于这一尺寸的变异系数。例如前面刚讲过的，变异系数为 0.010/(3×3.084) = 0.0011，它比载荷的变异系数小一个数量级。它对于大多数公差和载荷之间的关系是典型的例子。

用已经讨论过的实例，工作应力变异系数等于：

$$\rho_{ap} = \sqrt{4\times(0.0011)^2 + 0.21^2} = 0.21$$

注意，缺少尺寸公差对结果的影响。

上面没有考虑由载荷和几何要素计算应力状态时所用应力分析技术的精度，也没有考虑失效分析方法的适合程度。要把这些因素考虑进来，则需要把许用应力与计算工作应力相比较，而计算工作应力用应力分析和失效分析的精度进行修正，则

$$\sigma_{ap} = \sigma_{calc\ Nsa\ Nfa}$$

式中，N_{sa} 是考虑应力分析技术精度的修正系数；N_{fa} 是考虑失效分析精度的修正系数。

如果假设这两个修正系数符合正态分布，则它们可以用变异系数表示。令正态分布独立的标准差的乘积等于各平方值之和的平方根（见附录 B），则得到工作应力的变异系数：

$$\frac{\rho_{ap}}{\sigma_{ap}} = \sqrt{4\left(\frac{\rho_r}{r}\right)^2 + \left(\frac{\rho_F}{F}\right)^2 + \left(\frac{\rho_{sa}}{N_{sa}}\right)^2 + \left(\frac{\rho_{fa}}{N_{fa}}\right)^2} \qquad (C.2)$$

此式与前面的公式相同，对应力分析方法和失效理论增加变异系数 s。

可以用估计载荷统计值相同的估计技术作为应力分析法估计应力分析的变异系数，即以最似然载荷为基础，估计乐观、悲观和最似然的应力值。进一步举例，取载荷为 25,000N（对最大载荷的最似然估计）。假设在极端情况下，载荷引起的正应力为 40.9kpsi（282.0MPa），应力集中系数为 3.35。最似然正应力等于载荷产生的应力与应力集中系数的乘积，即 145kpsi。然而，用于计算正应力和应力集中系数方法的置信度不高。实际上，最大应力实际值最高可达 160kpsi 或最低达 140kpsi。取这两个值作为悲观和乐观的估计，可求得变异系数为 0.023。用应变仪测得的数据或其他测量结果，应力分析方法的变异系数将很小，因而可以像几何要素统计量那样忽略不计。

适当的失效分析技术，像在发展传统的安全因数方法时讨论过的一样，对设计安全因数有显著的影响。在经验和参考书中有限数据的基础上，对不同形式的载荷，推荐变异系数取法如下：

静载荷失效理论：0.02

一维完全对称无限寿命疲劳失效理论：0.02

一维完全对称有限寿命疲劳失效理论：0.05

一维平均应力不为 0 疲劳失效理论：0.1

多维完全对称疲劳失效理论：0.20

多维平均应力不为 0 疲劳失效理论：0.25

考虑载荷损伤累积过程：0.50

这些值表明对于界定明确的失效分析技术，失效方式与材料许用应力试验

⊖ 式中等号为译者所加译者注。

一样，标准差很小，具体地说为均值的2%。当用失效理论就一个不相似的工作应力与一个不相似的许用应力进行比较时，误差的裕度就会增加。按在损伤累积失效估计中使用的规则，可能放弃高达2的安全因数，因而使用时有很高的不确定性。

C. 3. 4　求以可靠度为基础的安全因数的步骤

把前面两节讨论过的方法总结为以下八个步骤：

步骤 1：选择可靠度。由表 C. 2 预期的可靠度求 $t_{z=0}$ 的值。

步骤 2：求许用应力变异系数。可以由实验求得或按下述经验确定。如果清楚地掌握了材料的性质，取系数 0.05；如果材料性质掌握得不够，取系数 0.01~0.15。

步骤 3：求极限尺寸变异系数。这一系数一般较小，可以忽略不计，除非由于制造、环境或时效影响到临界尺寸变化很大时。

步骤 4：求载荷变异系数。这就是估计对最大载荷了解的把握有多少。可以用 PERT 方法估计，见 C. 3. 3 节。

步骤 5：求应力分析变异系数的精确度。即使在步骤 4 中已经考虑了载荷的变化，关于载荷对结构的效应的了解还是一个独立的问题。一个已知载荷产生的应力可能因为几何要素复杂而难以确定。反过来，对未准确掌握的载荷在一个简单的结构上产生的应力的了解，不会对载荷本身的了解更差。这就要考虑，对于一个已知的载荷产生的应力可以掌握到什么程度。

步骤 6：求失效分析技术的变异系数。关于这部分的指导见 C. 3. 2 节最后的内容。

步骤 7：计算工作应力变异系数。按式（C. 2）计算。

步骤 8：系数。按式（C. 1）计算。

C. 4　资料来源

Ullman, D. G.: "Less Fudging with Fudge Factors," *Machine Design,* Oct. 9, 1986, pp. 107–111.

Ullman, D. G.: *Mechanical Design Failure Analysis,* Marcel Dekker, New York, 1986.

设计中的人机学

D. 1　概述

　　大多数机器是与人配合工作的。以标准气动割草机为例，考虑人机相互作用的形式。首先，在起动和推动割草机时，人要在割草机旁边占一工作空间。人必须在此空间俯身或弯腰操作，然后在推动或操纵割草机时必须站在适当的位置把手臂放在一定的高度去推动和操纵它。其次，提供动力源以起动和推动割草机（即使是用电力拖动的，人也要按动按钮或转动开关手柄）。此外，要靠人的肌肉力量操纵割草机，不论人走在后面或坐在它上面操纵它。再次，操纵者必须作为一个传感器，靠听觉决定是否在割草机中有什么东西卡住，看准割草机的走向以便操纵它，并用双手去感觉反馈来的情况以操纵机器，这个反馈可以给使用者割草机工作是否良好的信息。最后，在接收传感器传来信息的基础上，人作为控制者，可以决定给出多大的动力及操纵割草机运动到哪一个方向，以保持它处于控制之下。

　　这四种人与产品相互作用的形式——占据工作位置、作为能源、作为传感系统和作为控制者，形成了人机学研究的基本内容，它们在设备设计中起重要的作用。除了这四种人与产品相互作用的基本形式以外，在设计中还要进一步考虑人机相互作用的结果。首先，即使所设计的设备在其整个工作寿命中远离所有人的相互作用，如工作在矿井下面或深层空间，但是一开始还是必须进行安装的。安装工人必须面对该装置，与割草机例子中的四种作用形式相同。其次，大多数装置必须进行维修，这就产生了另一种在产品设计中必须考虑人机相互作用的情况。总之，产品和人，不论在何种情况下接触，例如加工生产、操作使用、维护修理或废弃处理，都要考虑人的因素。

　　质量和安全是人机工程所涉及的两个方面。在表1.1中已经看到在决定产品质量中领会到的最重要的因素，是实现产品必须"按它应该做的去工作"。

这一设计要求直接关系到人与产品相互作用的四个组成部分。产品如果适合使用，就应该按对它的要求那样工作（在工作空间里设备与人之间有一个良好的协调），它们要使用方便（所需动力最小），工作情况容易感触到，控制方法普通自然，对用户友好。同样重要的是对安全的关注。虽然在概述中没有像人的因素之一那样列出，但是可以毫不犹豫地认为，一个不安全的设计将永远不能制造出质量合格的产品。用户要求，当使用产品时，无论是他们自己或其他人都不会受到伤害，产品性能不会出现损坏（那些为破坏或杀伤而设计的产品明显例外）。

在 D.2~D.4 节中将对所有这些问题进一步展开讨论，重点在于阐明人与机器的相互作用，其目的是在产品设计中保证产品的质量和安全——把质量和安全设计到产品中去。

D.2 工作空间范围内的人机学

一种产品"适用于"它意向中的用户是至关重要的，换句话说，它必须保证用户使用舒适。割草机的牵拉式起动器必须在合理的高度，否则它将难以拉动。与此相似的是，推动式割草机上面的手柄必须位于适合大部分人的高度，否则割草机将被评为质量不好。人体的几何参数——他们的高度、可达范围和坐姿要求、可以通过的孔的尺寸等，这些称为人体测量学数据（书面上写作"人体测量数据"）。许多这类数据已经被美国武装部队收集起来，因为有许多不同的人要日复一日地操纵那些军事装备。MIL-STD（美国军用标准）1472F中给出了典型的人体测量数据，这些数据见图 D.1 和表 D.1。因为人的体形和尺寸不同，人体测量数据给出尺寸范围是很重要的。人体尺寸数据的分布很适合于用正态分布表示（见附录 B 关于正态分布的详细介绍）。作为典型情况，在表 D.1 中给出 5% 和 95% 的数据。假设民间的人群与军事人群的数据没有明显的差异，是妥当的。对于儿童，也有相似的数据（参见本附录最后的资料来源）。

表 D.1　人体测量数据（摘自 MIL-STD 1472F）

	按所占百分数的人群统计的尺寸数据/cm					
	5%			95%		
	地面部队	飞行员	妇女	地面部队	飞行员	妇女
体重/kg	65.5	60.4	46.6	91.6	96.0	74.5
立姿尺寸						
1. 身高	162.8	164.2	152.4	185.6	187.7	174.1
2. 眼高（立姿）	151.1	152.1	140.9	173.3	175.2	162.2

（续）

	按所占百分数的人群统计的尺寸数据/cm					
	5%			95%		
	地面部队	飞行员	妇女	地面部队	飞行员	妇女
3. 肩高	133.6	133.3	123.0	154.2	154.8	143.7
4. 胸（乳房）高①	117.9	120.8	109.3	136.5	138.5	127.6
5. 肘高	101.0	104.8	94.9	117.8	120.0	110.7
6. 指尖高		61.5			73.2	
7. 腰高	96.6	97.6	93.1	115.2	115.1	110.3
8. 裆高	76.3	74.7	68.1	91.8	92.0	83.9
9. 臂沟高	73.3	74.6	66.4	87.7	88.1	81.0
10. 膝高	47.5	46.8	43.8	58.6	57.8	52.5
11. 小腿高	31.1	30.9	29.0	40.6	39.3	36.6
12. 工作范围	72.6	73.1	64.0	90.9	87.0	80.4
13. 延伸工作范围	84.2	82.3	73.5	101.2	97.3	92.7
	按所占百分数的人群统计的尺寸数据/in					
	5%			95%		
体重/lb	122.4	133.1	102.3	201.9	211.6	164.3
立姿尺寸						
1. 身高	64.1	64.6	60.0	73.1	73.9	68.5
2. 眼高（立姿）	59.5	59.9	55.5	68.2	69.0	63.9
3. 肩高	52.6	52.5	48.4	60.7	60.9	56.6
4. 胸（乳房）高①	46.4	47.5	43.0	53.7	54.5	50.3
5. 肘高	39.8	41.3	37.4	46.4	47.2	43.6
6. 指尖高		24.2			28.8	
7. 腰高	38.0	38.4	36.6	45.3	45.3	43.4
8. 裆高	30.0	29.4	26.8	36.1	36.2	33.0
9. 臂沟高	28.8	29.4	26.2	34.5	34.7	31.9
10. 膝高	18.7	18.4	17.2	23.1	22.8	20.7
11. 小腿高	12.2	12.2	11.4	16.0	15.5	14.4
12. 工作范围	28.6	28.8	25.2	35.8	34.3	31.7
13. 延伸工作范围	33.2	32.4	28.9	39.8	38.3	36.5

① 对妇女为乳房高度。

除人体立姿手臂在其两侧下垂时的尺寸以外，还收集了不同动作的人体数

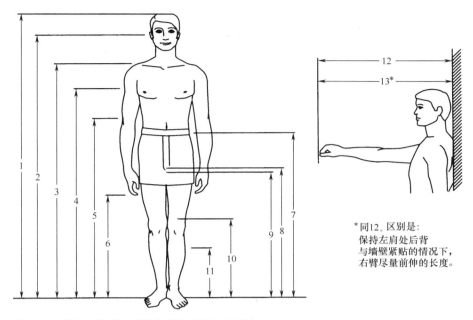

*同12。区别是:
保持左肩处后背
与墙壁紧贴的情况下,
右臂尽量前伸的长度。

图 D.1　男人人体尺寸(摘自 MIL-STD 1472D)

据。例如,在图 D.2 中给出妇女立姿操纵控制表盘的人体测量数据。这个图是占 50% 妇女的数据。控制表盘的数据将使大多数妇女在看读数和进行控制工作时感到舒适。

再回过来看割草机:操作手柄应该大致在肘高度,如图 D.1 和表 D.1 中的高度 5。除 5% 以内超低和 95% 以上超高用户以外,为了适合 5% 与 95% 之间中等身材的男人和妇女,手柄必须可以调节,调节范围从 94.9cm(37.4in) 到 117.8cm(46.4in)。参考文献中的人体测量数据也给出对于中等身材的人拉动式起动器应该距地面 69cm(27in) 的高度。对于非一般姿势,参考文献只给出一个平均值。对于更为特殊的姿势,为了制造高质量产品取得必要的数据,工程师可能必须对典型的用户群进行测量。

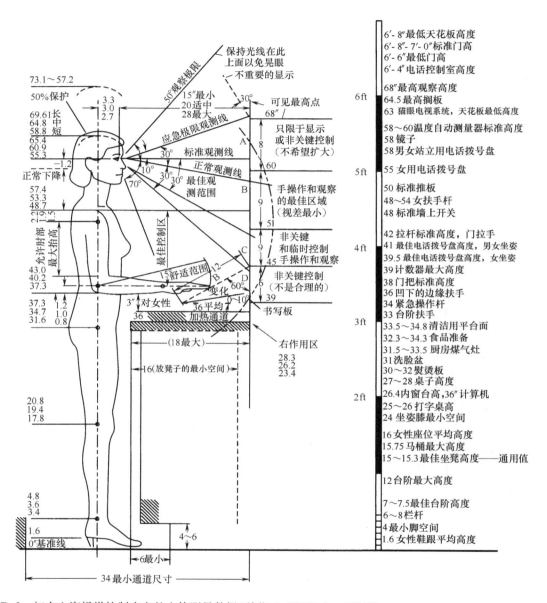

图 **D.2** 妇女立姿操纵控制表盘的人体测量数据(单位:in 用""";feet 用" ' ")

(摘自 H. Dreyfuss. *The Measure of Man*;*Human Factors in Design*. Whitney Library of Design, New York,1967)

D. 3　人作为动力源

　　人常常必须给出作用力作为产品的动力或操纵其控制器。割草机的操作者必须拉动起动器的绳索并推压手柄或转动操纵轮。人提供的力的数据常包括在人体测量数据之内，这些信息来自生物力学的研究（人体力学）。在图 D.3 中列出了各种工作姿势下人力的平均值。在这些数据中可以看到"立姿臂力"在距地面 40in 处（割草机手柄的平均高度）的平均推力为 73lb，并说明手的工作力大于 40lb 则会疲劳。虽然只给出平均值，这些值中也给出一些最大力的值，这些数值是应该为设计原始数据采用的。更详细的生物力学数据信息引自 MIL-HDBK（军事手册）759A 和《设备设计用的人体数据》（见附录最后"资料来源"）。

D. 4　人作为传感器和控制器

　　大多数人与机器之间的界面需要人感觉设备的状态，按接收到的数据来控制它。因此，产品在设计时就要具有显著的容易识别的重要特征，而且这些特征必须是容易控制的。请看图 D.4 中衣服干燥机的控制盘。这一控制盘有三个控制装置，各用来使性能指示装置起动和锁定连通到干燥机使用者。左边的两个是开关。上面的开关是一个三位置的开关，它控制温度，锁定到"低"、"常设值"和"高"。按钮开关是两位置开关，在一个工作循环结束时或干燥机门打开时，开关自动触发。起动干燥机时必须按这个开关。右面的控制盘面用于控制时间，用于不加热循环（空气干燥）的在盘面上半部，用于加热循环的在盘面下半部。

　　干燥机的控制装置必须能由人传达两种控制要求信息：设定时间和温度。不幸的是表盘上预置温度很难知道，因为"温度"摆动开关不明确地示出预置的情况和预选干空气，因为温度值要刻在度盘上超过了"温度"开关设置的能力。对于时间预置也有两个沟通方面的问题，度盘上半部和下半部的区别不明确，而温度标尺与传统的镜面相反。用户不但必须感觉时间和温度，而且必须用控制器调整它们。此外，还必须有一个按钮开动干燥机。对于干燥机，摆动开关对于使用要求并不是最佳的选择。最后，标记会发生混乱。

　　这是每天都会看到的很多控制盘中的一个典型。用户能够推测它能做什么和提供哪些信息，但要作一些揣摩。对了解信息和控制产品动作所需的推测越多，则产品的能正确认读的质量越低。例如，如果一个灭火器的控制和标志看不清楚，它将只能是完全无用的，甚至是危险的。把产品的工作情况传递给人的方式有很多。常用的是形象化的传递方式，但是它也可以通过触觉和声音

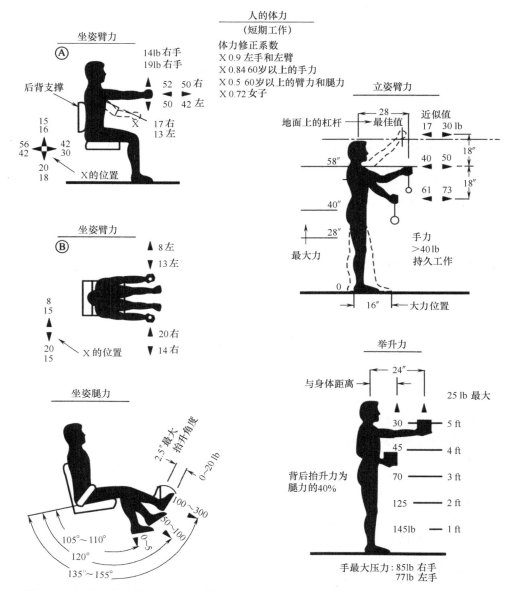

图 D.3　各种工作姿势下人的平均体力

（摘自 **H. Dreyfuss**,*The Measure of Man*；*Human Factors in Design.* Whitney Library of Design，New York，**1967**）

信号传递。形象化显示器的基本形式如图 D.5 所示。在选择显示器的形式时，重要的是考虑所要传递的信息形式。图 D.6 给出 5 种不同的信息形式与显示器形式的关系。

　　把图 D.4 中衣服干燥机控制盘与图 D.6 相对照，可以看出，温度控制只需要离散的设定，而时间控制要连续的数值（但不很准确）。因为按钮开关显示信息的能力不是很好，图 D.4 中控制盘上部的开关应该由推荐用于离散信息的任何一种显示器来代替。使用度盘显示设定的时间看来是合适的。

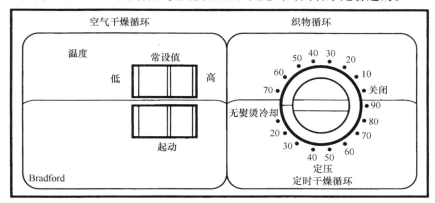

图 D.4 衣服干燥机的控制盘

（摘自 J. H. Burgess. *Designing for Humans：The Human Factor in Engineering*，Petrocell：Books，Princeton，N. J.，1986）

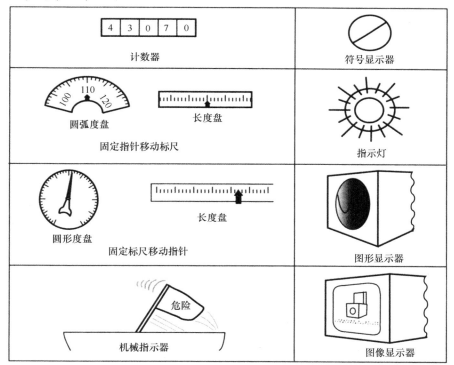

图 D.5 形象化显示器的基本形式

	准确示值	变化率	变化趋势	离散的信息	调整到预定值
计数器	●	○	○	●	◐
固定标尺移动指针	●	●	●	●	◐
固定指针移动标尺	●	●	○	○	○
机械指示器	○	○	○	●	○
符号指示器	○	○	○	●	○
指示灯	○	○	○	●	○
图形显示器	◐	◐	●	●	●
图像显示器	◐	●	●	●	●

○ 不适用　◐ 可以用　● 推荐采用

图 D.6 普通形象化显示器的恰当选用

给产品输入的信息，必须由控制装置迅速、容易地呈现给有关的人员。图 D.7 给出了 18 种常用形式的控制装置及其使用特性，图中还给出了它们的尺寸、所需力的大小和应用推荐信息。应注意对于两个及两个以上位置的场合推荐采用旋转选择开关，而且，对于精确调节，这种形式的开关评价在"可接受"与"推荐用"之间。因此，对于干燥机时间控制，旋转选择开关是一个好的选择。还有，对于直径在 30~70mm 之间的旋转开关，转动它们的力矩应在 0.3~0.6N·m 的范围内。在设计或选择时间控制机构时这些是重要的资料。此外，要注意对于摇摆式开关推荐用于不多于两个位置的场合。因此，图 D.4 中干燥机上部的开关，用于温度设定不是一个好的选择。

图 D.8 给出干燥机控制盘的另一个设计。用一个温度控制旋转开关把干燥机的功能分解，用旋转开关控制温度。"启动"功能是一种离散性控制动作，现在用一个按钮控制，而时间控制开关用单一标尺刻度盘，作顺时针方向转动。此外，标示清晰，模式序号显示在使用时容易看清。

一般情况下，设计直接与人联系的控制界面时，简化需要的操作产品（干燥机）的工作构成总是最佳的。回顾一下第 3 章讨论过的短期记忆功能。在该章中了解到人只能同时处理 7 个彼此无关的事项。所以，重要的是不要希望任何产品的使用者记住 4 个或 5 个以上的操作步骤。需要进行很多步骤的操作是对使用者思维记忆方面有帮助的。例如，办公用复印机某些部分常有清楚地按序号标明的操作过程（符号显示），显示出如何排除卡纸故障。

在选择控制装置的类型时，重要的是使系统要求的动作与人的注意力协调相符。一个明显的不相符的例子是所设计的汽车转向盘顺时针转动时汽车向左拐，与驾驶者的意图相反，而且与系统的效果相矛盾。这是一个极端的例子，控制装置的效果并不经常这样明显。重要的是保证使操作者能够容易地确定其意图与动作之间的关系，以及动作与系统和效果之间的关系。必须把一个产品设计成为当一个人与它发生相互联系时，只能按唯一明显正确的指示去做。如果动作的要求模糊不清，则操作者的动作可能正确，也可能不正确。很可能许多人不去做需要的那些工作，而产生误操作，结果是对产品的评价降低。

	控制件	尺寸/mm	力 F/N　力矩 M/N·m		2个位置	>2个位置	连续调节	精密调节	快速调节	用于大的场合	敏感反馈	位置容易观察	避免意外触动
转动	手轮	D:160~800 d:30~40	D 160~800mm 200~250mm	M 2~40N·m 4~60N·m	◐	◐	●	●	●	◐	○	○	◐
	曲柄	手(手指) r:<250(<100) l:100(30) d:32(16)	r <100mm 100~250mm	M 0.6~3N·m 5~14	◐	◐	●	●	●	◐	◐	◐	○
	旋钮	手(手指)D:25~100 (15~25) h:>20(>15)	D 15~25mm 25~100mm	M 0.02~0.05 N·m 0.3~0.7N·m	●	●	●	●	◐	○	◐	○	○
	转动选择开关	l:30~70 h:>20 b:10~25	l 300mm 30~70mm	M 0.1~03N·m 0.3~0.6N·m	●	◔	◑	◑	◑	●	◐	◐	◐
	拇指转轮	b:>8	F=0.4~5N		◐	◐	●	◐	◐	○	○	○	◐
	滚球	D:60~120	F=0.4~5N		○	○	●	●	◐	◐	○	○	●
直线运动	移动手柄	d:30~40 l:100~120	F_1=10~200N F_2=7~140N		●	●	◐	◐	◐	◐	◐	◐	○
	D形手柄	d:30~40 b:110~130	F=10~200N		●	●	●	◐	◐	●	◔	◔	○
	按钮	手指:d>15 手:d>50 足:d>50	手指:F=1~8N 手:F=4~16N 足:F=15~90N		●	○	○	○	○	◐	○	○	●
	滑块	l:>15 b:>15	F=1~5N (接触力)		●	◐	◐	●	◐	◐	○	◐	●
	滑块	b:>10 h:>15	F=1~10N (拇指力)		●	◐	◐	●	◐	◐	◐	◐	◐
	传感器开关	l:>14 b:>14			●	○	○	○	●	○	○	○	◐

图 D.7　手动和脚动控制装置的恰当使用

	控制件	尺寸	力 F/N 力矩 M/N·m	2个位置	>2个位置	连续调节	精密调节	快速调节	用力大的场合	敏感反馈	位置观察容易	避免意外触动
旋转运动	杆杆	d:30~40 l:100~120	$F=10\sim200\,\text{N}$	●	●	●	◕	●	●	◐	◐	○
	控制杆	s:20~150 d:10~20	$F=5\sim50\,\text{N}$	●	●	●	●	◐	◔	◐	◐	○
	肘杆	b:>10 l:>15	$F=2\sim10\,\text{N}$	●	◐	○	○	●	◐	◐	◐	○
	摆动开关	b:>10 l:>15	$F=2\sim8\,\text{N}$	●	○	○	○	●	●	●	●	◕
	转盘	d:12~15 D:50~80	$F=1\sim2\,\text{N}$	●	◔	○	○	◔	○	○	○	◕*
	踏板	b:50~100 l:200~300 l:50~100(用足)	坐姿:$F=16\sim100\,\text{N}$ 立姿:$F=80\sim250\,\text{N}$	◐	◔	◐	●	●	◐	○	○	○

* 嵌入式安装

图 D.7 手动和脚动控制装置的恰当使用(续)

(摘自 G. Salvendy (ed.)/*Handbook of Human Factors*. Wiley. 1987)

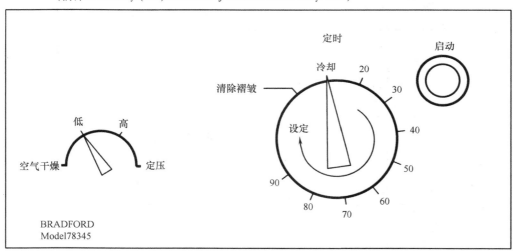

图 D.8 图 D.4 中干燥机控制盘的再设计

D. 5 资料来源

Burgess, J. H.: *Designing for Humans: The Human Factor in Engineering,* Petrocelli Books, Princeton, N.J., 1986. A good text on human factors written for use by engineers; the dryer example is from this book.

Damon, A. et al., *The Human Body in Equipment Design,* Harvard University Press, Boston, 1966.

Dreyfuss, H.: *The Measure of Man: Human Factor in Design,* Whitney Library of Design, New York, 1967. This is a loose-leaf book of 30 anthropometric and biomechanical charts suitable for mounting; two are life-size, showing a 50th-percentile man and woman. A classic.

Human Engineering Design Criteria for Military Systems, Equipment, and Facilities, MIL-STD 1472F. http://hfetag.dtic.mil/docs-hfs/mil-std-1472f.pdf. Four hundred pages of human factors information.

Human Engineering Design Data Digest, Department of Defense Human Factors Engineering Technical Advisory Group, April 2000, http://hfetag.dtic.mil/hfs_docs.html. Excellent online source.

Human Factors Design Standard (HFDS), FAA, http://hf.tc.faa.gov/hfds/. Another excellent online source.

Jones, J. V.: *Engineering Design: Reliability, Maintainability and Testability,* TAB Professional and Reference books, Blue Ridge Summit, Pa., 1988. This book considers engineering design from the view of military procurement, relying strongly on military specifications and handbooks.

MIL-HDBK-759C, *Human Engineering Design Guidelines,* 1995.

Norman, D.: *The Psychology of Everyday Things,* Basic Books, New York, 1988. Guidance for designing good interfaces for humans; light reading.

Moggridge, B.: *Designing Interactions,* http://www.designinginteractions.com/. An online book for designing human interfaces for the 21st century.

Salvendy, G. (ed.): *Handbook of Human Factors,* 3rd edition, Wiley, New York, 2006. Seventeen hundred pages of information on every aspect of human factors.

System Safety Program Requirements, MIL-STD 882D. U.S. Government Printing Office, Washington, D.C. http://safetycenter.navy.mil/instructions/osh/milstd882d.pdf. The hazard assessment is from this standard.

Tilly, A. R.: *The Measure of Man and Woman,* Whitney Library of Design, New York, 1993. An updated version of the preceding classic rewritten by one of Dreyfuss's associates.